MuPAD Lectures

Friedrich Schwarz
Einführung in die
Elementare Zahlentheorie

Einführung in die Elementare Zahlentheorie

Von Dr. rer. nat. Friedrich Schwarz
Universität-Gesamthochschule Paderborn

B.G.Teubner Stuttgart · Leipzig 1998

Dr. rer. nat. Friedrich Schwarz

Geboren 1937 in Hartmanitz. Studium der Mathematik, Physik und Astronomie in Würzburg. 1966 Promotion in Mathematik (Würzburg), von 1965 bis 1974 Assistent und Akademischer Rat an der Universität Saarbrücken, seit 1974 Akademischer Oberrat an der Universität Paderborn. Koautor (mit K. Kiyek) des Lehrbuchs „Mathematik für Informatiker I und II".

Die Deutsche Bibliothek – CIP-Einheitsaufnahme

Einführung in die elementare Zahlentheorie / von Friedrich
Schwarz. – Stuttgart ; Leipzig : Teubner
  (MuPAD lectures)
  Additional material to this book can be downloaded from http://extra.springer.com.
  ISBN-13: 978-3-519-02193-3   e-ISBN-13: 978-3-322-84813-0
  DOI: 10.1007/978-3-322-84813-0

  Buch. 1998
  kart.
  CD-ROM. 1998

Vorwort

Dieses Buch ist aus Vorlesungen "Mathematik am Computer" entstanden, die ich an der Universität Paderborn seit 1988 mehrmals gehalten habe. Diese Vorlesungen sind für Studierende der Diplomstudiengänge Mathematik und Technomathematik und des Lehramtsstudiengangs Mathematik für die Sekundarstufe II im zweiten oder dritten Semester obligatorisch; ihr Ziel ist es, die Hörer an Hand eines mathematischen Stoffs mit einem Computer-Algebra-System vertraut zu machen oder umgekehrt, ihnen mit Hilfe eines Computer-Algebra-Systems einen mathematischen Stoff näher zu bringen. Die Themen, die dabei behandelt wurden, entstammten der Linearen Algebra, der Kombinatorik und insbesondere der Elementaren Zahlentheorie; das Computer-Algebra-System war zuerst Maple und seit dem Sommersemester 1993 MuPAD.

Dieses Buch ist eine Einführung in die Elementare Zahlentheorie, wobei besonderer Wert auf Algorithmen und ihre praktische Umsetzung in Computerprogramme gelegt wird. Es gibt bereits Bücher mit einer ähnlicher Zielsetzung, nämlich das Buch [43] von P. Giblin, das Pascal als Programmiersprache verwendet, und das Buch [34] von O. Forster, für das eine eigene Software entwickelt wurde. Ich versuche in diesem Buch zu zeigen, daß sich auch ein Computer-Algebra-System wie MuPAD für die Behandlung der Algorithmen, an denen die Elementare Zahlentheorie überaus reich ist und die bereits dem Anfänger in diesem Gebiet der Mathematik gut zugänglich sind, hervorragend eignet. Selbstverständlich ist die Elementare Zahlentheorie nicht das einzige Gebiet, in dem sich zeigt, wie fruchtbar der Einsatz eines Computer-Algebra-Systems für das Verständnis von Mathematik ist. Daß Computer und insbesondere Computer-Algebra-Systeme in der Ausbildung von Mathematikern und auch und vielleicht ganz besonders in der Ausbildung von Mathematiklehrern eine wichtige Rolle spielen müssen, wird niemand bezweifeln. Wer anfängt, darüber nachzudenken, sollte einige der in [56] gesammelten Aufsätze von D. E. Knuth lesen; eigenes Tun wird ebenso überzeugen.

Die Stoffe, von denen dieses Buch handelt, sind zum größeren Teil Stoffe, die wohl in jeder Einführung in die Zahlentheorie vorkommen. Im ersten Kapitel ist von der Teilbarkeit im Ring $\mathbb{Z}$ und von Primzahlen die Rede. Das zweite Kapitel behandelt die Restklassenringe von $\mathbb{Z}$ und ihre Einheitengruppen; die dabei hergeleiteten Ergebnisse über Potenzreste dienen im dritten Kapitel der ausführlichen Diskussion des stochastischen Primzahltests von M. O. Rabin. Dieses Kapitel behandelt außerdem die einfachsten Methoden zur Erzeugung von Zufallszahlen und beschreibt in aller Kürze aus dem weiten Feld der Kryptologie die bekanntesten der public-key-Systeme, deren Beschreibung, Begründung und Diskussion ohne die Elementare Zahlentheorie nicht möglich sind. Im vierten Kapitel ist von den quadratischen Resten die Rede und im fünften Kapitel von den Kettenbrüchen. Dabei werden die endlichen Kettenbrüche zur Begründung des von R. S. Lehman angegebenen Faktorisierungsverfahren für natürliche Zahlen verwendet; die im Anschluß daran hergeleiteten Resultate über unendliche und insbesondere periodische Kettenbrüche erlauben die vollständige Diskussion eines berühmten Typs Diophantischer Gleichungen, nämlich der Pellschen Gleichungen. Die mathematischen Kenntnisse, die vorausgesetzt werden, gehen nicht über das hinaus, was man in den Vorlesungen des ersten Semesters lernt; dem Leser sollten jedenfalls die Begriffe Gruppe, Ring und Körper vertraut sein. Die nötigen Ergebnisse über endliche abelsche Gruppen werden im dritten Kapitel hergeleitet.

Das Buch ist auch eine Einführung in den Gebrauch eines Computer-Algebra-Systems und zwar des Computer-Algebra-Systems MuPAD. Von den selbstverständlichen Fertigkeiten, die ein Benutzer eines Computers im allgemeinen und von MuPAD im besonderen verfügen muß, wird dabei nicht gesprochen, auch nicht über die Grundregeln des Programmierens; über alles, was MuPAD betrifft, informiert das ausfürliche Online-Manual. Vielmehr wird in den Umgang mit MuPAD und insbesondere in das Programmieren mit MuPAD an Hand von Beispielen eingeführt; von Anfang wird der Leser in den zahlreichen Aufgaben zum Experimentieren und zu selbständigem Programmieren aufgefordert. Die Aufgaben sind ein wichtiger Teil des Buchs: Den Umgang mit einem Computer-Algebra-System lernt man nur an konkreten Beispielen und durch eigenes Tun.

Das Computer-Algebra-System MuPAD wird seit 1989 an der Universität Paderborn von einer überaus engagierten und kompetenten Arbeitsgruppe unter der Leitung von Professor Dr. Benno Fuchssteiner und seit kurzem auch von der daraus hervorgegangenen Firma SciFace Software entwickelt und betreut. Ohne die Hilfe aller Mitglieder dieser Gruppe hätte dieses Buch nicht geschrieben werden können. Ich danke allen für ihre tatkräftige Hilfe und für die Geduld, mit der sie meine Anregungen, Fragen und Klagen angehört haben, auch die, die nicht vernünftig oder nicht sachkundig waren.

Ich widme dieses Buch der Erinnerung an meinen Doktorvater Professor Dr. Hermann Schmidt (Merkendorf 22.7.1902 – 26.2.1993 Würzburg). Von ihm habe ich zum ersten Mal von Kettenbrüchen und quadratischen Formen gehört. Er hat in allen Gebieten der Mathematik, mit denen er sich beschäftigt hat, und besonders auch in der Zahlentheorie immer die algorithmischen Aspekte herausgearbeitet und den Hörern seiner Vorlesungen näher gebracht.

Paderborn, im Mai 1998

Friedrich Schwarz (`fritz@uni-paderborn.de`)

Der Inhalt der CD

Die dem Buch beiliegende CD enthält

- das Computer-Algebra-System MuPAD Light 1.4.1, zusammen mit allen Programm-Bibliotheken und einem ausführlichen Online-Manual, sowie weiterer Dokumentation,

- eine interaktive Fassung dieses Buchs, zusammen mit den Lösungen der über 80 Aufgaben, und

- zu jedem Paragraphen des Buchs, der Aufgaben enthält, eine Bibliothek der MuPAD-Funktionen, deren Herstellung in den Aufgaben gefordert wird; die Beispiele im Buch und in den Lösungen können per Mausklick in ein MuPAD-Fenster übertragen und dort ausgeführt werden,

- ein interaktives Dokument, in dem beschrieben wird, wie man eine berühmte Aufgabe von Archimedes löst und mit Hilfe von MuPAD eine Lösung berechnet, und

- eine Bibliothek `primelib`, mit deren Hilfe man größere Primzahlen berechnen kann als mit MuPAD allein, nämlich Primzahlen bis zur 2 000 000 000-ten Primzahl 47 055 833 459, und die einige weitere Funktionen zu Verfügung stellt, die beim Umgang mit Primzahlen nützlich sein dürften.

Rechnerkonfiguration: Die Nutzung des Computer-Algebra-Systems MuPAD Light und des interaktiven Buchs erfordert einen PC mit Windows 95 oder Windows NT 4.0 (Pentium empfohlen), 20 MB Hauptspeicher (32 MB empfohlen) und 20 MB freien Festplattenplatz bei minimaler, bzw. 50 MB bei normaler Installation.

Installation: Zur Installation von MuPAD Light und dem interaktiven Buch startet man `setup.exe` im Basisverzeichnis der CD. Das Setup-Programm führt durch die Installation. Der Benutzer hat die Wahl zwischen der normalen Installation, die neben MuPAD Light, dem interaktiven Buch und dem Dokument über die Aufgabe des Archimedes auch die Bibliothek `primelib` installiert, und einer minimalen Installation, die `primelib` nicht installiert. Beide Installationen legen, wenn die Voreinstellungen im Setup-Programm vom Benutzer nicht verändert werden, einen Ordner

```
C:\Programme\SciFace\Zahlentheorie mit MuPAD
```

an, der einen Ordner `MuPAD Light 1.4.1` und einen Ordner `Zahlentheorie` enthält. Der erste enthält MuPAD Light 1.4.1 selbst und der zweite in einem Ordner `doc` die interaktive Version dieses Buchs und das Dokument über die Aufgabe von Archimedes, sowie in einem Ordner `lib` die Programm-Bibliotheken zu den Lösungen der Aufgaben. Wenn der Benutzer die normale Installation gewählt hat, so enthält der Ordner `Zahlentheorie mit MuPAD` einen weiteren Ordner `primelib`, der in einem Unterordner `lib` die Programme der Bibliothek `primelib` und in einem Unterordner `doc` die Dateien `primelib.dvi`, `primelib.bsp`, `primelib.hyp` und `primelib.lab` enthält.

Gebrauchsanweisung: Zum Start des interaktiven Buchs wählt man entweder `Zahlentheorie` im Startmenü von `Zahlentheorie mit MuPAD` oder aktiviert das Icon `zahlentheorie.dvi` im Ordner `Zahlentheorie\doc`. Das Buch wird daraufhin mit einer Titelseite geöffnet. Mit Hilfe der Schaltflächen in der Kopfleiste kann man vorwärts oder rückwärts blättern und mit Hilfe des Menüs `Targets` zum Inhaltsverzeichnis, zum Index oder zu den Lösungen springen; nach einem solchen Sprung kann man mit Hilfe einer Schaltfläche zum Ausgangspunkt im Text zurückspringen. Auf vielen Seiten, insbesondere dort, wo die Aufgaben des Buchs gelöst werden, findet man farbig markierte Textstellen; ein Mausklick auf eine solche Stelle löst einen Sprung innerhalb des Texts oder ins Literaturverzeichnis aus. Ein doppelter Mausklick auf ein farbig markiertes `>>`-Zeichen startet MuPAD Light, falls es nicht schon vorher gestartet wurde, und überträgt die auf `>>` folgende MuPAD-Eingabe in das MuPAD-Light-Fenster, wo sie durch `Enter` oder `Return` an MuPAD zur Ausführung übergeben wird.

Man kann das interaktive Buch auch aus einer MuPAD-Sitzung heraus starten, indem man vom Menü `Help` aus das Manual startet und darin vom Menü `File` aus die Datei `zahlentheorie.dvi` im Ordner `Zahlentheorie\doc` öffnet.

Das Dokument, das die Aufgabe von Archimedes behandelt, kann man entweder durch Wahl von `Das Rinderproblem` vom Startmenü von `Zahlentheorie mit MuPAD` aus öffnen oder durch Öffnen der Datei `rinderproblem.dvi` im Ordner `Zahlentheorie\doc`.

Für Einsteiger: Lesern dieses Buchs, die noch nicht mit MuPAD zu tun hatten, wird das Studium der Dokumente `erste_schritte.dvi`, `demo.dvi` und `advdemo.dvi` im Ordner `MuPAD Light 1.4.1\doc\dvi` empfohlen. Dazu startet man, wie oben beschrieben, in einer MuPAD-Sitzung vom Menü `Help` aus das Manual und öffnet darin vom Menü `File` aus `erste_schritte.dvi`, `demo.dvi` oder `advdemo.dvi`.

Die Bibliothek `primelib`: Die Bibliothek `primelib` kann auch nachträglich installiert werden. Welche Dateien in welche Ordner zu kopieren sind, findet man weiter oben in dem Abschnitt, der die Installation beschreibt. Man braucht auch nicht alle Primzahltafeln, die zu `primelib` gehören, auf seine Festplatte zu kopieren; dann sollte man aber die Funktionen `prime` und `pi` in `primelib` anpassen.

MuPAD Pro 1.4: Die CD enthält auch eine Vollversion des Computer-Algebra-Systems MuPAD, deren Nutzungsdauer auf 30 Tage beschränkt ist. Zur Installation dieser Demo-Version startet man `setup.exe` im Verzeichnis `MuPAD Pro 1.4` auf der CD. Ein Dokument, das über die Unterschiede zwischen MuPAD Light und MuPAD Pro informiert, kann man entweder durch Wahl von `MuPAD Pro` im Startmenü von `Zahlentheorie mit MuPAD` öffnen oder durch Öffnen der Datei `MuPAD Pro.doc` im Ordner `Zahlentheorie mit MuPAD`.

Registrierung: Die Registrierung von MuPAD Light ist jedem Benutzer empfohlen, schon weil durch sie der für MuPAD Light reservierte Arbeitsspeicher vergrößert wird. Man registiert entweder

- über `http://www.sciface.com`: Der Abschnitt `Download` enthält einen Eintrag `Register`, der ein Formular zur Online-Registrierung bereitstellt, oder

- durch einen Brief oder eine E-mail an die unten angegebene Adresse der Firma SciFace Software.

Die Registrierung ist für Schüler und Lehrer, für Mitarbeiter nicht-kommerzieller Forschungsinstitute, für alle, die an Hochschulen und Universitäten in Lehre und Forschung tätig sind, und natürlich für alle Käufer dieses Buchs kostenfrei.

Anschrift der Firma SciFace Software:
SciFace Software GmbH & Co. KG
Technologiepark 12
D-33100 Paderborn
Tel.: 05251/640751 – Fax: 05251/640799
E-mail: `info@sciface.com`
WWW: `http://www.sciface.com`

Anschrift des Autors:
Dr. Friedrich Schwarz
Universität Paderborn, Fachbereich 17
D-33095 Paderborn
Tel.: 05251/602602
E-mail: `fritz@uni-paderborn.de`

Inhaltsverzeichnis

I Grundbegriffe

1 Teilbarkeit

(1.1) In diesem Paragraphen werden einige elementare Begriffe und Ergebnisse zusammengestellt, die wohl jedem seit jeher bekannt sind, die aber für alles, was folgt, grundlegend sind. Der Ausgangspunkt ist ein Satz der elementaren Arithmetik, nämlich der Satz von der Division mit Rest im Ring $\mathbb{Z}$. Mit Hilfe dieses Satzes werden zuerst die Untergruppen der Gruppe $(\mathbb{Z}, +)$ beschrieben, und dann wird gezeigt, daß endlich viele ganze Zahlen stets einen eindeutig bestimmten größten gemeinsamen Teiler in $\mathbb{N}_0$ besitzen. Die Berechnung des größten gemeinsamen Teilers zweier ganzer Zahlen leistet der Euklidische Algorithmus, einer der ältesten Algorithmen der Mathematik. Von diesem Algorithmus werden zwei Fassungen behandelt, die beide auch als MuPAD-Funktionen angegeben werden. Den Abschluß dieses Paragraphen bildet die Behandlung des kleinsten gemeinsamen Vielfachen endlich vieler ganzer Zahlen.

(1.2) Bezeichnung: Es seien a, $b \in \mathbb{Z}$. Wenn es ein $c \in \mathbb{Z}$ mit $b = ac$ gibt, so schreibt man $a \mid b$ und sagt: a teilt b, a ist ein Teiler von b, b ist ein Vielfaches von a. Wenn a kein Teiler von b ist, so schreibt man $a \nmid b$.

(1.3) Satz (von der Division mit Rest): *Es sei $m \in \mathbb{Z}$ mit $m \neq 0$. Zu jedem $a \in \mathbb{Z}$ gibt es eindeutig bestimmte $q, r \in \mathbb{Z}$ mit*

$$a \;=\; mq + r \quad und \; mit \;\; 0 \,\leq\, r \,<\, |m|.$$

Beweis: Es sei $a \in \mathbb{Z}$. Für die ganzen Zahlen

$$q \;:=\; \begin{cases} \lfloor a/m \rfloor \;=\; \max(\{k \in \mathbb{Z} \mid k \leq a/m\}), & \text{falls } m > 0 \text{ ist,} \\ \lceil a/m \rceil \;=\; \min(\{k \in \mathbb{Z} \mid k \geq a/m\}), & \text{falls } m < 0 \text{ ist,} \end{cases}$$

und $r := a - mq$ gilt $a = mq + r$. Ist $m > 0$, so gilt $q \leq a/m < q+1$ und daher $0 \leq r = a - mq < m$; ist $m < 0$, so gilt $q - 1 < a/m \leq q$ und daher $0 \leq r = a - mq < -m = |m|$. Sind auch $q', r' \in \mathbb{Z}$ mit $a = mq' + r'$ und mit $0 \leq r' < |m|$, so gilt $m \mid (q' - q)m = r - r'$ und $-|m| < r - r' < |m|$, also $r = r'$ und $q = q'$.

(1.4) Bezeichnungen: Es seien m und a ganze Zahlen, und es gelte $m \neq 0$; es seien q und r die eindeutig bestimmten ganzen Zahlen mit $a = mq + r$ und mit $0 \leq r < |m|$. Man bezeichnet dann den Rest r mit $a \bmod m$ und den Faktor q mit $a \operatorname{div} m$.

(1.5) Bemerkung: Zu ganzen Zahlen $m \neq 0$ und a gibt es eindeutig bestimmte ganze Zahlen $\tilde{q}$ und $\tilde{r}$ mit

$$a = m\tilde{q} + \tilde{r} \quad \text{und mit} \quad -\frac{|m|}{2} < \tilde{r} \leq \frac{|m|}{2},$$

nämlich

$$\tilde{r} := \begin{cases} a \bmod m, & \text{falls } a \bmod m \leq |m|/2 \text{ gilt,} \\ (a \bmod m) - m, & \text{falls } m > 0 \text{ und } a \bmod m > |m|/2 \text{ gilt,} \\ (a \bmod m) + m, & \text{falls } m < 0 \text{ und } a \bmod m > |m|/2 \text{ gilt,} \end{cases}$$

und

$$\tilde{q} := \begin{cases} a \operatorname{div} m, & \text{falls } a \bmod m \leq |m|/2 \text{ gilt,} \\ (a \operatorname{div} m) + 1, & \text{falls } m > 0 \text{ und } a \bmod m > |m|/2 \text{ gilt,} \\ (a \operatorname{div} m) - 1, & \text{falls } m < 0 \text{ und } a \bmod m > |m|/2 \text{ gilt.} \end{cases}$$

(1.6) MuPAD: Zu ganzen Zahlen $m \neq 0$ und a berechnen

- `a div m` die Zahl

$$a \operatorname{div} m = \frac{a - a \bmod m}{m},$$

- `a mod m` und `modp(a,m)` den Rest $a \bmod m$,

- `mods(a,m)` die ganze Zahl $\tilde{r}$ mit $m \mid a - \tilde{r}$ und mit

$$-\frac{|m|}{2} < \tilde{r} \leq \frac{|m|}{2}.$$

Bemerkung: Die eben angegebene Beschreibung des MuPAD-Operators **mod** ist nicht vollständig. In Wirklichkeit kann der Operator **mod** entweder die Bedeutung der Funktion **modp** oder die der Funktion **mods** besitzen. Die Standardbedeutung von **mod** ist die von **modp**, d.h. für ganze Zahlen $m \neq 0$ und a liefert **a mod m** dasselbe Ergebnis wie **modp(a,m)**. Wie man den Operator **mod** umdefiniert, zeigt das folgende Protokoll einer MuPAD-Sitzung:

```
>> a := 709876536; m := 123456789;
                        709876536
                        123456789
>> modp(a,m), mods(a,m);
                92592591,-30864198
>> a mod m;
                        92592591
>> a div m;
                            5
>> _mod := mods;
                          mods
>> a mod m;
                       -30864198
>> modp(a,m);
                        92592591
>> a div m;
                            5
>> _mod := modp;
                          modp
>> a mod m;
                        92592591
```

Die Möglichkeit, **mod** umzudefinieren, wird in diesem Buch nicht ausgenützt: Hier hat **mod** stets seine Grundbedeutung. In MuPAD-Programmen, die man nicht nur für einen einmaligen Gebrauch schreibt, sollte man stets die MuPAD-Funktionen **modp** und **mods** benutzen, anstatt **mod** in der einen oder der anderen Bedeutung zu verwenden.

(1.7) Satz: *Es sei U eine Untergruppe der Gruppe $(\mathbb{Z}, +)$. Dann gibt es ein eindeutig bestimmtes $a \in \mathbb{N}_0$ mit*

$$U = \{x \in \mathbb{Z} \mid a \text{ teilt } x\} = \{ay \mid y \in \mathbb{Z}\} =: a\mathbb{Z},$$

und dabei gilt: Ist $U = \{0\}$, so ist $a = 0$, und ist $U \neq \{0\}$, so ist $a = \min(U \cap \mathbb{N})$.

Beweis: (Existenz von a:) (a) Ist $U = \{0\}$, so ist $U = 0 \cdot \mathbb{Z}$.
(b) Es gelte $U \neq \{0\}$. Dann gibt es ein $b \in U$ mit $b \neq 0$. Ist $b > 0$, so ist $b \in U \cap \mathbb{N}$; ist $b < 0$, so ist $-b \in U \cap \mathbb{N}$. Also ist $U \cap \mathbb{N}$ eine nichtleere Teilmenge von $\mathbb{N}$, und daher existiert $a := \min(U \cap \mathbb{N})$. Es ist $a \in U$, und weil U eine Untergruppe von $(\mathbb{Z}, +)$ ist, gilt $a\mathbb{Z} \subset U$, denn es ist $0 \cdot a = 0 \in U$, und durch Induktion folgt sogleich: Für jedes $k \in \mathbb{N}$ gilt $k \cdot a = (k-1) \cdot a + a \in U$ und daher auch $(-k) \cdot a = -(k \cdot a) \in U$.

Für jedes $x \in U$ gilt: Nach (1.3) existieren q, $r \in \mathbb{Z}$ mit $x = aq + r$ und mit $0 \le r < a$, wegen $x \in U$ und $-aq \in a\mathbb{Z} \subset U$ ist $r = x + (-aq) \in U$, und daher ist $r = 0$ [denn sonst wäre $r \in U \cap \mathbb{N}$, im Widerspruch zu $r < a = \min(U \cap \mathbb{N})$], und somit ist $x = aq \in a\mathbb{Z}$. Also gilt $U = a\mathbb{Z}$.

(Einzigkeit von a:) Es seien a', $a'' \in \mathbb{N}_0$ mit $U = a'\mathbb{Z}$ und mit $U = a''\mathbb{Z}$. Wegen $a'' \in U = a'\mathbb{Z}$ gilt $a' \,|\, a''$, wegen $a' \in U = a''\mathbb{Z}$ gilt $a'' \,|\, a'$, und wegen $a' \in \mathbb{N}_0$ und $a'' \in \mathbb{N}_0$ folgt daraus $a' = a''$.

(1.8) Definition: Es sei $n \in \mathbb{N}$, und es seien a_1, $a_2, \ldots, a_n \in \mathbb{Z}$. Eine ganze Zahl $d \ge 0$ heißt größter gemeinsamer Teiler von a_1, $a_2, \ldots, a_n$, wenn gilt:

    (a) $d \,|\, a_1$, $d \,|\, a_2, \ldots, d \,|\, a_n$.

    (b) Für jedes $c \in \mathbb{Z}$ mit $c \,|\, a_1$, $c \,|\, a_2, \ldots, c \,|\, a_n$ gilt $c \,|\, d$.

(1.9) Satz: *Es sei $n \in \mathbb{N}$, und es seien a_1, $a_2, \ldots, a_n \in \mathbb{Z}$. Dann gibt es einen eindeutig bestimmten größten gemeinsamen Teiler $d \in \mathbb{N}_0$ von a_1, $a_2, \ldots, a_n$, und dazu existieren v_1, $v_2, \ldots, v_n \in \mathbb{Z}$ mit $a_1 v_1 + a_2 v_2 + \cdots + a_n v_n = d$.*

Beweis: Es ist

$$U := \{ a_1 x_1 + a_2 x_2 + \cdots + a_n x_n \mid x_1,\, x_2, \ldots, x_n \in \mathbb{Z} \}$$

eine Untergruppe der Gruppe $(\mathbb{Z}, +)$, und daher existiert nach (1.7) ein $d \in \mathbb{N}_0$ mit $U = d\mathbb{Z}$. Es ist $d \in U$, und daher existieren v_1, $v_2, \ldots, v_n \in \mathbb{Z}$ mit $d = a_1 v_1 + a_2 v_2 + \cdots + a_n v_n$. Für jedes $i \in \{1, 2, \ldots, n\}$ gilt $a_i \in U = d\mathbb{Z}$ und daher $d \,|\, a_i$, und für jede ganze Zahl c mit $c \,|\, a_1$, $c \,|\, a_2, \ldots, c \,|\, a_n$ gilt auch $c \,|\, a_1 v_1 + a_2 v_2 + \cdots + a_n v_n = d$. Also ist d ein größter gemeinsamer Teiler von a_1, $a_2, \ldots, a_n$.

(Einzigkeit von d:) Es seien d', $d'' \in \mathbb{N}_0$ größte gemeinsame Teiler von a_1, $a_2, \ldots, a_n$. Dann gilt $d' \,|\, d''$ und $d'' \,|\, d'$, und daraus folgt $d' = d''$.

(1.10) Bezeichnung: Es sei $n \in \mathbb{N}$, es seien a_1, $a_2, \ldots, a_n \in \mathbb{Z}$. Der größte gemeinsame Teiler von a_1, $a_2, \ldots, a_n$ in $\mathbb{N}_0$ wird mit $\mathrm{ggT}(a_1, a_2, \ldots, a_n)$ bezeichnet.

(1.11) Bemerkung: Es sei $n \in \mathbb{N}$, es seien a_1, $a_2, \ldots, a_n \in \mathbb{Z}$, und es sei $d := \mathrm{ggT}(a_1, a_2, \ldots, a_n)$.

(1) Es gilt $d = 0$, genau wenn $a_1 = a_2 = \cdots = a_n = 0$ gilt.

(2) Für jede Permutation σ von $\{1, 2, \ldots, n\}$ ist

$$\mathrm{ggT}\big(a_{\sigma(1)}, a_{\sigma(2)}, \ldots, a_{\sigma(n)}\big) = d.$$

(3) Für alle ε_1, $\varepsilon_2, \ldots, \varepsilon_n \in \{1, -1\}$ gilt $\mathrm{ggT}(\varepsilon_1 a_1, \varepsilon_2 a_2, \ldots, \varepsilon_n a_n) = d$. Insbesondere ist also

$$\mathrm{ggT}\big(|\, a_1 \,|, |\, a_2 \,|, \ldots, |\, a_n \,|\big) = d.$$

(4) Für jedes $c \in \mathbb{Z}$ mit $c \neq 0$ und mit $c \mid a_1$, $c \mid a_2, \ldots, c \mid a_n$ gilt

$$\mathrm{ggT}\left(\frac{a_1}{c}, \frac{a_2}{c}, \ldots, \frac{a_n}{c}\right) = \frac{d}{|c|}.$$

(5) Ist $d \neq 0$, so ist

$$\mathrm{ggT}\left(\frac{a_1}{d}, \frac{a_2}{d}, \ldots, \frac{a_n}{d}\right) = 1.$$

(6) Für alle $x_2, x_3, \ldots, x_n \in \mathbb{Z}$ gilt

$$\mathrm{ggT}\big(a_1 + (a_2 x_2 + a_3 x_3 + \cdots + a_n x_n), a_2, \ldots, a_n\big) = d.$$

(7) Ist $n \geq 3$, so gilt

$$\mathrm{ggT}\big(\mathrm{ggT}(a_1, a_2), a_3, \ldots, a_n\big) = d.$$

Beweis: Es seien $d' := \mathrm{ggT}(a_1, a_2)$ und $d'' := \mathrm{ggT}(d', a_3, \ldots, a_n)$. Wegen $d \mid a_1$ und $d \mid a_2$ gilt $d \mid d'$, und wegen $d \mid a_3, \ldots, d \mid a_n$ folgt $d \mid d''$. Wegen $d'' \mid d'$ gilt $d'' \mid a_1$ und $d'' \mid a_2$, und wegen $d'' \mid a_3, \ldots, d'' \mid a_n$ folgt $d'' \mid d$. Also gilt $d'' = d$.

(1.12) Bemerkung: Es seien $m \in \mathbb{N}$ und $a \in \mathbb{Z}$. Mit $q := a \operatorname{div} m \in \mathbb{Z}$ gilt $a = mq + (a \bmod m)$, und daher ist $\mathrm{ggT}(a, m) = \mathrm{ggT}(a \bmod m, m)$ (vgl. dazu Abschnitt (1.11)).

(1.13) Bezeichnung: $a, b \in \mathbb{Z}$ heißen teilerfremd, wenn $\mathrm{ggT}(a, b) = 1$ ist.

(1.14) Satz: (1) *a, $b \in \mathbb{Z}$ sind teilerfremd, genau wenn es v, $w \in \mathbb{Z}$ mit $av + bw = 1$ gibt.*
(2) *Es seien a, b_1, $b_2, \ldots, b_n \in \mathbb{Z}$ mit $\mathrm{ggT}(a, b_i) = 1$ für jedes $i \in \{1, 2, \ldots, n\}$. Dann gilt $\mathrm{ggT}(a, b_1 b_2 \cdots b_n) = 1$.*
(3) *Es seien a, c_1, $c_2, \ldots, c_n \in \mathbb{Z}$, für jedes $i \in \{2, 3, \ldots, n\}$ sei $\mathrm{ggT}(a, c_i) = 1$, und es gelte $a \mid c_1 c_2 \cdots c_n$. Dann gilt $a \mid c_1$.*
(4) *Es seien a_1, $a_2, \ldots, a_n \in \mathbb{Z}$ paarweise teilerfremd, und es sei $b \in \mathbb{Z}$ durch a_1, $a_2, \ldots, a_n$ teilbar. Dann gilt $a_1 a_2 \cdots a_n \mid b$.*
Beweis: (1) folgt aus (1.9).
(2) Nach (1) existieren zu jedem $i \in \{1, 2, \ldots, n\}$ ganze Zahlen v_i und w_i mit $av_i + b_i w_i = 1$. Man sieht: Es ist mit einem $v \in \mathbb{Z}$

$$1 = \prod_{i=1}^{n} (av_i + b_i w_i) = av + (b_1 b_2 \cdots b_n) \cdot \prod_{i=1}^{n} w_i.$$

Also sind a und $b_1 b_2 \cdots b_n$ teilerfremd.
(3) Nach (2) sind a und $x := c_2 c_3 \cdots c_n$ teilerfremd. Also existieren $v, w \in \mathbb{Z}$ mit $av + xw = 1$. Damit gilt $c_1 = a(vc_1) + (c_1 x)w$, und wegen $a \mid c_1 x = c_1 c_2 \cdots c_n$ folgt $a \mid c_1$.

(4) (a) Ist $0 \in \{a_1, a_2, \ldots, a_n\}$, so gilt $b = 0$ und somit $a_1 a_2 \cdots a_n \mid b$.

(b) Es gelte $a_1, a_2, \ldots, a_n \in \mathbb{Z} \smallsetminus \{0\}$. Ist $n = 1$, so ist nichts zu beweisen. Es sei $n \geq 2$, und es sei bereits bewiesen, daß b durch $a_1 a_2 \cdots a_{n-1}$ teilbar ist. Nach (2) sind $a_1 a_2 \cdots a_{n-1}$ und a_n teilerfremd, und nach (1) existieren daher $v, w \in \mathbb{Z}$ mit

$$(a_1 a_2 \cdots a_{n-1})\, v + a_n\, w \; = \; 1.$$

Mit $y := b/(a_1 a_2 \cdots a_{n-1}) \in \mathbb{Z}$ gilt

$$y \; = \; \big((a_1 a_2 \cdots a_{n-1})y\big)\, v + a_n\, (wy) \; = \; bv + a_n\, (yw),$$

und wegen $a_n \mid b$ folgt $a_n \mid y$, also $a_1 a_2 \cdots a_n \mid (a_1 a_2 \cdots a_{n-1})y = b$.

(1.15) Bemerkung: In (1.9) wurde gezeigt, daß endlich viele ganze Zahlen stets einen eindeutig bestimmten größten gemeinsamen Teiler besitzen. Aus dem dort vorgeführten Beweis ergibt sich aber kein Rechenverfahren zur Berechnung dieses größten gemeinsamen Teilers. Ein solches Verfahren wurde bereits von Euklid angegeben (um 300 v. Chr. Geb.); es findet sich am Anfang des siebenten Buchs seiner "Elemente" (vgl. [32]). Eine erste Version dieses Verfahrens wird im nächsten Abschnitt behandelt; sie liefert zu zwei ganzen Zahlen a und b deren größten gemeinsamen Teiler d. Eine erweiterte Fassung steht in (1.18); sie liefert zu zwei ganzen Zahlen a und b deren größten gemeinsamen Teiler d und außerdem ganze Zahlen v und w mit $av + bw = d$.

(1.16) Der Euklidische Algorithmus:

(1) Es seien $a, b \in \mathbb{Z}$. Der folgende Algorithmus berechnet $d := \mathrm{ggT}(a, b)$:

(E1) Man setzt

$$x \; := \; |a| \quad \text{und} \quad y \; := \; |b|.$$

(E2) Ist $y = 0$, so setzt man $d := x$ und bricht ab.

(E3) Man setzt

$$z \; := \; x \bmod y, \quad x \; := \; y, \quad y \; := \; z$$

und geht zu (E2).

(2) Der Algorithmus leistet das Verlangte.

Beweis: Es seien $a, b \in \mathbb{Z}$. Das Verfahren liefert dazu der Reihe nach

$$\begin{aligned}
x_0 &:= |a| \quad \text{und} \quad y_0 := |b|, \\
x_1 &:= y_0 \quad \text{und} \quad y_1 := x_0 \bmod y_0, \\
x_2 &:= y_1 \quad \text{und} \quad y_2 := x_1 \bmod y_1
\end{aligned}$$

und so fort, und dabei gilt $y_0 > y_1 > y_2 > \cdots \geq 0$. Man sieht daran: Es gibt ein $n \in \mathbb{N}_0$ mit

$$y_0 > y_1 > y_2 > \cdots > y_{n-1} > y_n = 0.$$

Hiermit gilt

$$\operatorname{ggT}(a,b) \stackrel{(1.11)(3)}{=} \operatorname{ggT}(x_0,y_0) \stackrel{(1.12)}{=} \operatorname{ggT}(x_1,y_1) \stackrel{(1.12)}{=} \cdots =$$
$$\stackrel{(1.12)}{=} \operatorname{ggT}(x_n,y_n) = \operatorname{ggT}(x_n,0) = x_n.$$

(1.17) MuPAD: Die folgende MuPAD-Funktion `euklid` berechnet zu ganzen Zahlen a und b den größten gemeinsamen Teiler $\operatorname{ggT}(a,b)$:

```
euklid := proc(a,b)
  local x, y, z;
begin
  x := abs(a);
  y := abs(b);
  while y <> 0 do
    z := modp(x,y);
    x := y;
    y := z
  end_while;
  x
end_proc:
```

(1.18) Der erweiterte Euklidische Algorithmus:
(1) Es seien $a, b \in \mathbb{Z}$. Der folgende Algorithmus berechnet $d := \operatorname{ggT}(a,b)$, sowie ganze Zahlen v und w mit $d = av + bw$:
(EE1) Man setzt

$$x := |a|, \quad y := |b|, \quad v_0 := 1, \quad v_1 := 0, \quad w_0 := 0, \quad \text{und} \quad w_1 := 1.$$

(EE2) Wenn $y = 0$ ist, so setzt man

$$d := x, \quad v := \operatorname{sign}(a)\,v_0 \quad \text{und} \quad w := \operatorname{sign}(a)\,w_0$$

und bricht ab.
(EE3) Man setzt

$$q := x \operatorname{div} y, \quad z := x \bmod y, \quad x := y, \quad y := z,$$
$$z := v_0 - qv_1, \quad v_0 := v_1, \quad v_1 := z,$$
$$z := w_0 - qw_1, \quad w_0 := w_1, \quad w_1 := z$$

und geht zu (EE2).

(2) Der Algorithmus leistet das Verlangte.

Beweis: Es seien a, $b \in \mathbb{Z}$. Wie in (1.16)(2) ergibt sich: Das Verfahren bricht nach endlich vielen Schritten ab und liefert $d = \mathrm{ggT}(a, b)$. Durch Induktion beweist man: Beim Eintritt in (EE2) gilt stets $x = |a| \cdot v_0 + |b| \cdot w_0$ und $y = |a| \cdot v_1 + |b| \cdot w_1$.

(1.19) MuPAD: (1) Die folgende MuPAD-Funktion `exteuklid` berechnet zu ganzen Zahlen a und b den größten gemeinsamen Teiler $d := \mathrm{ggT}(a, b)$, sowie ganze Zahlen v und w mit $d = av + bw$ und gibt die Liste der Zahlen d, v, w aus:

```
exteuklid := proc(a,b)
  local x, y, v0, v1, w0, w1, z, q;
begin
  x  := abs(a);
  y  := abs(b);
  v0 := 1; v1 := 0;
  w0 := 0; w1 := 1;
  while y <> 0 do
    q := x div y;
    z := modp(x,y);
    x := y; y := z;
    z := v0 - q * v1; v0 := v1; v1 := z;
    z := w0 - q * w1; w0 := w1; w1 := z
  end_while;
  [x, sign(a) * v0, sign(b) * w0]
end_proc:
```

(2) Beispiel: Die Zuweisung `u := exteuklid(343, 517)` liefert als Ergebnis die Liste $[\,1, -104, 69\,]$ als Wert von u. Mittels `u[1]`, `u[2]` und `u[3]` kann man dann auf die Einträge in u zugreifen.

(1.20) Bemerkung: Der in (1.16) und (1.18) beschriebene Euklidische Algorithmus ist sehr schnell. In (1.23) wird dies präzisiert: Die Anzahl der Divisionen, die der Algorithmus zur Berechnung des größten gemeinsamen Teilers zweier natürlicher Zahlen benötigt, ist höchstens das Fünffache der Stellenzahl der kleineren dieser beiden Zahlen. Beim Beweis dieses Ergebnisses benötigt man eine berühmte Folge ganzer Zahlen.

(1.21) Definition: Die Folge $(F_n)_{n \geq 0}$ mit

$$F_0 := 0, \quad F_1 := 1 \quad \text{und} \quad F_{n+2} := F_{n+1} + F_n \quad \text{für jedes } n \in \mathbb{N}_0$$

heißt die Folge der Fibonacci-Zahlen (Leonardo von Pisa, genannt Fibonacci, Liber Abbaci, 1202).

(1.22) Hilfssatz: *Es seien a und b ganze Zahlen mit $|a| > |b| > 0$, und es sei n die Anzahl der Divisionen, die der Algorithmus aus (1.16) zur Berechnung von $\mathrm{ggT}(a,b)$ durchführt. Dann gilt $|a| \geq F_{n+2}$ und $|b| \geq F_{n+1}$.*

Beweis: (a) Der Algorithmus aus (1.16) berechnet zu $a_0 := |a|$ und $a_1 := |b|$ natürliche Zahlen $a_2, a_3, \ldots, a_n$ und $q_1, q_2, \ldots, q_n$ mit

$$a_0 = a_1 q_1 + a_2, \quad a_1 = a_2 q_2 + a_3, \ldots, \quad a_{n-2} = a_{n-1} q_{n-1} + a_n, \quad a_{n-1} = a_n q_n$$

und mit $a_0 > a_1 > a_2 > \cdots > a_n$. Hierbei ist $a_n = \mathrm{ggT}(a,b)$, und wegen $a_n < a_{n-1} = a_n q_n$ ist $q_n \geq 2$.

(b) Behauptung: Für jedes $k \in \{1, 2, \ldots, n\}$ gilt $a_{n-k} \geq F_{k+2}$. Dies beweist man durch Induktion: Es gilt

$$a_{n-1} = a_n q_n \geq q_n \geq 2 = F_3$$

und, falls $n \geq 2$ ist,

$$a_{n-2} = a_{n-1} q_{n-1} + a_n \geq a_{n-1} + a_n \geq 2 + 1 = 3 = F_4.$$

Gilt $n \geq 3$ und ist für $k \in \{3, 4, \ldots, n\}$ bereits bewiesen, daß $a_{n-i} \geq F_{i+2}$ für jedes $i \in \{1, 2, \ldots, k-1\}$ gilt, so folgt

$$a_{n-k} = a_{n-k+1} q_{n-k+1} + a_{n-k+2} \geq a_{n-k+1} + a_{n-k+2} \geq F_{k+1} + F_k = F_{k+2}.$$

Damit ist die Behauptung bewiesen.

(c) Aus (b) folgt $|b| = a_1 \geq F_{n+1}$ und $|a| = a_0 \geq F_{n+2}$.

(1.23) Satz (G. Lamé 1844): *Es seien a und b ganze Zahlen, und es gelte $|a| > |b| > 0$. Für die Anzahl n der Divisionen, die der Algorithmus aus Abschnitt (1.16) zur Berechnung von $\mathrm{ggT}(a,b)$ durchführt, gilt: Es ist*

$$n \leq 1 + 5 \log_{10} |b|.$$

Beweis: Ist $n = 1$, so ist nichts zu beweisen. Ist $n \geq 2$, so gilt

$$F_{n+1} > \left(\frac{8}{5}\right)^{n-1}$$

(was man leicht durch Induktion beweist), hieraus und aus (1.22) folgt

$$|b| \geq F_{n+1} > \left(\frac{8}{5}\right)^{n-1},$$

und wegen $8/5 = 1.6 > 1.584\ldots = \sqrt[5]{10}$ folgt daraus

$$\log_{10}|b| \;>\; (n-1)\log_{10}\left(\frac{8}{5}\right) \;>\; (n-1)\log_{10}\left(\sqrt[5]{10}\right) \;=\; (n-1)\cdot\frac{1}{5}.$$

(1.24) Definition: Es sei $n \in \mathbb{N}$, und es seien $a_1, a_2, \ldots, a_n \in \mathbb{Z}$. Eine ganze Zahl $m \geq 0$ heißt kleinstes gemeinsames Vielfaches der Zahlen $a_1, a_2, \ldots, a_n$, wenn gilt:

    (a) $a_1 \mid m,\; a_2 \mid m, \ldots, a_n \mid m$.

    (b) Für jedes $c \in \mathbb{Z}$ mit $a_1 \mid c,\; a_2 \mid c, \ldots, a_n \mid c$ gilt $m \mid c$.

(1.25) Satz: *Es sei $n \in \mathbb{N}$, und es seien $a_1, a_2, \ldots, a_n$ ganze Zahlen. Dann gibt es ein eindeutig bestimmtes kleinstes gemeinsames Vielfaches $m \in \mathbb{N}_0$ von $a_1, a_2, \ldots, a_n$.*

Beweis: $U := a_1\mathbb{Z} \cap a_2\mathbb{Z} \cap \cdots \cap a_n\mathbb{Z}$ ist eine Untergruppe der Gruppe $(\mathbb{Z}, +)$, und daher existiert nach (1.9) ein $m \in \mathbb{N}_0$ mit $U = m\mathbb{Z}$. Für jedes $i \in \{1, 2, \ldots, n\}$ gilt $m \in U \subset a_i\mathbb{Z}$ und daher $a_i \mid m$, und für jedes $c \in \mathbb{Z}$ mit $a_1 \mid c,\; a_2 \mid c, \ldots,$ $a_n \mid c$ gilt

$$c \;\in\; a_1\mathbb{Z} \cap a_2\mathbb{Z} \cap \cdots \cap a_n\mathbb{Z} \;=\; U \;=\; m\mathbb{Z}$$

und daher $m \mid c$.

(Einzigkeit von m:) Sind m' und m'' kleinste gemeinsame Vielfache von a_1, $a_2, \ldots, a_n$, so gilt $m' \mid m''$ und $m'' \mid m'$ und daher $m' = m''$.

(1.26) Bezeichnung: Es sei $n \in \mathbb{N}$, es seien $a_1, a_2, \ldots, a_n \in \mathbb{Z}$. Das kleinste gemeinsame Vielfache von $a_1, a_2, \ldots, a_n$ in $\mathbb{N}_0$ wird mit $\mathrm{kgV}(a_1, a_2, \ldots, a_n)$ bezeichnet.

(1.27) Bemerkung: Es sei $n \in \mathbb{N}$, es seien $a_1, a_2, \ldots, a_n \in \mathbb{Z}$, und es sei $m := \mathrm{kgV}(a_1, a_2, \ldots, a_n)$.

(1) Es gilt $m = 0$, genau wenn es ein $i \in \{1, 2, \ldots, n\}$ mit $a_i = 0$ gibt.

(2) Für jede Permutation σ von $\{1, 2, \ldots, n\}$ gilt

$$\mathrm{kgV}(a_{\sigma(1)}, a_{\sigma(2)}, \ldots, a_{\sigma(n)}) \;=\; m.$$

(3) Für alle $\varepsilon_1, \varepsilon_2, \ldots, \varepsilon_n \in \{1, -1\}$ gilt $\mathrm{kgV}(\varepsilon_1 a_1, \varepsilon_2 a_2, \ldots, \varepsilon_n a_n) = m$. Insbesondere ist also

$$\mathrm{kgV}\big(|a_1|, |a_2|, \ldots, |a_n|\big) \;=\; m.$$

(4) Für jedes $c \in \mathbb{Z}$ gilt

$$\mathrm{kgV}(ca_1, ca_2, \ldots, ca_n) \;=\; |c| \cdot m.$$

(5) Ist $n \geq 3$, so gilt, was man ähnlich wie in (1.11)(7) beweist: Es ist

$$\mathrm{kgV}\big(\mathrm{kgV}(a_1, a_2), a_3, \ldots, a_n\big) \;=\; m.$$

(6) Sind $a_1, a_2, \ldots, a_n$ paarweise teilerfremd, so gilt

$$m = |a_1 a_2 \cdots a_n|.$$

Beweis: $m' := |a_1 a_2 \cdots a_n|$ ist durch $a_1, a_2, \ldots, a_n$ und daher auch durch m teilbar. Wegen $a_1 \,|\, m$, $a_2 \,|\, m, \ldots, a_n \,|\, m$ folgt aus (1.14)(4): m ist durch $a_1 a_2 \cdots a_n$ teilbar und daher auch durch m'. Also ist $m = m'$.

(1.28) Bemerkung: Es seien $a, b \in \mathbb{Z}$. Dann gilt

$$\mathrm{ggT}(a, b) \cdot \mathrm{kgV}(a, b) = |ab|.$$

Beweis: Gilt $a = 0$ oder $b = 0$, so ist $\mathrm{kgV}(a, b) = 0$, und es ist nichts zu beweisen. Gilt $a \neq 0$ und $b \neq 0$, so ist $d := \mathrm{ggT}(a, b) > 0$, wegen $\mathrm{ggT}(a/d, b/d) = 1$ ist $\mathrm{kgV}(a/d, b/d) = |ab|/d^2$ (vgl. (1.11)(5) und (1.27)(6)), und daher gilt

$$\mathrm{kgV}(a, b) = \mathrm{kgV}\left(d \cdot \frac{a}{d}, d \cdot \frac{b}{d}\right) \overset{(1.27)(4)}{=} d \cdot \mathrm{kgV}\left(\frac{a}{d}, \frac{b}{d}\right) = d \cdot \frac{|ab|}{d^2} = \frac{|ab|}{d}.$$

(1.29) MuPAD: (1) Die Definition der Funktion `euklid` in (1.17) ist, wie die von `exteuklid` in (1.19), nicht vollständig. Es wird dort vorausgesetzt, daß jede dieser Funktionen stets mit zwei Argumenten aufgerufen wird, die beide ganze Zahlen sind. (Man probiere aus, was geschieht, wenn `euklid` oder `exteuklid` nicht mit zwei Argumenten oder mit zwei Argumenten, die nicht beide ganze Zahlen sind, aufgerufen wird). Ein gut geschriebenes Programm sollte zur Laufzeit überprüfen, ob es mit der korrekten Anzahl von Argumenten und mit Argumenten vom korrekten Typ aufgerufen wurde. Die Definition von `euklid` sollte daher etwa folgendermaßen aussehen, und dieselbe Änderung ist in der Definition von `exteuklid` anzubringen:

```
euklid := proc(a,b)
  local x, y, z;
begin
  if args(0) <> 2 then
    error("euklid requires two arguments")
  elif domtype(a) <> DOM_INT or domtype(b) <> DOM_INT then
    error("the arguments must be integers")
  end_if;
  x := abs(a); y := abs(b);
  while y <> 0 do
    z := modp(x,y); x := y; y := z
  end_while;
  x
end_proc:
```

(2) Die System-Funktion **args** ermöglicht zur Laufzeit den Zugriff auf die Argumente, mit denen eine Funktion aufgerufen wurde: **args(0)** liefert die Anzahl der Argumente, **args(1)** liefert das erste Argument, **args(2)** das zweite und so fort; **args()** liefert die Ausdruckssequenz aller Argumente. Die Funktion **domtype** erlaubt es, den Typ eines Arguments zu kontrollieren: **domtype(a)** liefert **DOM_INT**, falls das Argument **a** als Wert eine ganze Zahl hat, und andernfalls **FALSE**. Wird die in (1) definierte Funktion **euklid** nicht mit *zwei* Argumenten aufgerufen, die beide *ganze Zahlen* sind, so wird innerhalb des Programms die Funktion **error** aufgerufen; diese gibt dann die Zeichenkette **"the arguments must be integers"** aus und bricht die Funktion **euklid** ab.

(3) Das in (2) beschriebene Verfahren, die einer Funktion bei einem Aufruf übergebenen Argumente von ihr selbst kontrollieren zu lassen, ist nicht besonders effizient, wenn die Funktion oft von anderen Funktionen aufgerufen wird, da man dann ja voraussetzen darf, daß deren Programmierer für die Korrektheit der jeweils übergebenen Argumente gesorgt hat. Überflüssige Eingabekontrollen lassen sich mit Hilfe der Funktion **testargs** vermeiden. Eine "endgültige" Fassung der Funktion **euklid** könnte so aussehen:

```
euklid := proc(a,b)
  local x, y, z;
begin
  if testargs() then
    if args(0) <> 2 then
      error("euklid requires two arguments")
    elif domtype(a) <> DOM_INT or domtype(b) <> DOM_INT then
      error("the arguments must be integers")
    end_if
  end_if;
  x := abs(a); y := abs(b);
  while y <> 0 do
    z := modp(x,y);
    x := y;
    y := z
  end_while;
  x
end_proc:
```

Der Aufruf von **testargs** innerhalb der Funktion **euklid** liefert **TRUE**, falls **euklid** interaktiv aufgerufen wird, und er liefert **FALSE**, falls **euklid** von einer anderen MuPAD-Funktion aufgerufen wird: Im ersten Fall findet eine Kontrolle der **euklid** übergebenen Argumente statt, im zweiten Fall nicht.

(1.30) Aufgaben:

Aufgabe 1: Man schreibe eine MuPAD-Funktion ggT, die für $n \in \mathbb{N}$ und für $a_1, a_2, \ldots, a_n \in \mathbb{Z}$ den größten gemeinsamen Teiler $\mathrm{ggT}(a_1, a_2, \ldots, a_n)$ berechnet. (Man verwende dabei (1.11)(7)).

Aufgabe 2: Man schreibe eine MuPAD-Funktion extggT, die für $n \in \mathbb{N}$ und für $a_1, a_2, \ldots, a_n \in \mathbb{Z}$ den größten gemeinsamen Teiler $d := \mathrm{ggT}(a_1, a_2, \ldots, a_n)$ und ganze Zahlen $v_1, v_2, \ldots, v_n$ mit $d = a_1 v_1 + \cdots + a_n v_n$ berechnet und die Liste $[\, d, v_1, v_2, \ldots, v_n \,]$ ausgibt.

Aufgabe 3: Man schreibe eine MuPAD-Funktion kgV, die für $n \in \mathbb{N}$ und für $a_1, a_2, \ldots, a_n \in \mathbb{Z}$ das kleinste gemeinsame Vielfache $\mathrm{kgV}(a_1, a_2, \ldots, a_n)$ berechnet. (Man verwende dabei (1.27)(5) und (1.28)).

(1.31) MuPAD: (1) Der MuPAD-Kern stellt einige wichtige zahlentheoretische Funktionen zu Verfügung. Hierher gehören davon die Funktionen igcd, igcdex und ilcm:

- igcd berechnet den größten gemeinsamen Tciler endlich vieler ganzer Zahlen,

- igcdex berechnet zu ganzen Zahlen a und b den größten gemeinsamen Teiler $d = \mathrm{ggT}(a, b)$ und ganze Zahlen v und w mit $d = av + bw$; ausgegeben wird die Ausdruckssequenz d, v, w,

- ilcm berechnet das kleinste gemeinsame Vielfache endlich vieler ganzer Zahlen.

Von den Funktionen, die die MuPAD-Bibliothek numlib enthält, gehört hierher die Funktion numlib::igcdmult:

- numlib::igcdmult berechnet zu ganzen Zahlen $a_1, a_2, \ldots, a_n$ den größten gemeinsamen Teiler $d := \mathrm{ggT}(a_1, a_2, \ldots, a_n)$ und ganze Zahlen $v_1, v_2, \ldots, v_n$ mit $d = a_1 v_1 + a_2 v_2 + \cdots + a_n v_n$ und gibt die Liste $[\, d, v_1, v_2, \ldots, v_n \,]$ aus.

(2) Funktionen des MuPAD-Kerns sind wesentlich schneller als in MuPAD geschriebene Funktionen. Daher wird man in Programmen, die man selbst schreibt, möglichst Funktionen aus dem Kern verwenden, also etwa igcd statt der Funktion euklid aus (1.29).

(3) Zur Ermittlung der CPU-Zeit, die für die Ausführung einer Anweisung benötigt wird, dient die System-Funktion time. Man informiere sich darüber mittels ?time und experimentiere damit (und etwa mit der Funktion igcd und der Funktion ggT aus Aufgabe 1 in (1.30)).

(1.32) Aufgaben:

Aufgabe 4: Man beweise: Ist $g \in \mathbb{N}$ mit $g > 1$, so gibt es zu jedem $a \in \mathbb{N}$ ein eindeutig bestimmtes $n \in \mathbb{N}_0$ und eindeutig bestimmte $c_0, c_1, \ldots, c_{n-1}$, $c_n \in \{0, 1, \ldots, g-1\}$ mit $c_n \neq 0$ und mit

$$(*) \qquad a \; = \; c_0 + c_1 g + \cdots + c_{n-1} g^{n-1} + c_n g^n.$$

$(*)$ heißt die g-adische Darstellung von a. Für $g = 10$ ist $(*)$ die Darstellung von a im Zehnersystem, für $g = 2$ ist $(*)$ die Binärdarstellung oder die dyadische Darstellung von a.

Man schreibe eine MuPAD-Funktion, die zu einer ganzen Zahl g mit $g > 1$ und zu einer natürlichen Zahl a die Liste $[\,c_n, c_{n-1}, \ldots, c_1, c_0\,]$ der "Ziffern" in der g-adischen Darstellung $(*)$ von a berechnet.

Aufgabe 5: Man beweise: Zu jeder natürlichen Zahl a gibt es eindeutig bestimmte Zahlen $n \in \mathbb{N}$ und $c_1, c_2, \ldots, c_n \in \mathbb{Z}$ mit $c_n \neq 0$, mit $0 \leq c_j \leq j$ für jedes $j \in \{1, 2, \ldots, n\}$ und mit $a = c_1 \cdot 1! + c_2 \cdot 2! + \cdots + c_n \cdot n!$.

Man schreibe eine MuPAD-Funktion, die zu einer natürlichen Zahl a die ganzen Zahlen $c_1, c_2, \ldots, c_n$ mit $c_n \neq 0$, mit $0 \leq c_j \leq j$ für jedes $j \in \{1, 2, \ldots, n\}$ und mit $a = c_1 \cdot 1! + c_2 \cdot 2! + \cdots + c_n \cdot n!$ berechnet.

Aufgabe 6: (a) Man schreibe eine MuPAD-Funktion, die für jedes $n \in \mathbb{N}_0$ die Fibonacci-Zahl F_n berechnet und dabei die zur Definition der Fibonacci-Zahlen in (1.21) verwendete Rekursionsformel verwendet. Man informiere sich dazu über die Option **remember** (und lese im MuPAD-Manual [72] die Seiten 114–116). Von einer anderen Methode, Fibonacci-Zahlen zu berechnen, ist in Aufgabe 5 in Abschnitt (4.30) die Rede.
(b) Es seien

$$\alpha \; := \; \frac{1 + \sqrt{5}}{2} \quad \text{und} \quad \beta \; := \; \frac{1 - \sqrt{5}}{2}.$$

Man beweise die Formel von J. Ph. M. Binet (1843): Für jedes $n \in \mathbb{N}_0$ ist

$$F_n \; = \; \frac{1}{\sqrt{5}} \left(\alpha^n - \beta^n \right).$$

Dabei verwende man, daß α und β die Nullstellen des Polynoms $T^2 - T - 1 \in \mathbb{Q}[T]$ sind. Man folgere aus der Formel von Binet: Für jedes $n \in \mathbb{N}_0$ gilt

$$F_n \; = \; \left\lfloor \frac{\alpha^n}{\sqrt{5}} + \frac{1}{2} \right\rfloor.$$

Aufgabe 7: Man beweise den folgenden Satz von E. Zeckendorf (aus [114]): Zu jeder natürlichen Zahl a gibt es ein eindeutig bestimmtes $n \in \mathbb{N}$ und eindeutig bestimmte natürliche Zahlen $j(1), j(2), \ldots, j(n)$ mit $j(1) \geq 2$, mit

$$a \; = \; F_{j(1)} + F_{j(2)} + \cdots + F_{j(n)}$$

und mit

$$j(i+1) \;\geq\; j(i)+2 \quad \text{für jedes } i \in \{1,2,\ldots,n-1\}.$$

Man schreibe eine MuPAD-Funktion, die zu jedem $a \in \mathbb{N}$ die Liste der Zahlen $j(1), j(2), \ldots, j(n)$ berechnet.

Aufgabe 8: Ägyptische Bruchdarstellungen:

Es sei q eine rationale Zahl mit $0 < q < 1$. Dann ist q eine Summe von Stammbrüchen mit paarweise verschiedenen Nennern, d.h. es existieren ein $k \in \mathbb{N}$ und natürliche Zahlen $n_1, n_2, \ldots, n_k$ mit $n_1 < n_2 < \cdots < n_k$ und mit

$$q \;=\; \frac{1}{n_1} + \frac{1}{n_2} + \cdots + \frac{1}{n_k}.$$

Eine solche Darstellung von q nennt man eine ägyptische Bruchdarstellung von q, da im Alten Ägypten, wie es zum Beispiel das im Papyrus Rhind überlieferte Rechenbuch zeigt, rationale Zahlen meistens in dieser Form geschrieben wurden.

Man schreibe eine MuPAD-Funktion, die zu einer rationalen Zahl q mit $0 < q < 1$ solche Zahlen $k, n_1, n_2, \ldots, n_k \in \mathbb{N}$ berechnet, und zwar nach der folgenden Methode, die auf Fibonacci zurückgeht: Man setze

$$n_1 \;:=\; \lceil q^{-1} \rceil \quad \text{und} \quad n_i \;:=\; \left\lceil \left(q - \frac{1}{n_1} - \cdots - \frac{1}{n_{i-1}} \right)^{-1} \right\rceil \quad \text{für} \quad i > 1.$$

Man zeige, daß diese Methode wirklich zu jedem $q \in \mathbb{Q}$ mit $0 < q < 1$ eine ägyptische Bruchdarstellung von q liefert.

Aufgabe 9: Sind x und n natürliche Zahlen mit $x < n!$, so gibt es ein $r \in \mathbb{N}$ mit $r \leq n$ und paarweise verschiedene Teiler $a_1, a_2, \ldots, a_r \in \mathbb{N}$ von $n!$ mit $x = a_1 + a_2 + \cdots + a_r$. Dies beweist man durch Induktion: Ist $n \geq 3$, ist $x < n!$ und ist $y := \lfloor x/n \rfloor > 0$, so finde man ein $s \in \mathbb{N}$ mit $s \leq n-1$ und paarweise verschiedene natürliche Teiler $b_1, b_2, \ldots, b_s$ von $(n-1)!$ mit der Summe y und setze $a_1 := nb_1, a_2 := nb_2, \ldots, a_s := nb_s$; ist $x \bmod n = 0$, so setzt man $r := s$ und ist fertig, andernfalls setzt man $r := s+1$ und $a_r := x \bmod n$. Man führe den Induktionsbeweis im Detail aus und schreibe eine MuPAD-Funktion, die zu natürlichen Zahlen x und n mit $x < n!$ ein $r \in \mathbb{N}$ mit $r \leq n$ und paarweise verschiedene natürliche Teiler $a_1, a_2, \ldots, a_r$ von $n!$ mit $x = a_1 + a_2 + \cdots + a_r$ findet.

Aufgabe 10: Ägyptische Bruchdarstellungen:

Es seien $a, b \in \mathbb{N}$ mit $a < b$. Es seien n und x die natürlichen Zahlen mit $(n-1)! < b \leq n!$ und mit $x/n! \leq a/b < (x+1)/n!$. Es ist $x < n!$, und daher liefert die Funktion aus Aufgabe 9 ein $r \in \{1, 2, \ldots, n\}$ und Teiler $a_1, a_2, \ldots,$ $a_r \in \mathbb{N}$ von $n!$ mit $a_1 > a_2 > \cdots > a_r$ und mit $x = a_1 + a_2 + \cdots + a_r$. Für jedes $i \in \{1, 2, \ldots, r\}$ ist $v_i := n!/a_i \in \mathbb{N}$, und es gilt

$$v_1 < v_2 < \cdots < v_r = \frac{n!}{a_r} \leq n! \quad \text{und} \quad \frac{x}{n!} = \frac{1}{v_1} + \frac{1}{v_2} + \cdots + \frac{1}{v_r}.$$

Ist $a/b = x/n!$, so ist damit eine ägyptische Bruchdarstellung von a/b gefunden. Andernfalls gilt: Es ist $1 \leq an! - bx < b \leq n!$, also liefert die Funktion aus Aufgabe 9 ein $s \in \{1, 2, \ldots, n\}$und Teiler $b_1, b_2, \ldots, b_s \in \mathbb{N}$ von $n!$ mit $b_1 > b_2 > \cdots > b_s$ und mit $an! - bx = b_1 + b_2 + \cdots + b_s$. Für jedes $j \in \{1, 2, \ldots, s\}$ ist $w_j := bn!/b_j \in \mathbb{N}$, und es gilt $w_1 < w_2 < \cdots < w_s$ und

$$\frac{a}{b} = \frac{x}{n!} + \left(\frac{a}{b} - \frac{x}{n!}\right) = \frac{1}{v_1} + \frac{1}{v_2} + \cdots + \frac{1}{v_r} + \frac{1}{w_1} + \frac{1}{w_2} + \cdots + \frac{1}{w_s}.$$

Dies ist eine ägyptische Bruchdarstellung von a/b, denn es gilt

$$b_1 \leq b_1 + b_2 + \cdots + b_s = an! - bx < b$$

und daher

$$w_1 = \frac{bn!}{b_1} > n! \geq v_r.$$

(a) Man schreibe eine MuPAD-Funktion, die zu jeder rationalen Zahl q mit $0 < q < 1$ auf die eben beschriebene Weise eine ägyptische Bruchdarstellung von q liefert.

(b) Man vergleiche die von dieser Funktion gelieferten Ergebnisse mit denen, die die Funktion aus Aufgabe 8 liefert.

Die in dieser Aufgabe behandelte Methode, ägyptische Bruchdarstellungen zu berechnen, wurde von P. Erdős angegeben. (Man vergleiche Narkiewicz [73], Kap. I, § 4).

Aufgabe 11: Man schreibe eine MuPAD-Funktion, die zu einer natürlichen Zahl n die Anzahl der Paare $(a, b) \in \mathbb{N} \times \mathbb{N}$ mit $a \leq n$ und $b \leq n$ und mit $\mathrm{ggT}(a, b) = 1$ ausgibt und außerdem berechnet, wieviel Prozent aller Paare $(a, b) \in \mathbb{N} \times \mathbb{N}$ mit $a \leq n$ und $b \leq n$ die Bedingung $\mathrm{ggT}(a, b) = 1$ erfüllen. (Man vergleiche dazu Apostol [2], Abschnitt 3.8). Man veranschauliche sich mit Hilfe der MuPAD-Funktion `plot2d` für $n \in \mathbb{N}$ die Menge

$$\{(a, b) \in \mathbb{N} \times \mathbb{N} \mid n \leq a;\ n \leq b;\ \mathrm{ggT}(a, b) = 1\}.$$

Aufgabe 12: Es seien n und m natürliche Zahlen. Man schreibe eine MuPAD-Funktion, die zu natürlichen Zahlen n und m die Reihenfolge berechnet, in der n Kinder durch einen m-silbigen Abzählvers abgezählt werden. (Das ist das sogenannte Problem von Josephus). Zum Beispiel liefert der Abzählvers "e-ne-me-ne-mu und raus bist du!" im Fall von 12 Kindern die Abzählung

9 6 4 3 5 8 12 10 11 7 1 2 .

Aufgabe 13: Eine wichtige Aufgabe der Mathematik nach dem Ende der Antike war die Berechnung des Osterdatums, der sog. Computus. (Man lese dazu bei Borst [12] und Gericke [42] nach). Von Gauß stammt eine Methode zur Berechnung des Osterdatums. Man informiere sich darüber in Gauß [38] und [39] und schreibe eine MuPAD-Funktion, die für jedes Jahr nach dem Jahr 325, in dem, wie es heißt, das Konzil von Nicaea den Ostertermin festgelegt hat, das Datum des Ostersonntags berechnet, und zwar für ein Jahr vor 1583 nach dem Julianischen und für ein Jahr ab 1583 nach dem Gregorianischen Kalender. Der Gregorianische Kalender wurde in der katholischen Kirche im Jahr 1582 eingeführt; das erste nach ihm berechnete Osterfest war das des Jahres 1583. Die nichtkatholischen Länder Europas akzeptierten den Gregorianische Kalender erst nach und nach, so die evangelischen Länder des Deutschen Reichs im Jahr 1700 und England sogar erst im Jahr 1752. Näheres dazu findet man in Kapitel 11 des Buchs [44] von O. Gingerich.

Aufgabe 14: Es gibt verschiedene Möglichkeiten, aus einem Datum den Wochentag zu ermitteln. Ein Verfahren dazu hat Lewis Carroll, der Verfasser von "Alice im Wunderland", im Jahr 1887 angegeben. Seine Beschreibung dieses Verfahrens findet man in dem Buch [36] von M. Gardner auf Seite 24 abgedruckt. Man schreibe dazu eine MuPAD-Funktion.

Aufgabe 15: Man schreibe für eine natürliche Zahl n die ersten n natürlichen Zahlen hintereinander, bilde also die Zahl

$$Z_0(n) \; := \; 123456789101112131415161718192021 22\ldots .$$

Darin streiche man von links her alle Ziffern an einer geradzahligen Position, bilde also die Zahl

$$Z_1(n) \; := \; 135790123456789012\ldots ,$$

und streiche darin von links her alle Ziffern an einer ungeradzahligen Position, bilde also die Zahl

$$Z_2(n) \; := \; 370246802\ldots .$$

Dieses Verfahren setze man fort, bis man bei einer einstelligen Zahl $Z^*(n)$ angekommen ist.

(1) Man schreibe eine MuPAD-Funktion, die zu jeder natürlichen Zahl n auf die eben angedeutete Weise diese Zahl $Z^*(n)$ berechnet. Eine Möglichkeit ist,

die Ziffern von $Z_0(n)$ in eine Liste $[1,2,3,\ldots]$ zu schreiben und darin jeweils die Streichungen vorzunehmen.

(2) Man finde einen Algorithmus, der Werte der Funktion

$$n \mapsto Z^*(n) \ : \ \mathbb{N} \to \{0,1,2,3,4,5,6,7,8,9\}$$

effizienter berechnet als das direkte Verfahren. Diese Aufgabe wurde einmal bei einer Mathematik-Olympiade gestellt, vgl. Redfern [88].

2   Primzahlen

(2.1) C. F. Gauß (1777 – 1855) schreibt in den "Disquisitiones arithmeticae", seinem großen Lehrbuch der Zahlentheorie aus dem Jahr 1801: "Problema, numeros primos a compositis dignoscendi, hosque in factores suos primos resolvendi, ad gravissima ac utilissima totius arithmeticae pertinere, et geometrarum tum veterum tum recentiorum industriam ac sagacitatem occupavisse, tam notum est, ut de hac re copiose loqui superfluum foret" (vgl. Gauß [37], Artikel 329; nach der Übersetzung von H. Maser (1889): "Daß die Aufgabe, die Primzahlen von den zusammengesetzten zu unterscheiden und letztere in ihre Primfaktoren zu zerlegen, zu den wichtigsten und nützlichsten der gesamten Arithmetik gehört und die Bemühungen und den Scharfsinn sowohl der alten wie auch der neueren Mathematiker in Anspruch genommen hat, ist so bekannt, daß es überflüssig wäre, hierüber viele Worte zu verlieren"). Noch immer befassen sich Mathematiker mit dieser Aufgabe: Daß man sich für schnelle Primzahltests und für effiziente Algorithmen zur Faktorisierung natürlicher Zahlen interessiert, liegt heute auch an Anwendungen der Zahlentheorie in der Kryptologie, von denen in § 9 berichtet wird.

In diesem Paragraphen werden in erster Linie einige grundlegende Begriffe und Ergebnisse vorgestellt – Dinge, die durchaus der Schulmathematik angehören. Die Rechenverfahren, die dabei behandelt werden, haben mehr prinzipielle Bedeutung; sie liefern keine praktisch brauchbaren Algorithmen. Ein Primzahltest, der von großer praktischer Bedeutung ist, wird später in § 7 behandelt werden; von Faktorisierungverfahren, die über den üblicherweise in der Schule behandelten Stoff hinausgehen, wird in diesem Paragraphen in den Abschnitten (2.21) und (2.25) und in § 14 die Rede sein.

In diesem Buch kann nur ein kleiner Einblick in den Teil der Zahlentheorie gegeben werden, der sich mit Primzahlen beschäftigt. Wer sich näher für Primzahlen interessiert, sollte zu dem schönen Buch [89] von P. Ribenboim greifen: Es behandelt anregend und ausführlich viele Dinge, auf die hier nicht eingegangen werden kann, und erschließt auf den etwa hundert Seiten seines Literaturverzeichnisses die Originalliteratur bis zum Jahr 1988.

(2.2) Definition: Eine natürliche Zahl p heißt eine Primzahl, wenn gilt: Es ist $p > 1$, und $1, -1, p$ und $-p$ sind die einzigen Teiler von p.

(2.3) Bemerkung: Es sei a eine ganze Zahl mit $|a| > 1$. Dann ist

$$p := \min(\{d \in \mathbb{N} \mid d > 1; \, d \text{ teilt } a\})$$

ein Primteiler von a (d.h. eine Primzahl, die a teilt), und wenn $|a|$ keine Primzahl ist, so ist $p \leq \sqrt{|a|}$.

Beweis: Daß p ein Primteiler von a ist, ist klar. – Ist $|a|$ keine Primzahl, so ist $p < |a|$, somit ist $|a|/p$ eine natürliche Zahl > 1, die $|a|$ teilt, und daher gilt $|a|/p \geq p$, also $p \leq \sqrt{|a|}$.

(2.4) MuPAD: (1) Die folgende MuPAD-Funktion liefert für eine ganze Zahl a die Ausgabe TRUE, falls a eine Primzahl ist, und sonst die Ausgabe FALSE:

```
prim := proc(a)
  local d;
begin
  if testargs() then
    if args(0) <> 1 then
      error("prim requires one and only one argument")
    elif domtype(a) <> DOM_INT then
      error("the argument must be an integer")
    end_if
  end_if;
  if a <= 1 then
    return(FALSE)
  elif a > 2 and modp(a,2) = 0 then
    return(FALSE)
  else
    for d from 3 to floor(sqrt(a)) step 2 do
      if modp(a,d) = 0 then
        return(FALSE)
      end_if
    end_for;
    return(TRUE)
  end_if
end_proc:
```

(2) Es sei a eine natürliche Zahl mit $a > 1$. Das in der Funktion **prim** aus (1) verwendete Verfahren ist denkbar einfach: Wird ein Teiler $d \in \mathbb{N}$ von a mit

$2 \leq d \leq \sqrt{a}$ gefunden, so ist a keine Primzahl; andernfalls ist a eine Primzahl. Wie man sieht, ist der Aufwand von **prim** am größten, wenn a eine Primzahl oder das Quadrat einer Primzahl ist; er ist dann (mindestens) proportional zu $\sqrt{a}$. Für größere Zahlen a ist **prim** daher nicht geeignet. Man beachte aber, daß die Funktion **prim** mehr tut als nötig: Sie findet zu einer natürlichen Zahl $a > 1$ in jedem Fall einen Primteiler von a.

(2.5) Satz: *Es gibt unendlich viele Primzahlen.*

Beweis (Euklid): Es sei $n \in \mathbb{N}_0$, und es seien $p_1, p_2, \ldots, p_n$ paarweise verschiedene Primzahlen. Dann ist $a := 1 + p_1 p_2 \cdots p_n$ eine natürliche Zahl mit $a > 1$, und daher gibt es einen Primteiler p von a. Für jedes $i \in \{1, 2, \ldots, n\}$ gilt $a \bmod p_i = 1$ und daher $p_i \nmid a$. Also ist $p \notin \{p_1, p_2, \ldots, p_n\}$.

(2.6) Bemerkung: Es sei $(p_i)_{i \geq 1}$ die Folge der Primzahlen in ihrer natürlichen Reihenfolge; es seien also $p_1 := 2$, $p_2 := 3, \ldots, p_{25} := 97$ und so fort.

(1) Es gilt: Zu jedem $a \in \mathbb{N}$ mit $a > 1$ gibt es eine Primzahl p mit $a < p < 2a$. Dies wurde 1845 von J. L. F. Bertrand mit Hilfe der ihm zu Verfügung stehenden Primzahltafeln für jedes $a < 3\,000\,000$ nachgewiesen und 1854 von P. L. Tschebyscheff für jedes a bewiesen. Ein Beweis dieses sogenannten "Bertrandschen Postulats" ist der Inhalt von Aufgabe 4 in (2.25).

(2) Es sei $m \in \mathbb{N}$ ungerade mit $m \geq 5$. m ist dann und nur dann eine Primzahl, wenn es ein $k \geq 2$ mit $p_k < m$, mit $p_2 \nmid m, \ldots, p_k \nmid m$ und mit $\lfloor m/p_k \rfloor \leq p_k$ gibt.

Beweis: (a) Es gelte: m ist eine Primzahl. Dann gibt es ein $k \in \mathbb{N}$ mit $m = p_{k+1}$. Wegen $m \geq 5$ ist $k \geq 2$, und es gilt $p_k < m$ und $p_2 \nmid m, \ldots, p_k \nmid m$. Nach (1) gibt es eine Primzahl p mit $p_k < p < 2p_k$. Es gilt

$$m \; = \; p_{k+1} \; \leq \; p \; < \; 2p_k \; < \; p_k^2$$

und daher $\lfloor m/p_k \rfloor \leq p_k$.

(b) Es gelte: Es gibt ein $k \geq 2$ mit $p_k < m$, mit $p_2 \nmid m, \ldots, p_k \nmid m$ und mit $\lfloor m/p_k \rfloor \leq p_k$. Für jeden Primteiler p von m gilt $p \geq p_{k+1}$ und

$$m \; = \; p_k \cdot \left\lfloor \frac{m}{p_k} \right\rfloor + (m \bmod p_k) \; \leq \; p_k^2 + (p_k - 1) \; < \; (p_k + 1)^2 \; < \; p_{k+1}^2$$

und daher $p \geq p_{k+1} > \sqrt{m}$. Also besitzt m keinen Primteiler $\leq \sqrt{m}$ und ist somit eine Primzahl.

(2.7) MuPAD: Die folgende MuPAD-Funktion berechnet zu einer natürlichen Zahl n die Liste $[\,p_1, p_2, \ldots, p_n\,]$ der ersten n Primzahlen. Man überlegt sich mit Hilfe von (2.6)(2) leicht, daß sie für jede Eingabe ein korrektes Ergebnis liefert.

```
listOfPrimes := proc(n)
  local p, m, i, j;
begin
  if args(0) <> 1 then
    error("listOfPrimes requires exactly one argument")
  elif domtype(n) <> DOM_INT then
    error("the argument must be a natural number")
  elif n < 1 then
    error("the argument must be a natural number")
  end_if;
  p[1] := 2;
  p[2] := 3;
  m := 3;
  i := 2;
  while i < n do
    j := 2;
    while j > 1 do
      if modp(m,p[j]) = 0 then
        m := m + 2;
        break
      elif m div p[j] <= p[j] then
        i := i + 1;
        p[i] := m;
        m := m + 2;
        break
      end_if;
      j := j+1
    end_while
  end_while;
  [p[i] $ hold(i) = 1..n]
end_proc:
```

(2.8) Das Sieb des Eratosthenes: Eine andere Methode, Tabellen von Primzahlen zu berechnen, wurde von dem griechischen Mathematiker Eratosthenes (um 230 v. Chr. Geb.) angegeben: Will man zu einer natürlichen Zahl N alle Primzahlen $p \leq N$ berechnen, so schreibt man die Zahlen 2, 3, 4, ..., N in eine Liste und streicht darin alle geraden Zahlen > 2. Die erste nichtgestrichene Zahl > 2, nämlich 3, ist dann eine Primzahl. Jetzt streicht man in der Tabelle alle durch 3 teilbaren Zahlen > 3. Die erste nichtgestrichene Zahl > 3, nämlich 5, ist wieder eine Primzahl; jetzt streicht man in der Liste alle durch 5 teilbaren Zahlen > 5. Dieses Verfahren wird fortgesetzt: Jedesmal, wenn man eine neue Primzahl p gefunden hat, streicht man in der Liste alle Vielfachen $> p$ von p; die erste nichtgestrichene Zahl $> p$ hat keinen nichttrivialen Teiler, da sie sonst bereits gestrichen wäre, und ist daher eine Primzahl. Man hört auf, wenn man auf diese Weise eine Primzahl $p > \sqrt{N}$ gefunden hat. Dann sind die nichtgestrichenen Zahlen in der Tabelle genau die Primzahlen $\leq N$ (wegen (2.3)).

(2.9) Mersenne-Zahlen: Für jedes $n \in \mathbb{N}$ heißt $M(n) := 2^n - 1$ die n-te Mersenne-Zahl (nach M. Mersenne, 1588 – 1648).
(1) Ist $n \in \mathbb{N}$ keine Primzahl, so ist auch $M(n)$ keine Primzahl. Es ist nämlich $M(1) = 1$, und für natürliche Zahlen $r > 1$ und $s > 1$ gilt

$$M(rs) \;=\; (2^s - 1)\,(2^{(r-1)s} + 2^{(r-2)s} + \cdots + 2^s + 1).$$

(2) Nicht für jede Primzahl p ist $M(p)$ eine Primzahl: Es ist $M(11) = 23 \cdot 89$.
(3) Die größte heute, am 18.2.1998, bekannte Primzahl ist die Mersenne-Zahl $M(3\,021\,377)$; sie wurde am 27.1.1998 gefunden. Seit dem Jahr 1588, in dem P. A. Cataldi (1548 – 1626) zeigte, daß $M(17) = 131\,071$ und $M(19) = 524\,287$ Primzahlen sind, war die größte jeweils bekannte Primzahl immer eine Mersenne-Zahl, mit Ausnahme der Zeit zwischen August 1989 und März 1992, in der $391\,581 \cdot 2^{216\,193} - 1$ den Rekord als größte Primzahl hielt.

Daß man gerade große Mersenne-Zahlen darauf untersucht, ob sie Primzahlen sind, liegt daran, daß es dafür einen einfachen Test gibt, nämlich den Test von E. Lucas (1878) und D. H. Lehmer (1930/35): Ist $(a_j)_{j \geq 1}$ die Folge mit

$$a_1 \;:= 4 \quad \text{und} \quad a_{j+1} \;:= a_j^2 - 2 \quad \text{für jedes } j \in \mathbb{N},$$

so ist für eine Primzahl $p \geq 3$ die Mersenne-Zahl $M(p)$ genau dann eine Primzahl, wenn a_{p-1} durch $M(p)$ teilbar ist. Ein Beweis dafür steht erst in Abschnitt (11.22); eine Richtung dieses Beweises benötigt nämlich die in §10 und §11 behandelte Theorie der quadratischen Reste. Übrigens weiß man nicht, ob es unendlich viele Mersenne-Zahlen gibt, die Primzahlen sind.
(4) Die jeweils größte bekannte Primzahl und viele weitere Informationen über Primzahlen findet man (zur Zeit) unter der Adresse

```
http://www.utm.edu/research/primes/largest.html
```

im Internet.

(2.10) MuPAD: Der Aufruf `numlib::mersenne()` liefert die Liste der 37 heute bekannten Primzahlen p, für die die Mersenne-Zahl $M(p)$ eine Primzahl ist:

```
>> numlib::mersenne();
  [2, 3, 5, 7, 13, 17, 19, 31, 61, 89, 107, 127, 521, 607,
    1279, 2203, 2281, 3217, 4253, 4423, 9689, 9941, 11213,
    19937, 21701, 23209, 44497, 86243, 110503, 132049, 216091,
    756839, 859433, 1257787, 1398269, 2976221, 3021377]
```

Die Definition dieser Funktion in der Bibliothek `numlib` läßt sich ohne Schwierigkeiten aktualisieren, sobald eine neue Primzahl p gefunden ist, für die $M(p)$ eine Primzahl ist.

(2.11) Die Primzahlfunktion: (1) Über die Verteilung der Primzahlen innerhalb der natürlichen Zahlen gibt der sogenannte Primzahlsatz Auskunft, den C. F. Gauß 1792 vermutet hat und den J. Hadamard (1865 – 1963) und Ch. de la Vallée-Poussin (1866 – 1962) unabhängig voneinander 1896 bewiesen haben: Für die Primzahlfunktion

$$\pi : \mathbb{R} \to \mathbb{R} \quad \text{mit} \quad \pi(x) \; := \; \#\big(\{p \in \mathbb{P} \mid p \leq x\}\big) \quad \text{für jedes } x \in \mathbb{R}$$

gilt

$$\lim_{x \to \infty} \left(\pi(x) \Big/ \frac{x}{\log x} \right) \; = \; 1.$$

Wie man diesen Satz mit funktionentheoretischen Methoden beweist, kann man in den Büchern von J. Brüdern ([17], Abschnitt 1.7) und von E. Freitag und R. Busam ([35], Kap. VII, § 4) nachlesen.

Es gibt Verfahren, mit denen man Werte der Primzahlfunktion π genau ausrechnen kann und die natürlich nicht in der Berechnung großer Primzahltafeln bestehen. Die folgende Tabelle enthält einige Funktionswerte von π; sie sind umfangreicheren Tabellen in Riesel [90], S. 374–376, und in der Arbeit [24] von M. Deleglise und J. Rivat entnommen. In [24] findet sich neben der Beschreibung der bislang bekannten Methoden zur Berechnung von Werten der Funktion π ein verbessertes Verfahren, mit dessen Hilfe $\pi(10^{17})$ und $\pi(10^{18})$ und später auch $\pi(10^{19})$ und $\pi(10^{20})$ berechnet wurden, wie man zur Zeit einer Notiz an der in (2.9)(4) angegebenen Internet-Adresse entnehmen kann. Dort findet man auch, daß Paul Zimmermann ausgerechnet hat, daß

$$\pi(4\,185\,296\,581\,467\,695\,669) \; = \; 100\,000\,000\,000\,000\,000$$

ist.

x	$\pi(x)$	x	$\pi(x)$
10^5	9 592	10^{13}	346 065 536 839
10^6	78 498	10^{14}	3 204 941 750 802
10^7	664 579	10^{15}	29 844 570 422 669
10^8	5 761 455	10^{16}	279 238 341 033 925
10^9	50 847 534	10^{17}	2 623 557 157 654 233
10^{10}	455 052 511	10^{18}	24 739 954 287 740 860
10^{11}	4 118 054 813	10^{19}	234 057 667 276 344 607
10^{12}	37 607 912 018	10^{20}	2 220 819 602 560 918 840

(2) Für jedes $\delta \in\,]\,0, 1\,[$ existiert das uneigentliche Integral

$$\int_0^{1-\delta} \frac{1}{\log t}\, dt,$$

und für jedes $x \in [\,2, \infty\,[$ gilt: Es existiert der Grenzwert

$$\int_0^x \frac{1}{\log t}\, dt \;:=\; \lim_{\delta \to 0+} \left(\int_0^{1-\delta} \frac{1}{\log t}\, dt + \int_{1+\delta}^x \frac{1}{\log t}\, dt \right).$$

(Das bei 1 uneigentliche Integral, das darin links vom Gleichheitszeichen steht, konvergiert nicht, aber es existiert der rechts stehende Grenzwert, der Cauchysche Hauptwert dieses Integrals). Die Funktion

$$\mathrm{Li} : [\,2, \infty\,[\; \to \mathbb{R} \quad \text{mit} \quad \mathrm{Li}(x) \;:=\; \int_0^x \frac{1}{\log t}\, dt \quad \text{für jedes } x \in [\,2, \infty\,[$$

heißt der Integrallogarithmus. Eine Anwendung der Regel von L'Hospital zeigt, daß

$$\lim_{x \to \infty} \left(\mathrm{Li}(x) \,\Big/\, \frac{x}{\log x} \right) \;=\; 1$$

gilt. Daraus und aus der in (1) angegebenen Version des Primzahlsatzes folgt: Es gilt

$$\lim_{x \to \infty} \frac{\pi(x)}{\mathrm{Li}(x)} \;=\; 1.$$

(In dieser Form wurde der Primzahlsatz von Hadamard und von de la Vallée-Poussin bewiesen). Die Funktion Li liefert bessere Näherungen für die Funktionswerte von π als die Funktion $x \mapsto x/\log x : [\,2, \infty\,[\;\to\; \mathbb{R}$. Für jedes $x \in [\,2, \infty\,[$ gilt: Es ist

$$\mathrm{Li}(x) \;=\; \gamma + \log\log x + \sum_{n=1}^{\infty} \frac{(\log x)^n}{n \cdot n!},$$

worin

$$\gamma \;:=\; \lim_{n \to \infty} \left(\sum_{j=1}^{n} \frac{1}{j} - \log n \right) \;=\; 0.57721\,75664\,90153\,28606\,06512\ldots$$

die Eulersche Konstante ist, und damit kann man mittels MuPAD $\mathrm{Li}(x)$ näherungsweise berechnen. MuPAD kennt die Eulersche Konstante unter dem Namen **EULER**.

(3) Eine weitere Funktion, mit deren Hilfe man Werte der Primzahlfunktion π näherungsweise berechnen kann, ist die von B. Riemann (1826 – 1866) angegebene Funktion

$$\begin{cases} R : [\,2, \infty\,[\;\to\; \mathbb{R} \quad \text{mit} \\[2ex] R(x) \;:=\; \displaystyle\sum_{n=1}^{\infty} \frac{\mu(n)}{n}\, \mathrm{Li}\big(x^{1/n}\big) \quad \text{für jedes } x \in [\,2, \infty\,[. \end{cases}$$

Darin ist $\mu : \mathbb{N} \to \mathbb{Z}$ die Möbius-Funktion (A. F. Möbius, 1790 – 1868): Es ist

$$\mu(n) \;:=\; \begin{cases} (-1)^k, & \text{falls } n \text{ Produkt von } k \text{ verschiedenen Primzahlen ist,} \\ 0, & \text{falls } n \text{ durch das Quadrat einer Primzahl teilbar ist.} \end{cases}$$

Es gilt, was aber von Riemann noch nicht bewiesen wurde: Es ist

$$\lim_{x \to \infty} \frac{\pi(x)}{R(x)} \;=\; 1.$$

Zur Berechnung von Funktionswerten der Funktion R ist ein Ergebnis nützlich, das von J. P. Gram 1884 angegeben wurde: Es ist

$$R(x) \;=\; 1 + \sum_{n=1}^{\infty} \frac{(\log x)^n}{n \cdot n! \cdot \zeta(n+1)} \quad \text{für jedes } x \in [\,2, \infty\,[.$$

Darin ist ζ die berühmte Riemannsche ζ-Funktion: Es ist

$$\zeta(n+1) \;=\; \sum_{k=1}^{\infty} \frac{1}{k^{n+1}} \quad \text{für jedes } n \in \mathbb{N}.$$

Da MuPAD die ζ-Funktion kennt (unter dem Namen **zeta**), kann man für $x \in [2, \infty[$ Näherungen für $\pi(x)$ gewinnen, indem man Partialsummen der Reihe

$$1 + \sum_{n=1}^{\infty} \frac{(\log x)^n}{n \cdot n! \cdot \zeta(n+1)}$$

mittels MuPAD berechnet. Diese Näherungen sind in dem Bereich, den die oben angegebene Tabelle von Werten der Primzahlfunktion π abdeckt, deutlich besser als die vom Integrallogarithmus Li gelieferten Näherungen (vgl. dazu Aufgabe 8 in Abschnitt (2.25)).

(4) Die Riemannsche ζ-Funktion $\zeta : \mathbb{C} \to \mathbb{C} \cup \{\infty\}$ ist in $\mathbb{C} \setminus \{1\}$ holomorph, hat in 1 einen einfachen Pol, und für jedes $s \in \mathbb{C}$ mit $\mathrm{Re}(s) > 1$ ist

$$\zeta(s) \; = \; \sum_{k=1}^{\infty} \frac{1}{k^s}.$$

Für jedes $m \in \mathbb{N}$ ist $\zeta(-2m) = 0$, und jede andere Nullstelle von ζ liegt in $\{s \in \mathbb{C} \mid 0 < \mathrm{Re}(s) < 1\}$. In dieser Menge hat ζ unendlich viele Nullstellen, und die berühmte Riemannsche Vermutung besagt, daß jede dieser Nullstellen den Realteil $1/2$ besitzt. Ein Beweis dieser Vermutung wäre für die Primzahltheorie von großer Bedeutung. So erhält man unter der Voraussetzung der Richtigkeit der Riemannschen Vermutung eine optimale Abschätzung des Fehlers im Primzahlsatz: Es gibt eine positive reelle Zahl c mit

$$|\pi(x) - \mathrm{Li}(x)| \; \leq \; c\sqrt{x} \cdot \log x \quad \text{für jedes reelle } x \geq 2,$$

was mit Hilfe des Landau-Symbols abkürzend

$$\pi(x) \; = \; \mathrm{Li}(x) + O(\sqrt{x} \cdot \log x)$$

geschrieben wird. Eine ausführliche Darstellung der Bedeutung der ζ-Funktion in der Primzahltheorie gibt H. M. Edwards in [29].

(2.12) Bemerkung: Das in (2.11) erwähnte Landau-Symbol O ist nach dem Zahlentheoretiker E. Landau (1877 – 1938) benannt. Es ist folgendermaßen erklärt: Ist X eine nach oben nicht beschränkte Teilmenge von $\mathbb{R}$, etwa ein Intervall der Form $[a, \infty[$ oder $\mathbb{N}$ oder die Menge $\mathbb{P}$ aller Primzahlen, und sind $f : X \to \mathbb{C}$, $g : X \to \mathbb{C}$ und $h : X \to \mathbb{C}$ Funktionen, so schreibt man

$$f(x) \; = \; g(x) + O\big(h(x)\big),$$

falls es eine positive reelle Zahl c und ein $x_0 \in X$ gibt, für die gilt: Es ist

$$|f(x) - g(x)| \; \leq \; c \cdot |h(x)| \quad \text{für jedes } x \in X \text{ mit } x \geq x_0.$$

(2.13) Zum Abschluß der Bemerkungen über die Verteilung der Primzahlen in $\mathbb{N}$ soll ein noch offenes Problem erwähnt werden. Ist p eine Primzahl und ist auch $p + 2$ eine Primzahl, so heißen p und $p + 2$ Primzahlzwillinge. Man weiß nicht, ob es unendlich viele Paare von Primzahlzwillingen gibt. Die größten zur Zeit bekannten Primzahlzwillinge sind

$$242\,206083 \cdot 2^{38\,880} - 1 \quad \text{und} \quad 242\,206083 \cdot 2^{38\,880} + 1,$$

sie wurden im November 1995 von K.-H. Indlekofer und A. Járai gefunden (vgl. [49]).

(2.14) Im zweiten Teil dieses Paragraphen wird zuerst der sogenannte Hauptsatz der Elementaren Zahlentheorie bewiesen, der besagt, daß sich jede natürliche Zahl in eindeutig bestimmter Weise als Produkt von Primzahlpotenzen schreiben läßt (vgl. (2.16)). Bereits in der Schule lernt man ein Verfahren zur Herstellung solcher Primzerlegungen kennen, das aber sehr rechenaufwendig und daher für größere natürliche Zahlen nicht geeignet ist (vgl. (2.20)). Damit im Rest dieses Paragraphen auch etwas behandelt wird, das nicht jeder bereits aus der Schule kennt, wird zum Abschluß mit der rho-Methode von J. M. Pollard ein Faktorisierungverfahren vorgestellt, das auf einer geradezu genial einfachen Idee beruht und das keinerlei Theorie bedarf, aber doch noch in Fällen erfolgreich ist, in denen das Verfahren aus der Schule längst aufgegeben hat.

(2.15) Bemerkung: Es sei $n \in \mathbb{N}$, es seien $a_1, a_2, \ldots, a_n$ ganze Zahlen, und es sei p eine Primzahl. Gilt $p \mid a_1 a_2 \cdots a_n$, so gibt es ein $i \in \{1, 2, \ldots, n\}$ mit $p \mid a_i$.
Beweis: Wenn die Primzahl p keine der Zahlen $a_1, a_2, \ldots, a_n$ teilt, so gilt $\mathrm{ggT}(p, a_i) = 1$ für jedes $i \in \{1, 2, \ldots, n\}$ und daher $\mathrm{ggT}(p, a_1 a_2 \cdots a_n) = 1$ (vgl. (1.14)(2)), also $p \nmid a_1 a_2 \cdots a_n$.

(2.16) Satz: *Zu jedem $a \in \mathbb{N}$ gibt es ein eindeutig bestimmtes $r \in \mathbb{N}_0$, bis auf die Reihenfolge eindeutig bestimmte paarweise verschiedene Primzahlen $p_1, p_2, \ldots, p_r$ und eindeutig bestimmte natürliche Zahlen $\alpha_1, \alpha_2, \ldots, \alpha_r$ mit*

$$a = p_1^{\alpha_1} p_2^{\alpha_2} \cdots p_r^{\alpha_r}.$$

Beweis: (Existenz:) Für $a = 1$ ist nichts zu beweisen (hier ist $r = 0$). Es sei $a \in \mathbb{N}$ mit $a > 1$, und es sei bereits gezeigt: Jedes $b \in \mathbb{N}$ mit $b < a$ ist ein Produkt von Primzahlen. Nach (2.3) gibt es eine Primzahl p mit $p \mid a$. Dann gilt $a/p \in \mathbb{N}$ und $a/p < a$, also gibt es nach Induktionsvoraussetzung ein $s \in \mathbb{N}_0$ und Primzahlen $q_1, q_2, \ldots, q_s$ mit $a/p = q_1 q_2 \cdots q_s$. Hiermit gilt $a = p q_1 q_2 \cdots q_s$. (Einzigkeit:) Es seien $k, l \in \mathbb{N}_0$, es seien $p_1, p_2, \ldots, p_k$ und $q_1, q_2, \ldots, q_l$ Primzahlen, und es gelte $p_1 p_2 \cdots p_k = q_1 q_2 \cdots q_l$. Ist dabei $k = 0$, so ist auch

$l = 0$, denn sonst wäre $q_1 q_2 \cdots q_l > 1$. Ist $k \geq 1$, so gilt $p_1 \mid q_1 q_2 \cdots q_l$, und daraus folgt: Es ist $l \geq 1$, nach (2.15) gibt es ein $i \in \{1, 2, \ldots, l\}$ mit $p_1 \mid q_i$, also mit $p_1 = q_i$ (da p_1 und q_i Primzahlen sind), und daher ist $p_2 p_3 \cdots p_k = q_1 \cdots q_{i-1} q_{i+1} \cdots q_l$. Durch Induktion nach k ergibt sich auf diese Weise: Es gilt $k = l$, und es gibt eine Permutation σ von $\{1, 2, \ldots, k\}$ mit $p_j = q_{\sigma(j)}$ für jedes $j \in \{1, 2, \ldots, k\}$.

(2.17) Bezeichnungen: Es sei $\mathbb{P}$ die Menge aller Primzahlen, und für jedes $p \in \mathbb{P}$ und jedes $a \in \mathbb{Z} \smallsetminus \{0\}$ sei

$$v_p(a) \; := \; \max(\{\alpha \in \mathbb{N}_0 \mid p^\alpha \text{ teilt } a\}).$$

(2.18) Bemerkung: Nach (2.16) besitzt jedes $a \in \mathbb{Z} \smallsetminus \{0\}$ die eindeutig bestimmte *Primzerlegung*

$$a \; = \; \mathrm{sign}(a) \cdot \prod_{p \in \mathbb{P}} p^{v_p(a)},$$

worin gilt: Für jedes $p \in \mathbb{P}$ ist $v_p(a) \in \mathbb{N}_0$, und nur für endlich viele $p \in \mathbb{P}$ ist $v_p(a) > 0$.

(2.19) Bemerkung: Es seien a und b ganze Zahlen, und es seien

$$a \; = \; \mathrm{sign}(a) \cdot \prod_{p \in \mathbb{P}} p^{v_p(a)} \quad \text{und} \quad b \; = \; \mathrm{sign}(b) \cdot \prod_{p \in \mathbb{P}} p^{v_p(b)}$$

die Primzerlegungen von a und b.
(1) Die Primzerlegung von ab ist

$$ab \; = \; \mathrm{sign}(a)\,\mathrm{sign}(b) \cdot \prod_{p \in \mathbb{P}} p^{v_p(a)+v_p(b)},$$

d.h. für jedes $p \in \mathbb{P}$ ist $v_p(ab) = v_p(a) + v_p(b)$.
(2) a ist ein Teiler von b, genau wenn gilt: Für jedes $p \in \mathbb{P}$ ist $v_p(a) \leq v_p(b)$.
(3) Es gilt

$$\mathrm{ggT}(a,b) \; = \; \prod_{p \in \mathbb{P}} p^{\min(\{v_p(a),v_p(b)\})} \quad \text{und} \quad \mathrm{kgV}(a,b) \; = \; \prod_{p \in \mathbb{P}} p^{\max(\{v_p(a),v_p(b)\})}.$$

(4) Es ist

$$\{d \in \mathbb{N} \mid d \text{ teilt } a\} \; = \; \Big\{ \prod_{p \in \mathbb{P}} p^{\delta_p} \;\Big|\; \text{für jedes } p \in \mathbb{P} \text{ ist } 0 \leq \delta_p \leq v_p(a) \Big\}.$$

Für die Summe $\sigma(a)$ und die Anzahl $\tau(a)$ aller Teiler $d \in \mathbb{N}$ von a gilt daher

$$\sigma(a) \;=\; \sum_{d \in \mathbb{N},\, d \mid a} d \;=\; \prod_{p \in \mathbb{P},\, p \mid a} \left(\sum_{j=0}^{v_p(a)} p^j \right) \;=\; \prod_{p \in \mathbb{P},\, p \mid a} \frac{p^{v_p(a)+1} - 1}{p - 1}$$

und

$$\tau(a) \;=\; \#\bigl(\{ d \in \mathbb{N} \mid d \text{ teilt } a \}\bigr) \;=\; \prod_{p \in \mathbb{P},\, p \mid a} \bigl(1 + v_p(a) \bigr).$$

(2.20) Aufgabe 1: (1) Es sei $(d_i)_{i \geq 1}$ eine Folge natürlicher Zahlen, in der alle Primzahlen vorkommen und für die gilt: Es ist $d_1 = 2$ und $d_i < d_{i+1}$ für jedes $i \in \mathbb{N}$. Der folgende Algorithmus liefert zu einer natürlichen Zahl a Primzahlen $p_1, p_2, \ldots, p_n$ mit $p_1 \leq p_2 \leq \cdots \leq p_n$ und mit $a = p_1 p_2 \cdots p_n$.

(PZ1) Man setzt

$$n := 0, \quad i := 1, \quad b := a \quad \text{und} \quad d := d_1.$$

(PZ2) Ist $b = 1$, so gibt man $p_1, p_2, \ldots, p_n$ aus und bricht ab.

(PZ3) Man berechnet

$$q := b \operatorname{div} d \quad \text{und} \quad r := b \bmod d.$$

(PZ4) Wenn $r = 0$ ist, so setzt man

$$n := n + 1, \quad p_n := d \quad \text{und} \quad b := q$$

und geht zu (PZ2).

(PZ5) Gilt $r \neq 0$ und $q > d$, so setzt man

$$i := i + 1 \quad \text{und} \quad d := d_i$$

und geht zu (PZ3).

(PZ6) Gilt $r \neq 0$ und $q \leq d$, so setzt man

$$n := n + 1 \quad \text{und} \quad p_n := b,$$

gibt $p_1, p_2, \ldots, p_n$ aus und bricht ab.

Man überlege sich, daß dieser Algorithmus das Verlangte leistet und daß es sich dabei um das im Schulunterricht übliche Verfahren zur Berechnung der Primzerlegung von a handelt.

(2) Man schreibe eine MuPAD-Funktion, die mit dem in (1) beschriebenen Algorithmus zu jeder natürlichen Zahl a die Primzerlegung von a berechnet. Dabei verwende man die Folge $(d_i)_{i\geq 1}$ mit

$$d_1 = 2 \quad \text{und} \quad d_i = 2i - 1 \quad \text{für jedes } i \geq 2.$$

(3) Man setze $d_1 := 2$, $d_2 := 3$, $d_3 := 5$ und

$$d_{2i} := d_{2i-1} + 2 \quad \text{und} \quad d_{2i+1} := d_{2i} + 4 \quad \text{für jedes } i \geq 2.$$

In dieser Folge $(d_i)_{i\geq 1}$ kommen keine Vielfachen > 3 von 3 vor. Man schreibe eine MuPAD-Funktion, die mit dem in (1) angegebenen Algorithmus zu jeder natürlichen Zahl a die Primzerlegung von a berechnet und die diese Folge $(d_i)_{i\geq 1}$ verwendet. Man vergleiche mit der Funktion aus (2).

(2.21) Die rho-Methode von J. M. Pollard: (1) Die folgende MuPAD-Funktion `pollard` versucht zu einer natürlichen Zahl m in N Iterationen einen Teiler $d \in \mathbb{N}$ von m mit $1 < d < m$ zu finden; wird sie nur mit dem einem Argument m aufgerufen, so wird intern $N := 5000$ gesetzt.

```
pollard := proc()
  local m, N, x0, d, x, y, i;
begin
  m := args(1);
  if args(0) = 1 then
    N := 5000
  else
    N := args(2)
  end_if;
  x0 := modp(random(),m);
  x := x0; y := x0;
  for i from 1 to N do
    x := modp(x^2 + 2,m);
    y := modp(y^2 + 2,m);
    y := modp(y^2 + 2,m);
    d := igcd(y - x,m);
    if d > 1 and d < m then
      return(d)
    end_if
  end_for;
  FAIL
end_proc:
```

(2) Das Verfahren, das in der Funktion `pollard` implementiert ist, wählt zunächst (zufällig) einen Startwert $x_0 \in \{0, 1, \ldots, m-1\}$ und berechnet damit mit Hilfe der Abbildung

$$\begin{cases} f : \{0, 1, \ldots, m-1\} \to \{0, 1, \ldots, m-1\} & \text{mit} \\ f(x) := (x^2 + 2) \bmod m & \text{für jedes } x \in \{0, 1, \ldots, m-1\} \end{cases}$$

die Terme der Folge $(x_i)_{i \geq 0}$ mit $x_i = f(x_{i-1})$ für jedes $i \in \mathbb{N}$ mit $i \leq N$. Für die Folge $(y_i)_{i \geq 0}$, deren Terme y_i mit $i \leq N$ innerhalb der Funktion `pollard` berechnet werden, gilt $y_i = x_{2i}$ für jedes $i \in \mathbb{N}_0$. Wie man sieht, wird die Folge $(x_i)_{i \geq 0}$ – eventuell erst nach einer Vorperiode – periodisch: Es gibt also ein $i_0 \in \mathbb{N}_0$ und ein $l \in \mathbb{N}$ mit $x_{i+l} = x_i$ für jedes $i \in \mathbb{N}_0$ mit $i \geq i_0$. (Wenn man dieses Verhalten der Folge $(x_i)_{i \geq 0}$ graphisch darstellt, so ergibt sich eine Figur, die dem griechischen Buchstaben ρ ähnlich ist; von daher hat das Verfahren seinen Namen). Ist $d \in \mathbb{N}$ ein Teiler

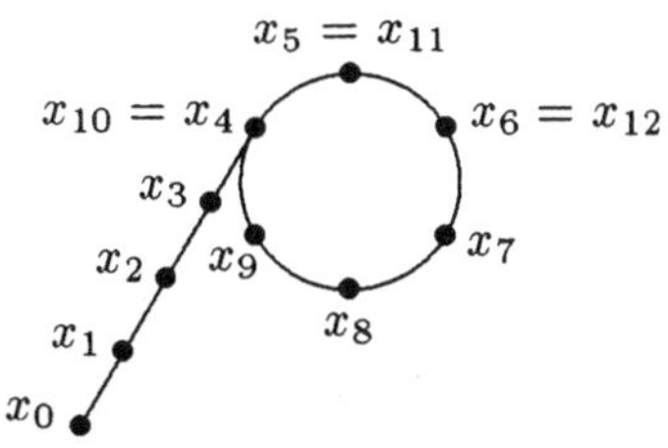

von m mit $d > 1$ und mit $d < m$, so gibt es somit Zahlen $i, j \in \mathbb{N}_0$ mit $i \neq j$ und mit $d \mid x_j - x_i$, und man darf daher wohl hoffen, daß es ein $i \in \{1, 2, \ldots, N\}$ gibt, für das $x_{2i} - x_i = y_i - x_i$ durch d teilbar ist und $x_{2i} \neq x_i$ gilt. (Es gibt ein $i \in \mathbb{N}$ mit $x_i = x_{2i}$, wie Aufgabe 11 in Abschnitt (2.25) zeigt). Das Verfahren sucht ein $i \in \mathbb{N}$ mit $i \leq N$, für das $x_{2i} - x_i$ einen Teiler $d \in \{2, 3, \ldots, m-1\}$ mit m gemeinsam hat. Es braucht, wie man sieht, nicht zu einem Erfolg zu führen: Es ist möglich, daß für jedes $i \in \{1, 2, \ldots, N\}$ der größte gemeinsame Teiler der Zahlen m und $x_{2i} - x_i$ gleich 1 oder gleich m ist. In diesem Fall endet das Verfahren mit der Ausgabe **FAIL**.

Wenn das Verfahren nicht zum Erfolg führt, kann man einerseits die Maximalzahl N der durchzuführenden Iterationen vergrößern, man kann aber auch eine andere Abbildung f wählen, und dies ist interessanter als die Vergrößerung von N. Man kann etwa die Abbildung

$$x \mapsto f(x) := (x^{32} + 7) \bmod m : \{0, 1, \ldots, m-1\} \to \{0, 1, \ldots, m-1\}$$

oder die Abbildung

$$x \mapsto f(x) := (x^{1024} + 2) \bmod m : \{0, 1, \ldots, m-1\} \to \{0, 1, \ldots, m-1\}$$

verwenden. Mit der zuletzt genannten Abbildung fanden 1981 R. P. Brent und J. M. Pollard die Primzerlegung der Zahl $2^{2^8} + 1$ (vgl. [13]).

(3) Das in diesem Abschnitt behandelte Faktorisierungsverfahren wurde 1975 von J. M. Pollard in [84] veröffentlicht. Zu einer genaueren Diskussion dieses Verfahrens vergleiche man neben [84] auch Knuth [55], Abschnitt 4.5.4, Koblitz [57], Kap. V, §2, oder Riesel [90], Kap. VI, und insbesondere Bach [9].

(2.22) Fermat-Zahlen: Die Zahl, deren Primzerlegung Brent und Pollard mit Hilfe der rho-Methode gefunden haben, ist eine der Fermat-Zahlen. Für $n \in \mathbb{N}_0$ heißt

$$F(n) \ := \ 2^{2^n} + 1$$

die n-te Fermat-Zahl. Pierre de Fermat (1601 – 1665), der sich wohl als erster mit diesen Zahlen befaßt hat, war der Meinung, daß alle diese Zahlen Primzahlen sind. Dies ist nicht der Fall: $F(0) = 3$, $F(1) = 5$, $F(2) = 17$, $F(3) = 257$ und $F(4) = 65\,537$ sind Primzahlen, aber andere Primzahlen als diese sind unter den Fermat-Zahlen nicht bekannt. Man weiß, daß $F(5), F(6), \ldots, F(23)$ keine Primzahlen sind (vgl. [23]). Von einigen größeren Fermat-Zahlen kennt man kleine Primteiler: So besitzt zum Beispiel $F(23471)$ den Primteiler $1 + 5 \cdot 2^{23473}$ (vgl. dazu Riesel [90], Tabelle 4). Es gibt einen einfachen Primzahltest für Fermat-Zahlen, den T. Pepin 1877 angegeben hat: Für eine natürliche Zahl n ist $F(n)$ dann und nur dann eine Primzahl, wenn

$$3^{(F(n)-1)/2} \ \equiv \ -1 \ \left(\operatorname{mod} F(n)\right)$$

gilt. Ein Beweis dafür ist Inhalt der Aufgabe 3 in Abschnitt (11.24).

Fermat-Zahlen, die Primzahlen sind, spielen übrigens bei der Frage nach der Konstruierbarkeit von regelmäßigen Vielecken eine Rolle: Wie Gauß bewiesen hat, ist für eine ungerade Primzahl p das einem Kreis vom Radius 1 einbeschriebene regelmäßige p-Eck genau dann mit Zirkel und Lineal konstruierbar, wenn p eine Fermat-Zahl ist (vgl. dazu Artin [7], Kap. XIII, §4, oder Lorenz [65], §11).

(2.23) MuPAD: Von den Funktionen zur Zahlentheorie, die MuPAD zu Verfügung stellt, sind hier die Funktionen `isprime`, `ithprime`, `ifactor`, `nextprime`, `prevprime`, `primedivisors`, `numprimedivisors`, `omega`, `divisors`, `numdivisors`, `sumdivisors` und `moebius` zu nennen:

- `isprime(a)` liefert für eine ganze Zahl a die Ausgabe `TRUE`, falls a eine Primzahl ist, und andernfalls die Ausgabe `FALSE`.

- `ithprime(i)` liefert zu einer natürlichen Zahl i die i-te Primzahl.

- `ifactor(a)` liefert zu einer ganzen Zahl $a \neq 0$ die Primzerlegung von a, und zwar in der folgenden Gestalt: Ist $a = \varepsilon p_1^{\alpha_1} p_2^{\alpha_2} \cdots p_r^{\alpha_r}$ mit $\varepsilon :=$

$\operatorname{sign}(a) \in \{1, -1\}$, mit $r \in \mathbb{N}_0$, mit paarweise verschiedenen Primzahlen $p_1, p_2, \ldots, p_r$ und mit natürlichen Zahlen $\alpha_1, \alpha_2, \ldots, \alpha_r$, so liefert die Anweisung `ifactor(a)` die Liste $[\varepsilon, p_1, \alpha_1, p_2, \alpha_2, \ldots, p_r, \alpha_r]$; `ifactor(0)` liefert die Ausgabe $[0]$.

- `nextprime(a)` liefert zu einer ganzen Zahl a die kleinste Primzahl $\geq a$.

- `numlib::prevprime(a)` liefert zu einer ganzen Zahl $a \geq 2$ die größte Primzahl $\leq a$ und zu einer ganzen Zahl $a \leq 1$ die Ausgabe **FAIL**.

- `numlib::primedivisors(a)` liefert zu einer ganzen Zahl $a \neq 0$ die Liste der nach der Größe geordneten Primteiler von a.

- `numlib::numprimedivisors(a)` und `numlib::omega(a)` liefern zu einer ganzen Zahl $a \neq 0$ die Anzahl der Primteiler von a.

- `numlib::divisors(a)` liefert zu einer ganzen Zahl $a \neq 0$ die Liste der nach der Größe geordneten Teiler $d \in \mathbb{N}$ von a.

- `numlib::numdivisors(a)` und `numlib::tau(a)` liefern zu einer ganzen Zahl $a \neq 0$ die Anzahl $\tau(a)$ der Teiler $d \in \mathbb{N}$ von a.

- `numlib::sumdivisors(a)` und `numlib::sigma(a)` liefern zu einer ganzen Zahl $a \neq 0$ die Summe $\sigma(a)$ der Teiler $d \in \mathbb{N}$ von a.

- `numlib::moebius(a)` liefert zu einer natürlichen Zahl a den Wert $\mu(a)$ der Möbius-Funktion μ (vgl. (2.11)(3)).

(2.24) MuPAD: (1) Der in `isprime` implementierte Primzahltest wird später in §7 ausführlich besprochen. Es handelt sich dabei um einen stochastischen Primzahltest: Liefert `isprime(a)` für eine ganze Zahl a die Ausgabe **TRUE**, so braucht a keine Primzahl zu sein; aber die Wahrscheinlichkeit dafür ist vergleichsweise klein. Bei der Ausgabe **FALSE** ist a wirklich keine Primzahl.

Man kann sich überlegen, daß `isprime` bei einmaliger Anwendung auf die Nichtprimzahl

$$a \; := \; 1253\,07596\,07784\,49601\,05845\,73923$$

mit der Wahrscheinlichkeit $(1/4)^{10}$ die falsche Ausgabe **TRUE** liefert (vgl. Aufgabe 5 in (7.9)). Bei einem Testlauf wurde `isprime` $5\,000\,000$-mal auf a angewandt, und dabei wurde 5-mal die Ausgabe **TRUE** beobachtet.

(2) `ithprime` verwendet eine Liste von Primzahlen und berechnet die nicht in der Liste stehenden mit Hilfe von **nextprime**. Diese Liste endet (in der

aktuellen Version von MuPAD) mit der 1 000 000-ten Primzahl 15 485 863. Für eine natürliche Zahl $i > 1\,000\,000$ rechnet `ithprime` von 15 485 863 aus mit Hilfe von `nextprime` solange, bis die i-te Primzahl erreicht ist. `ithprime` leistet mehr als die Primzahltafel [63] von D. N. Lehmer, die die 664 999 Primzahlen $\leq 10\,006\,721$ enthält und deren erste Auflage übrigens bereits 1914, also lange vor dem Beginn des Computer-Zeitalters, erschienen ist.

(3) Das Verfahren zur Berechnung von Primzerlegungen, das in `ifactor` implementiert ist, kann hier nicht erläutert werden. Die modernen Faktorisierungsverfahren für natürliche Zahlen gehören wohl zu den kompliziertesten Algorithmen der Zahlentheorie und erfordern wesentlich tieferliegende Methoden, als daß sie in diesem Buch besprochen werden können. Einen Eindruck davon kann man aus Bressoud [14], Koblitz [57] und Riesel [90] gewinnen. Das leistungsfähigste Faktorisierungsverfahren für natürliche Zahlen ist im Moment wohl das Zahlkörper-Sieb; darüber informieren die in [64] gesammelten Aufsätze.

(2.25) Aufgaben:

Aufgabe 2: Man schreibe eine MuPAD-Funktion, die mit Hilfe des Siebs des Eratosthenes (vgl. (2.8)) zu einer natürlichen Zahl N die Liste aller Primzahlen $\leq N$ berechnet.

Aufgabe 3: Es sei $n \in \mathbb{N}$, und es sei p eine Primzahl. Man beweise: Es gilt

$$v_p(n!) \;=\; \sum_{j=1}^{\left\lfloor \frac{\log n}{\log p} \right\rfloor} \left\lfloor \frac{n}{p^j} \right\rfloor \;=\; \sum_{j\geq 1} \left\lfloor \frac{n}{p^j} \right\rfloor.$$

Aufgabe 4: (Diese Aufgabe liefert einen Beweis für das Bertrandsche Postulat, vgl. (2.6)(1)). Für jedes $n \in \mathbb{N}$ sei

$$P(n) \;:=\; \prod_{n < p < 2n} p$$

das Produkt aller Primzahlen p mit $n < p < 2n$, und für jedes $x \in \mathbb{R}$ sei

$$Q(x) \;:=\; \prod_{p \leq x} p$$

das Produkt aller Primzahlen p mit $p \leq x$.

(1) Man zeige: Für jedes $n \in \mathbb{N}$ gilt

$$P(n) \;\leq\; \binom{2n-1}{n} \;\leq\; 4^{n-1}.$$

(2) Man beweise durch Induktion: Für jedes $n \in \mathbb{N}$ gilt $Q(n) < 4^n$. Man folgere: Für jede reelle Zahl $x \geq 1$ gilt $Q(x) < 4^x$.

(3) Es sei $n \geq 3$, es sei p eine Primzahl mit $2n/3 < p \leq n$. Man beweise: p teilt $\binom{2n}{n}$ nicht.

(4) Man zeige durch Induktion: Für jede natürliche Zahl $n \geq 2$ gilt

$$\binom{2n}{n} > \frac{4^n}{2\sqrt{n}}.$$

(5) Man beweise: Für jede natürliche Zahl $n \geq 32$ gilt

$$\binom{2n}{n} \leq (2n)^{\pi(\sqrt{2n})} \cdot P(n) \cdot Q\left(\frac{2n}{3}\right).$$

Man folgere daraus: Für jede natürliche Zahl $n \geq 32$ gilt

$$\binom{2n}{n} \leq (2n)^{\sqrt{2n}/2} \cdot 4^{2n/3} \cdot P(n).$$

(6) Man beweise: Für jedes $n \in \mathbb{N}$ mit $4^{2n} > 8 \cdot (2n)^{3 \cdot (1+\sqrt{2n})}$ gilt $P(n) > 1$.

(7) Man beweise: Zu jeder natürlichen Zahl $n \geq 72$ gibt es eine Primzahl p mit $n < p < 2n$.

(8) Man beweise: Zu jeder natürlichen Zahl $n \geq 2$ gibt es eine Primzahl p mit $n < p < 2n$.

Aufgabe 5: Man schreibe eine MuPAD-Funktion, die für eine natürliche Zahl n die Ausgabe **TRUE** liefert, falls die Mersenne-Zahl $M(n)$ eine Primzahl ist, und sonst die Ausgabe **FALSE**. Bei der Anwendung auf eine ungerade Primzahl p sollte diese Funktion das Kriterium von Lucas und Lehmer (vgl. (2.9)(3)) in der folgenden Form benützen: Ist $(a_j)_{j \geq 1}$ die Folge mit

$$a_1 := 4 \quad \text{und} \quad a_{j+1} := (a_j^2 - 2) \bmod M(p) \quad \text{für jedes } j \in \mathbb{N},$$

so ist $M(p)$ genau dann eine Primzahl, wenn $a_{p-1} = 0$ ist. Warum wird man diese Abänderung verwenden? Liefert sie das korrekte Ergebnis?

Aufgabe 6: Eine natürliche Zahl m heißt vollkommen, wenn sie gleich der Summe aller ihrer Teiler $d \in \mathbb{N}$ mit $d < m$ ist.

Es sei m eine *gerade* natürliche Zahl. Man beweise, daß die folgenden beiden Aussagen äquivalent sind:

(a) m ist eine vollkommene Zahl.

(b) Es gibt ein $n \in \mathbb{N}$ mit: Die Mersenne-Zahl $M(n)$ ist eine Primzahl, und es gilt

$$m = 2^{n-1} M(n).$$

Bemerkung: Für vollkommene Zahlen und daher für Mersenne-Zahlen, die Primzahlen sind, interessierte man sich schon in der Antike. Die 37 heute bekannten Mersenne-Zahlen, die Primzahlen sind, liefern 37 gerade vollkommene Zahlen. Ob es ungerade vollkommene Zahlen gibt, weiß man nicht; man weiß aber, daß es keine ungerade vollkommene Zahl $\leq 10^{300}$ gibt und daß eine ungerade vollkommene Zahl mindestens acht verschiedene Primteiler besitzt. Es dürfte sich wohl nicht lohnen, mittels MuPAD nach solchen Zahlen zu suchen.

Aufgabe 7: Es sei $n \in \mathbb{N}$. Man beweise: Zu $a \in \mathbb{N}$ gibt es ein $b \in \mathbb{N}$ mit

$$\frac{1}{n} = \frac{1}{a} + \frac{1}{b},$$

genau wenn es einen Teiler $d \in \mathbb{N}$ von n^2 mit $a = n + d$ gibt. Man schreibe eine MuPAD-Funktion, die zu jeder natürlichen Zahl n alle Paare $(a, b) \in \mathbb{N} \times \mathbb{N}$ mit

$$\frac{1}{n} = \frac{1}{a} + \frac{1}{b} \quad \text{und} \quad a \leq b$$

berechnet.

Aufgabe 8: Man gewinne mit Hilfe der in (2.11) angegebenen drei Funktionen

$$x \mapsto \frac{x}{\log x} : [\,2, \infty\,[\,\to\, \mathbb{R}, \quad \mathrm{Li} : [\,2, \infty\,[\,\to\, \mathbb{R} \quad \text{und} \quad R : [\,2, \infty\,[\,\to\, \mathbb{R}$$

Näherungswerte für Werte der Primzahlfunktion π. Einige Werte dieser Funktion sind in der Tabelle in (2.11)(1) angegeben, weitere Werte findet man in Riesel [90], Tabelle 3, in der Arbeit [24] von M. Deleglise und J. Rivat und auch unter der in (2.9)(4) angegebenen Internet-Adresse.

Aufgabe 9: Diese Aufgabe handelt von einer auf Fermat zurückgehende Methode, nichttriviale Teiler einer natürlichen Zahl zu finden. Diese Methode erfordert einen vergleichsweise geringen Aufwand, wenn die zu faktorisierende Zahl das Produkt zweier nahezu gleich großer Faktoren ist.

(1) Es sei m eine ungerade natürliche Zahl > 1, die keine Primzahl ist. Man zeige, daß es Zahlen $x, y \in \mathbb{N}_0$ gibt, für die gilt: Es ist

$$\left\lceil \sqrt{m} \right\rceil \leq x \leq \left\lfloor \frac{1}{2}\sqrt{m} + \frac{1}{6} m \right\rfloor \quad \text{und} \quad m = x^2 - y^2,$$

und $m = (x - y)(x + y)$ ist eine nichttriviale Faktorzerlegung von m.

(2) Man schreibe eine MuPAD-Funktion, die für eine natürliche Zahl $m > 1$ mit Hilfe der in (1) geschilderten Methode eine nichttriviale Faktorisierung von m findet, bzw. feststellt, daß m eine Primzahl ist.

Aufgabe 10: (1) Man vervollständige die in (2.21) gegebene Definition der MuPAD-Funktion `pollard`: Einerseits fehlen die Abfragen, die überprüfen, ob bei einem Aufruf der Funktion die übergebenen Parameter vom richtigen Typ sind, andererseits fehlt am Anfang von `pollard` die Abfrage, ob die zu faktorisierende Zahl m eine Primzahl ist; ist m eine Primzahl, so wird man das Verfahren sofort abbrechen.

(2) Man experimentiere mit der Funktion `pollard`; insbesondere ändere man die darin verwendete Funktion f ab. (Funktionen wie die in (2.21)(2) angegebenen programmiert man in MuPAD übrigens mit Hilfe der Funktion `powermod`, vgl. dazu (4.24)). Man ändere die Definition von `pollard` so ab, daß neben einem gefundenem Teiler auch die Anzahl der zum Auffinden dieses Teilers benötigten Iterationen ausgegeben wird.

Aufgabe 11: Es sei $m \in \mathbb{N}$, es sei $f : \{0, 1, \dots, m - 1\} \to \{0, 1, \dots, m - 1\}$ eine Abbildung, und es sei $x_0 \in \{0, 1, \dots, m - 1\}$. Die Folge $(x_i)_{i \geq 0}$ mit $x_i := f(x_{i-1})$ für jedes $i \in \mathbb{N}$ ist nach einer Vorperiode periodisch; es seien k die Länge der Vorperiode und l die minimale Periodenlänge. Man beweise: Für $i := l \cdot (1 + \lfloor k/l \rfloor)$ ist $x_i = x_{2i}$.

Aufgabe 12: Man schreibe eine MuPAD-Funktion zum Test von Pepin aus Abschnitt (2.22) und wende sie auf einige Fermat-Zahlen an. Man versuche, mittels der in (2.21) beschriebenen rho-Methode von Pollard (und auch mit Hilfe der MuPAD-Funktion `ifactor`) nichttriviale Faktoren einiger Fermat-Zahlen $F(n)$ mit $n \geq 5$ zu finden (vgl. Riesel [90], Tabelle 4).

Aufgabe 13: Eine natürliche Zahl n heißt teilerreich, wenn gilt: Für jede natürliche Zahl $k < n$ ist $\tau(k) < \tau(n)$. Man ermittle mittels MuPAD die ersten teilerreichen natürliche Zahlen, sehe sich ihre Primzerlegungen an, formuliere eine Vermutung und beweise sie oder lese dazu Kapitel 14 in Honsberger [46]. Mit teilerreichen Zahlen hat sich wohl zuerst der indische Zahlentheoretiker S. Ramanujan in [87] befaßt. In dieser Arbeit findet sich eine Tabelle von teilerreichen Zahlen; die größte darin ist 674 63283 88800.

3   Endliche abelsche Gruppen

(3.1) In diesem Paragraphen werden Gruppen G betrachtet, deren Verknüpfung als "Multiplikation" $(a, b) \mapsto ab : G \times G \to G$ geschrieben ist. Ist G eine solche Gruppe, so wird ihr neutrales Element mit e_G bezeichnet, und für jedes $a \in G$ wird das zu a inverse Element mit a^{-1} bezeichnet.

(3.2) Bemerkung: Es sei G eine Gruppe.
(1) Es sei $a \in G$. Man definiert für jedes $k \in \mathbb{Z}$ ein Element $a^k \in G$, und zwar so: Man setzt $a^0 := e_G$ und $a^k := a^{k-1}a$ für jedes $k \in \mathbb{N}$ und $a^k := (a^{-1})^{-k}$ für jedes $k \in \mathbb{Z}$ mit $k < 0$. (Für $k = -1$ ergibt sich dabei das zu a inverse Element der Gruppe G).
(2) Für jedes $a \in G$ und alle $j, k \in \mathbb{Z}$ gilt

$$a^j a^k \;=\; a^{j+k} \;=\; a^{k+j} \;=\; a^k a^j \quad \text{und} \quad (a^j)^k \;=\; a^{jk} \;=\; a^{kj} \;=\; (a^k)^j.$$

(3) Sind $a, b \in G$ und gilt $ab = ba$, so gilt $(ab)^k = a^k b^k$ für jedes $k \in \mathbb{Z}$.

(3.3) Bemerkung: Es sei G eine Gruppe, und es sei $a \in G$. Dann ist

$$\langle a \rangle \;:=\; \{a^j \mid j \in \mathbb{Z}\}$$

eine abelsche Untergruppe von G (vgl. (3.2)(2)). $\langle a \rangle$ ist die kleinste Untergruppe von G, die a enthält, und heißt die von a erzeugte Untergruppe von G.

(3.4) Definition: Es sei G eine endliche Gruppe. Die Anzahl $\#(G)$ der Elemente von G heißt die Ordnung der Gruppe G, und für jedes $a \in G$ heißt $\mathrm{ord}(a) := \#(\langle a \rangle)$ die Ordnung des Elements a.

(3.5) Satz: *Es sei G eine endliche Gruppe, und es sei $a \in G$.*
(1) Es gilt

$$\mathrm{ord}(a) \;=\; \min(\{i \in \mathbb{N} \mid a^i = e_G\}) \quad \text{und} \quad \langle a \rangle \;=\; \{e_G, a, a^2, \ldots, a^{\mathrm{ord}(a)-1}\}.$$

(2) Für ganze Zahlen j und k gilt $a^j = a^k$, genau wenn $k - j$ durch $\mathrm{ord}(a)$ teilbar ist.
(3) Für eine ganze Zahl j gilt $a^j = e_G$, genau wenn j durch $\mathrm{ord}(a)$ teilbar ist.

Beweis: (a) Weil G endlich ist, existieren $j, k \in \mathbb{Z}$ mit $a^j = a^k$ und mit $j < k$, und damit gilt $i := k - j \in \mathbb{N}$ und $a^i = a^{k-j} = a^k (a^j)^{-1} = e_G$.
(b) $U := \{i \in \mathbb{Z} \mid a^i = e_G\}$ ist eine Untergruppe der Gruppe $(\mathbb{Z}, +)$, denn wegen $0 \in U$ ist $U \neq \varnothing$, und für alle $i, j \in U$ gilt $a^{i+j} = a^i a^j = e_G$ und $a^{-i} = (a^i)^{-1} = e_G$, also $i + j \in U$ und $-i \in U$. Nach (a) ist $U \neq \{0\}$, und daher gilt nach (1.6) für $m := \min(U \cap \mathbb{N})$: Es ist

$$U \;=\; m\mathbb{Z} \;=\; \{i \in \mathbb{Z} \mid m \text{ teilt } i\}.$$

(c) Für jedes $x \in \langle a \rangle$ gilt: Es gibt ein $k \in \mathbb{Z}$ mit $x = a^k$, dazu existieren ganze Zahlen q und r mit $k = mq + r$ und mit $0 \leq r \leq m - 1$, und es ist

$$x \;=\; a^k \;=\; a^{mq+r} \;=\; (a^m)^q a^r \;=\; (e_G)^q a^r \;=\; a^r \;\in\; \{e_G, a, a^2, \ldots, a^{m-1}\}.$$

Also gilt

$$\langle a \rangle \; = \; \{e_G, a, a^2, \ldots, a^{m-1}\}.$$

(d) Es seien $j,\ k \in \mathbb{Z}$. Wegen $a^{k-j} = a^k\,(a^j)^{-1}$ gilt: Es ist $a^j = a^k$, genau wenn $a^{k-j} = e_G$ ist, also genau wenn $k - j \in U$ ist, also genau wenn $k - j$ durch m teilbar ist.

(e) Sind $j,\ k \in \{0, 1, \ldots, m - 1\}$ und gilt $a^j = a^k$, so ist $k - j$ nach (d) durch m teilbar, und wegen $-(m - 1) \le k - j \le m - 1$ folgt $j = k$. Also sind die Elemente $e_G = a^0$, $a = a^1$, $a^2, \ldots, a^{m-1}$ von $\langle a \rangle$ paarweise verschieden. Es folgt

$$\mathrm{ord}(a) \; = \; \#(\langle a \rangle) \; = \; m \; = \; \min(U \cap N) \; = \; \min(\{i \in \mathbb{N} \mid a^i = e_G\}).$$

Damit ist der Satz bewiesen.

(3.6) Satz (J. L. Lagrange, 1736 – 1813): *Es sei G eine endliche Gruppe.*
(1) *Für jede Untergruppe U von G gilt: $\#(U)$ teilt $\#(G)$.*
(2) *Für jedes $a \in G$ gilt: Es ist $a^{\#(G)} = e_G$, und $\mathrm{ord}(a)$ teilt $\#(G)$, und zwar ist*

$$\mathrm{ord}(a) \; = \; \min(\{d \in \mathbb{N} \mid d \text{ teilt } \#(G);\ a^d = e_G\}).$$

Beweis: (1) Es sei U eine Untergruppe von G.
(a) Für $a,\ b \in G$ wird $a \sim b$ gesetzt, genau wenn $a^{-1}b \in U$ ist. Die so erklärte Relation $\sim$ ist eine Äquivalenzrelation auf G.
Beweis: Für jedes $a \in G$ gilt $a^{-1}a = e_G \in U$, also $a \sim a$. – Sind $a,\ b \in G$ und gilt $a \sim b$, so gilt $a^{-1}b \in U$ und daher auch $b^{-1}a = (a^{-1}b)^{-1} \in U$, also $b \sim a$. – Sind $a,\ b,\ c \in G$ und gilt $a \sim b$ und $b \sim c$, so gilt $a^{-1}b \in U$ und $b^{-1}c \in U$ und daher auch $a^{-1}c = (a^{-1}b)(b^{-1}c) \in U$, also $a \sim c$.
(b) Es sei $a \in G$. Dann ist $aU := \{b \in G \mid a \sim b\} = \{ax \mid x \in U\}$ die Äquivalenzklasse von a bezüglich $\sim$, und die Abbildung $x \mapsto ax : U \to aU$ ist bijektiv (mit der Umkehrabbildung $y \mapsto a^{-1}y : aU \to U$). Also gilt $\#(aU) = \#(U)$.
(c) Es seien $a_1,\ a_2, \ldots, a_d \in G$ mit: $a_1U, a_2U, \ldots, a_dU$ sind die verschiedenen Äquivalenzklassen bezüglich $\sim$ in G. Dann sind $a_1U, a_2U, \ldots, a_dU$ paarweise disjunkte Teilmengen von G, deren Vereinigung ganz G ist, und daher gilt

$$\#(G) \; = \; \sum_{i=1}^{d} \#(a_iU) \; \overset{\text{(b)}}{=} \; d \cdot \#(U).$$

(2) Es sei $a \in G$. Nach (1) ist $\#(G)$ durch $\#(\langle a \rangle) = \mathrm{ord}(a)$ teilbar, wegen (3.5)(3) ist daher $a^{\#(G)} = e_G$, und wegen (3.5)(1) gilt, daß $\mathrm{ord}(a)$ der kleinste Teiler $d \in \mathbb{N}$ von $\#(G)$ mit $a^d = e_G$ ist.

(3.7) Satz: *Es sei G eine endliche abelsche Gruppe.*
(1) *Es seien $a, b \in G$, und es gelte $\mathrm{ggT}(\mathrm{ord}(a), \mathrm{ord}(b)) = 1$. Dann gilt*

$$\mathrm{ord}(ab) \;=\; \mathrm{ord}(a)\,\mathrm{ord}(b).$$

(2) *Es sei $a \in G$, und es sei $k \in \mathbb{Z}$. Dann gilt*

$$\mathrm{ord}(a^k) \;=\; \frac{\mathrm{ord}(a)}{\mathrm{ggT}(k, \mathrm{ord}(a))}.$$

Beweis: (1) Es seien $r := \mathrm{ord}(a)$, $s := \mathrm{ord}(b)$ und $t := \mathrm{ord}(ab)$. Wegen $(ab)^{rs} = a^{rs}b^{rs} = (a^r)^s(b^s)^r = e_G$ ist rs durch $\mathrm{ord}(ab) = t$ teilbar (vgl. (3.5)(3)). Wegen $a^{st} = a^{st}(b^s)^t = (ab)^{st} = e_G$ ist st durch $\mathrm{ord}(a) = r$ teilbar, und wegen $\mathrm{ggT}(r, s) = 1$ folgt $r \mid t$ (vgl. (1.14)(3)). Wegen $b^{rt} = (a^r)^t b^{rt} = (ab)^{rt} = e_G$ ist rt durch $\mathrm{ord}(b) = s$ teilbar, und wegen $\mathrm{ggT}(r, s) = 1$ folgt $s \mid t$. Also ist t durch $\mathrm{kgV}(r, s) = rs / \mathrm{ggT}(r, s) = rs$ teilbar. Es gilt also $\mathrm{ord}(ab) = t = rs = \mathrm{ord}(a)\,\mathrm{ord}(b)$.
(2) Es sei $r := \mathrm{ord}(a)$, und es sei $d := \mathrm{ggT}(k, r)$. Es gilt $d \mid r$ und $(a^d)^{r/d} = a^r = e_G$, und daher ist r/d durch $\mathrm{ord}(a^d)$ teilbar. Wegen $a^{d\,\mathrm{ord}(a^d)} = e_G$ ist $d\,\mathrm{ord}(a^d)$ durch $\mathrm{ord}(a) = r$ teilbar, und daher gilt: r/d teilt $\mathrm{ord}(a^d)$. Es gilt also $\mathrm{ord}(a^d) = r/d$. Nach (1.9) existieren $x, y \in \mathbb{Z}$ mit $d = kx + ry$. Wegen $a^d = a^{kx+ry} = (a^k)^x(a^r)^y = (a^k)^x \in \langle a^k \rangle$ gilt $\langle a^d \rangle \subset \langle a^k \rangle$, und wegen $a^k = (a^d)^{k/d} \in \langle a^d \rangle$ gilt $\langle a^k \rangle \subset \langle a^d \rangle$. Also gilt $\langle a^k \rangle = \langle a^d \rangle$ und daher

$$\mathrm{ord}(a^k) \;=\; \mathrm{ord}(a^d) \;=\; \frac{r}{d} \;=\; \frac{\mathrm{ord}(a)}{\mathrm{ggT}(k, \mathrm{ord}(a))}.$$

(3.8) Definition: Es sei G eine Gruppe. G heißt eine zyklische Gruppe, wenn es ein $a \in G$ mit $G = \langle a \rangle$ gibt. Ist G zyklisch, so heißt jedes $a \in G$ mit $G = \langle a \rangle$ ein erzeugendes Element von G.

(3.9) Bemerkung: (1) Zyklische Gruppen sind abelsch (vgl. (3.2)(2)).
(2) Eine endliche Gruppe G ist genau dann zyklisch, wenn es ein $a \in G$ mit $\mathrm{ord}(a) = \#(G)$ gibt.
(3) Es sei G eine endliche zyklische Gruppe, es sei n die Ordnung von G, und es sei a ein erzeugendes Element von G. Dann gilt $\mathrm{ord}(a) = n$ und $G = \{e_G, a, a^2, \ldots, a^{n-1}\}$ (vgl. (3.5)(1)), und das Rechnen in G erfolgt so: Sind x, $y \in G$, so gibt es eindeutig bestimmte $i, j \in \{0, 1, \ldots, n - 1\}$ mit $x = a^i$ und $y = a^j$, und es gilt

$$xy \;=\; a^{i+j} \;=\; a^{(i+j)\bmod n} \quad \text{und} \quad x^{-1} \;=\; a^{-i} \;=\; a^{(-i)\bmod n}.$$

Für $k \in \mathbb{Z}$ gilt nach (3.7)(2): Es ist

$$\mathrm{ord}(a^k) \;=\; \frac{\mathrm{ord}(a)}{\mathrm{ggT}(k, \mathrm{ord}(a))} \;=\; \frac{n}{\mathrm{ggT}(k, n)},$$

und daher ist a^k ein erzeugendes Element von G, genau wenn k und n teilerfremd sind. Also ist $\{a^k \mid 0 \leq k \leq n-1;\ \mathrm{ggT}(k, n) = 1\}$ die Menge aller erzeugenden Elemente von G.

(3.10) Bemerkung: Es sei G eine endliche zyklische Gruppe der Ordnung n, es sei $a \in G$ ein erzeugendes Element von G, und es sei $d \in \mathbb{N}$ ein Teiler von n. Dann gibt es genau eine Untergruppe U_d von G mit $\#(U_d) = d$, und zwar gilt

$$U_d \;=\; \langle\, a^{n/d} \,\rangle \;=\; \{x \in G \mid \mathrm{ord}(x) \text{ teilt } d\} \;=\; \{x \in G \mid x^d = e_G\}.$$

Beweis: Nach (3.7)(2) gilt für die Untergruppe $U_d := \langle\, a^{n/d} \,\rangle$ von G: Es ist

$$\#(U_d) \;=\; \mathrm{ord}(a^{n/d}) \;=\; \frac{\mathrm{ord}(a)}{\mathrm{ggT}(n/d, \mathrm{ord}(a))} \;=\; \frac{n}{\mathrm{ggT}(n/d, n)} \;=\; d.$$

Für jedes $x \in U_d$ ist $\mathrm{ord}(x)$ ein Teiler von $\#(U_d) = d$ (vgl. (3.6)(2)), und daher gilt $U_d \subset \{x \in G \mid \mathrm{ord}(x) \text{ teilt } d\} =: U$. Es ist $U = \{x \in G \mid x^d = e_G\}$ (vgl. dazu (3.5)(3)), und für jedes $x \in U$ gilt: Es gibt ein $k \in \mathbb{Z}$ mit $x = a^k$, wegen $a^{kd} = x^d = e_G$ ist kd durch $\mathrm{ord}(a) = n$ teilbar, also k durch n/d, und daher ist $x = a^k \in \langle\, a^{n/d} \,\rangle = U_d$.
Damit ist gezeigt: Es ist $U = U_d$. Ist U' eine Untergruppe von G mit $\#(U') = d$, so gilt $U' \subset \{x \in G \mid \mathrm{ord}(x) \text{ teilt } d\} = U = U_d$ (nach (3.6)(2)) und daher $U' = U_d$.

(3.11) Hilfssatz: *Es sei G eine endliche abelsche Gruppe, und es sei*

$$n \;:=\; \max(\{\mathrm{ord}(x) \mid x \in G\}).$$

Für jedes $a \in G$ gilt: $\mathrm{ord}(a)$ *teilt n, und es ist* $a^n = e_G$.
Beweis: Es sei $b \in G$ mit $\mathrm{ord}(b) = n$; es sei $a \in G$, und es sei $m := \mathrm{ord}(a)$.
(a) Es sei p eine Primzahl, und es seien $k := v_p(m)$ und $l := v_p(n)$. Dann gilt $m = p^k m_0$ und $n = p^l n_0$ mit natürlichen Zahlen m_0 und n_0, die nicht durch p teilbar sind. Nach (3.7)(2) gilt

$$\mathrm{ord}(a^{m_0}) \;=\; \frac{m}{\mathrm{ggT}(m_0, m)} \;=\; \frac{m}{m_0} \;=\; p^k \quad \text{und}$$

$$\mathrm{ord}(b^{p^l}) \;=\; \frac{n}{\mathrm{ggT}(p^l, n)} \;=\; \frac{n}{p^l} \;=\; n_0.$$

Wegen $p \nmid n_0$ gilt $\mathrm{ggT}(p^k, n_0) = 1$, und daher ist nach (3.7)(1)

$$\mathrm{ord}(a^{m_0} b^{p^l}) \; = \; \mathrm{ord}(a^{m_0}) \cdot \mathrm{ord}(b^{p^l}) \; = \; p^k n_0.$$

Also gilt $p^k n_0 \leq \max(\{\mathrm{ord}(x) \mid x \in G\}) = n = p^l n_0$, und es folgt $k \leq l$.
(b) Nach (a) gilt: Für jede Primzahl p ist $v_p(m) \leq v_p(n)$. Also ist $\mathrm{ord}(a) = m$
ein Teiler von n, und nach (3.5)(3) gilt daher $a^n = e_G$.

(3.12) Bemerkung: Es sei G eine endliche abelsche Gruppe. Die natürliche
Zahl

$$\exp(G) \; := \; \max(\{\mathrm{ord}(x) \mid x \in G\})$$

heißt der Exponent der Gruppe G. Der Satz in (3.11) besagt, daß $\exp(G)$ das
kleinste gemeinsame Vielfache der Ordnungen der Elemente von G ist.

(3.13) Satz: *Es sei K ein Körper, und es sei G eine endliche Untergruppe der
Multiplikativgruppe $K^\times$ von K. Es gilt: Die Gruppe G ist zyklisch.*

Beweis: Es sei $K[T]$ der Polynomring in einer Unbestimmten T über dem
Körper K. Mit der im Körper K gegebenen Multiplikation $\cdot$ als Verknüpfung
ist $K^\times = K \setminus \{0\}$ eine abelsche Gruppe, deren neutrales Element das Einselement 1_K von K ist. Also ist G eine endliche abelsche Gruppe mit dem neutralen
Element 1_K. Es sei $n := \max(\{\mathrm{ord}(x) \mid x \in G\})$ der Exponent von G, und es
sei a ein Element von G mit $\mathrm{ord}(a) = n$. Es gilt $n \mid \#(G)$ (vgl. (3.6)(2)) und
daher $n \leq \#(G)$. Nach (3.11) gilt für jedes $x \in G$: Es ist $x^n = 1_K$, d.h. x ist
eine Nullstelle des Polynoms $T^n - 1_K \in K[T]$. Da ein Polynom aus $K[T]$ vom
Grad n höchstens n Nullstellen im Körper K besitzt, folgt daraus $\#(G) \leq n$.
Also gilt $\#(G) = n = \mathrm{ord}(a) = \#(\langle a \rangle)$, und daher ist $G = \langle a \rangle$.

(3.14) Folgerung: *Ist K ein endlicher Körper, so ist die Multiplikativgruppe
$K^\times$ von K eine zyklische Gruppe.*

(3.15) Bemerkung: Es sei G eine abelsche Gruppe, und es sei U eine Untergruppe von G.
(1) Für $a, b \in G$ wird $a \sim b$ gesetzt, genau wenn $a^{-1}b \in U$ ist. Im Beweis von
Satz (3.6) wurde gezeigt: $\sim$ ist eine Äquivalenzrelation auf G, und für jedes
$a \in G$ ist $[a]_U := aU = \{ax \mid x \in U\}$ die Äquivalenzklasse von a bezüglich $\sim$.
(2) Es seien $a, a', b, b' \in G$, und es gelte $[a]_U = [a']_U$ und $[b]_U = [b']_U$. Dann
gilt $a \sim a'$ und $b \sim b'$, also $a^{-1}a' \in U$ und $b^{-1}b' \in U$. G ist abelsch, und U
ist eine Untergruppe von G, und daher folgt $(ab)^{-1}(a'b') = (a^{-1}a')(b^{-1}b') \in U$,
also $ab \sim a'b'$, also $[ab]_U = [a'b']_U$.
(3) Aus (2) folgt: Man erhält eine wohldefinierte Verknüpfung $\cdot$ auf der Menge

$$G/U \; := \; \{[a]_U \mid a \in G\}$$

aller Äquivalenzklassen bezüglich $\sim$ in G, wenn man festsetzt: Für alle $a, b \in G$ sei

$$[\,a\,]_U \cdot [\,b\,]_U \;:=\; [\,ab\,]_U.$$

(3.16) Satz: *Es sei G eine abelsche Gruppe; es sei U eine Untergruppe von G. Dann ist $G/U = \{[\,a\,]_U \mid a \in G\}$ mit der in (3.15)(3) erklärten Verknüpfung*

$$([\,a\,]_U, [\,b\,]_U) \mapsto [\,ab\,]_U : G/U \times G/U \to G/U$$

eine abelsche Gruppe; das neutrale Element dieser Gruppe ist $[\,e_G\,]_U$, und für jedes $a \in G$ gilt darin: Es ist $[\,a\,]_U^{-1} = [\,a^{-1}\,]_U$. Ist G endlich, so ist auch G/U endlich, und es gilt $\#(G/U) = \#(G)/\#(U)$.

Beweis: Daß G/U mit der in (3.15)(3) definierten Verknüpfung · eine abelsche Gruppe mit dem neutralen Element $[\,e_G\,]_U$ ist und daß darin für jedes $a \in G$ die Äquivalenzklasse $[\,a^{-1}\,]_U$ das zu $[\,a\,]_U$ inverse Element ist, rechnet man ohne weiteres nach. Daß G/U endlich und $\#(G/U) = \#(G)/\#(U)$ ist, falls G endlich ist, wurde im Beweis von (3.6) gezeigt.

(3.17) Definition: Es sei G eine abelsche Gruppe, und es sei U eine Untergruppe von G. Die abelsche Gruppe G/U mit der Verknüpfung

$$([\,a\,]_U, [\,b\,]_U) \mapsto [\,ab\,]_U : G/U \times G/U \to G/U$$

heißt die Faktorgruppe von G nach U.

(3.18) Bemerkung: Die in diesem Paragraphen zusammengestellten Ergebnisse aus der Theorie der endlichen abelschen Gruppen werden in den folgenden Kapiteln immer wieder verwendet. Näheres dazu und den sonst in diesem Buch benötigten Begriffen aus der Algebra findet man in jedem Lehrbuch der Algebra, zum Beispiel in Artin [7] oder in Scheja-Storch [99].

II Die Restklassenringe des Rings $\mathbb{Z}$

4 Die Restklassenringe

(4.1) Definition (C. F. Gauß 1801): Es sei $m \in \mathbb{N}$, und es seien $a, b \in \mathbb{Z}$. Man nennt a kongruent zu b modulo m und schreibt

$$a \equiv b \pmod{m},$$

wenn $b - a$ durch m teilbar ist, also wenn gilt: Es ist $a \bmod m = b \bmod m$.

(4.2) Es sei $m \in \mathbb{N}$.
(1) Man sieht sogleich: Die Relation $\equiv \pmod{m}$ ist eine Äquivalenzrelation auf $\mathbb{Z}$, d.h. es gilt:
(Reflexivität:) Für jedes $a \in \mathbb{Z}$ gilt $a \equiv a \pmod{m}$.
(Symmetrie:) Sind $a, b \in \mathbb{Z}$ und gilt $a \equiv b \pmod{m}$, so gilt $b \equiv a \pmod{m}$.
(Transitivität:) Sind $a, b, c \in \mathbb{Z}$ und gilt $a \equiv b \pmod{m}$ und $b \equiv c \pmod{m}$, so gilt $a \equiv c \pmod{m}$.
(2) Für $a \in \mathbb{Z}$ heißt die Äquivalenzklasse

$$[a]_m := \{x \in \mathbb{Z} \mid x \equiv a \pmod{m}\}$$

die Restklasse von a modulo m.
Für $a, b \in \mathbb{Z}$ gilt

$$[a]_m = [b]_m \iff a \equiv b \pmod{m} \quad \text{und}$$
$$[a]_m \neq [b]_m \iff [a]_m \cap [b]_m = \varnothing \iff a \not\equiv b \pmod{m}.$$

Man setzt
$$\mathbb{Z}/m\mathbb{Z} := \{[a]_m \mid a \in \mathbb{Z}\}.$$

(3) Für jedes $a \in \mathbb{Z}$ gilt $a \equiv (a \bmod m) \pmod{m}$, also

$$[a]_m = [a \bmod m]_m \in \{[0]_m, [1]_m, \ldots, [m-1]_m\}.$$

Für $b, c \in \{0, 1, \ldots, m-1\}$ mit $b \neq c$ gilt $m \nmid c - b$, also $b \not\equiv c \pmod{m}$, also $[b]_m \neq [c]_m$. Es gilt daher

$$\mathbb{Z}/m\mathbb{Z} = \{[0]_m, [1]_m, \ldots, [m-1]_m\} \quad \text{und} \quad \#(\mathbb{Z}/m\mathbb{Z}) = m.$$

(4.3) Es sei m eine natürliche Zahl.

(1) Es seien $a, b, a', b' \in \mathbb{Z}$, und es gelte $[a]_m = [a']_m$ und $[b]_m = [b']_m$, also $a \equiv a' \pmod{m}$ und $b \equiv b' \pmod{m}$. Dann ist m ein Teiler von $a' - a$ und von $b' - b$ und daher auch von $(a' + b') - (a + b) = (a' - a) + (b' - b)$ und von $a'b' - ab = (a' - a)b' + a(b' - b)$. Also gilt $a + b \equiv a' + b' \pmod{m}$ und $ab \equiv a'b' \pmod{m}$, d.h. es gilt $[a + b]_m = [a' + b']_m$ und $[ab]_m = [a'b']_m$.

(2) Nach (1) erhält man wohldefinierte Verknüpfungen $+$ und $\cdot$ auf $\mathbb{Z}/m\mathbb{Z}$, indem man festsetzt: Für alle $a, b \in \mathbb{Z}$ sei

$$[a]_m + [b]_m := [a + b]_m \quad \text{und} \quad [a]_m \cdot [b]_m := [ab]_m.$$

Man sieht: Mit dieser Addition $+$ und dieser Multiplikation $\cdot$ ist $\mathbb{Z}/m\mathbb{Z}$ ein kommutativer Ring, der ein Einselement besitzt; sein Nullelement ist $[0]_m$, für jedes $a \in \mathbb{Z}$ ist $-[a]_m = [-a]_m$, und sein Einselement ist $[1]_m$. Der Ring $\mathbb{Z}/m\mathbb{Z}$ heißt der Restklassenring modulo m von $\mathbb{Z}$. (Die abelsche Gruppe $(\mathbb{Z}/m\mathbb{Z}, +)$ ist gerade die in (3.17) definierte Faktorgruppe der abelschen Gruppe $(\mathbb{Z}, +)$ nach ihrer Untergruppe $m\mathbb{Z}$).

(4.4) Bemerkung: Es sei R ein kommutativer Ring, der ein Einselement 1_R besitzt. Ein Element $a \in R$ heißt eine Einheit von R, wenn es ein $b \in R$ mit $ab = 1_R$ gibt. Die Menge $E(R)$ aller Einheiten von R ist mit der im Ring R gegebenen Multiplikation $\cdot$ als Verknüpfung eine abelsche Gruppe mit dem neutralen Element 1_R und heißt die Einheitengruppe von R. Jedes $a \in E(R)$ besitzt in der Gruppe $E(R)$ ein eindeutig bestimmtes inverses Element, das mit a^{-1} bezeichnet wird.

(4.5) Satz: *Es sei $m \in \mathbb{N}$. Es gilt*

$$\begin{aligned} E(\mathbb{Z}/m\mathbb{Z}) &= \{[a]_m \mid a \in \mathbb{Z}; \ \mathrm{ggT}(a, m) = 1\} = \\ &= \{[a]_m \mid a \in \{0, 1, \ldots, m - 1\}; \ \mathrm{ggT}(a, m) = 1\}. \end{aligned}$$

Beweis: Für $a \in \mathbb{Z}$ gilt: $[a]_m$ ist eine Einheit im Ring $\mathbb{Z}/m\mathbb{Z}$, genau wenn es ein $b \in \mathbb{Z}$ mit $[a]_m[b]_m = [1]_m$ gibt, also genau wenn es ein $b \in \mathbb{Z}$ mit $ab \equiv 1 \pmod{m}$ gibt, also genau wenn es $b, c \in \mathbb{Z}$ mit $ab + mc = 1$ gibt, und dies ist damit äquivalent, daß a und m teilerfremd sind.

(4.6) Bemerkung: Es sei $m \in \mathbb{N}$, und es sei $a \in \mathbb{Z}$ mit $\mathrm{ggT}(a, m) = 1$. Dann ist $[a]_m$ eine Einheit im Restklassenring $\mathbb{Z}/m\mathbb{Z}$, und daher gibt es ein eindeutig bestimmtes $b \in \{0, 1, \ldots, m - 1\}$ mit $[a]_m[b]_m = [1]_m$, also mit $[a]_m^{-1} = [b]_m$. Der Beweis in (4.5) zeigt, wie man b berechnet: Man ermittelt mit dem erweiterten Euklidischen Algorithmus aus (1.18) ganze Zahlen v und w mit $av + mw = 1$ und setzt $b := v \bmod m$.

MuPAD: Die Anweisung `modp(1/a,m)` liefert die Zahl $b \in \{0, 1, \ldots, m-1\}$ mit $[a]_m^{-1} = [b]_m$.

(4.7) Satz: *Es sei* $m \in \mathbb{N}$. *Der Restklassenring* $\mathbb{Z}/m\mathbb{Z}$ *ist dann und nur dann ein Körper, wenn* m *eine Primzahl ist.*

Beweis: $\mathbb{Z}/m\mathbb{Z}$ ist ein kommutativer Ring; sein Nullelement ist $[0]_m$, und sein Einselement ist $[1]_m$.

(1) Es gelte: $\mathbb{Z}/m\mathbb{Z}$ ist ein Körper. Das Einselement eines Körpers ist stets von seinem Nullelement verschieden, also ist $m = \#(\mathbb{Z}/m\mathbb{Z}) > 1$. Für jedes $a \in \{2, 3, \ldots, m-1\}$ gilt $[a]_m \neq [0]_m$, also $[a]_m \in E(\mathbb{Z}/m\mathbb{Z})$, also $\mathrm{ggT}(a, m) = 1$, also $a \nmid m$, und daher ist m eine Primzahl.

(2) Es gelte: m ist eine Primzahl. Der Ring $\mathbb{Z}/m\mathbb{Z}$ ist kommutativ, und wegen $\#(\mathbb{Z}/m\mathbb{Z}) = m > 1$ ist sein Einselement von seinem Nullelement verschieden. Für jedes $a \in \{1, 2, \ldots, m-1\}$ gilt $m \nmid a$ und daher $\mathrm{ggT}(a, m) = 1$ (da m eine Primzahl ist), also $[a]_m \in E(\mathbb{Z}/m\mathbb{Z})$, und somit ist jedes Element von $\mathbb{Z}/m\mathbb{Z} \smallsetminus \{[0]_m\}$ eine Einheit von $\mathbb{Z}/m\mathbb{Z}$. Also ist $\mathbb{Z}/m\mathbb{Z}$ ein Körper.

(4.8) Bezeichnung: Ist p eine Primzahl, so heißt der Körper

$$\mathbb{F}_p \;:=\; \mathbb{Z}/p\mathbb{Z}$$

der Restklassenkörper modulo p von $\mathbb{Z}$.

(4.9) Es sei $m \in \mathbb{N}$, und es seien $a, b \in \mathbb{Z}$.

(1) Es gibt dann und nur dann ein $x \in \mathbb{Z}$ mit $ax \equiv b \pmod{m}$, also mit $[a]_m \cdot [x]_m = [b]_m$, wenn b durch $d := \mathrm{ggT}(a, m)$ teilbar ist.

Beweis: Nach (1.9) existieren $v, w \in \mathbb{Z}$ mit $av + mw = d$. Gilt $d \mid b$, so gilt $x := bv/d \in \mathbb{Z}$ und

$$ax \;=\; \frac{b}{d}\,av \;=\; \frac{b}{d}(d - mw) \;=\; b - m\left(\frac{b}{d}\,w\right) \;\equiv\; b \pmod{m}.$$

Ist andererseits x eine ganze Zahl, für die $ax \equiv b \pmod{m}$ ist, so gibt es ein $y \in \mathbb{Z}$ mit $b = ax + my$, und wegen $d \mid a$ und $d \mid m$ folgt $d \mid b$.

(2) Es gelte $\mathrm{ggT}(a, m) = 1$. Dann findet man mit dem erweiterten Euklidischen Algorithmus aus (1.18) ein $v \in \{0, 1, \ldots, m-1\}$ mit $av \equiv 1 \pmod{m}$. Für $x_0 := (bv) \bmod m \in \{0, 1, \ldots, m-1\}$ gilt $ax_0 \equiv avb \equiv b \pmod{m}$. Für jedes $x \in \mathbb{Z}$ mit $ax \equiv b \pmod{m}$ gilt $x \equiv xav \equiv bv \equiv x_0 \pmod{m}$. Es gibt also ein eindeutig bestimmtes $x_0 \in \{0, 1, \ldots, m-1\}$ mit $ax_0 \equiv b \pmod{m}$, und hiermit gilt

$$\{x \in \mathbb{Z} \mid ax \equiv b \pmod{m}\} \;=\; \{x \in \mathbb{Z} \mid x \equiv x_0 \pmod{m}\}.$$

Dies läßt sich auch so formulieren: Die Gleichung $[a]_m \cdot X = [b]_m$ besitzt im Ring $\mathbb{Z}/m\mathbb{Z}$ eine und nur eine Lösung, nämlich $[x_0]_m = [a]_m^{-1}[b]_m$.

(3) Es gelte $d := \mathrm{ggT}(a, m) > 1$ und $d \mid b$.

(a) Es gilt $\mathrm{ggT}(a/d, m/d) = 1$, und daher gibt es nach (2) ein eindeutig bestimmtes $x_{00} \in \{0, 1, \ldots, m/d - 1\}$ mit $(a/d)x_{00} \equiv b/d \pmod{m/d}$. Für jedes $i \in \{0, 1, \ldots, d - 1\}$ gilt $x_i := x_{00} + im/d \in \{0, 1, \ldots, m - 1\}$ und

$$ax_i = d\frac{a}{d}x_{00} + ia\frac{m}{d} = b + d\left(\frac{a}{d}x_{00} - \frac{b}{d}\right) + \frac{ia}{d}m \equiv b \pmod{m}.$$

(b) Für jedes $x \in \mathbb{Z}$ mit $ax \equiv b \pmod{m}$ gilt $(a/d)x \equiv b/d \pmod{m/d}$ und daher $x \equiv x_{00} \pmod{m/d}$, also gibt es ein $k \in \mathbb{Z}$ mit

$$x = x_{00} + k\frac{m}{d} \equiv x_{00} + (k \bmod d)\frac{m}{d} = x_{k \bmod d} \pmod{m}.$$

(c) Aus (a) und (b) folgt: In $\{0, 1, \ldots, m - 1\}$ gibt es genau $d = \mathrm{ggT}(a, m)$ verschiedene Lösungen $x_0, x_1, \ldots, x_{d-1}$ der Kongruenz $ax \equiv b \pmod{m}$, und damit gilt

$$\{x \in \mathbb{Z} \mid ax \equiv b \pmod{m}\} = \bigcup_{i=0}^{d-1}\{x \in \mathbb{Z} \mid x \equiv x_i \pmod{m}\}.$$

(4.10) MuPAD: Die Anweisung `numlib::lincongruence(a,b,m)` liefert zu einer natürlichen Zahl m und zu ganzen Zahlen a und b die Ausdruckssequenz der $x \in \{0, 1, \ldots, m - 1\}$ mit $ax \equiv b \pmod{m}$, falls es solche x gibt, und andernfalls die Ausgabe `FAIL`.

(4.11) Hilfssatz: *Es seien m', $m'' \in \mathbb{N}$, und es seien a', $a'' \in \mathbb{Z}$. Es gibt dann und nur dann ein $x \in \mathbb{Z}$ mit $x \equiv a' \pmod{m'}$ und $x \equiv a'' \pmod{m''}$, wenn $a'' - a'$ durch $\mathrm{ggT}(m', m'')$ teilbar ist.*

Beweis: (a) Es gelte: Es existiert ein $x \in \mathbb{Z}$, für das $x \equiv a' \pmod{m'}$ und $x \equiv a'' \pmod{m''}$ gilt. Wegen $m' \mid a' - x$ und $m'' \mid a'' - x$ gilt dann: $\mathrm{ggT}(m', m'')$ teilt $(a'' - x) - (a' - x) = a'' - a'$.

(b) Es gelte $d := \mathrm{ggT}(m', m'') \mid a'' - a'$. Der erweiterte Euklidische Algorithmus aus (1.18) liefert $v', v'' \in \mathbb{Z}$ mit $m'v' + m''v'' = d$. Für $z := v'(a'' - a')/d$ gilt

$$m'z \equiv (d - m''v'') \cdot \frac{a'' - a'}{d} \equiv a'' - a' \pmod{m''},$$

und für $x := a' + m'z$ gilt

$$x \equiv a' \pmod{m'} \quad \text{und} \quad x \equiv a' + (a'' - a') = a'' \pmod{m''}.$$

(4.12) Hilfssatz: *Es sei $k \in \mathbb{N}$ mit $k \geq 2$.*
(1) *Für alle $\alpha_1, \alpha_2, \ldots, \alpha_k \in \mathbb{R}$ gilt*

$$\min\left(\left\{\, \max(\{\alpha_1, \alpha_2, \ldots, \alpha_{k-1}\}), \alpha_k\right\}\right) =$$
$$= \max\left(\left\{\min(\{\alpha_1, \alpha_k\}), \min(\{\alpha_2, \alpha_k\}), \ldots, \min(\{\alpha_{k-1}, \alpha_k\})\right\}\right).$$

(2) *Für alle $m_1, m_2, \ldots, m_k \in \mathbb{N}$ gilt*

$$\mathrm{ggT}\left(\mathrm{kgV}(m_1, m_2 \ldots, m_{k-1}), m_k\right) =$$
$$= \mathrm{kgV}\left(\mathrm{ggT}(m_1, m_k), \mathrm{ggT}(m_2, m_k), \ldots, \mathrm{ggT}(m_{k-1}, m_k)\right).$$

Beweis: (1) ist klar, und (2) folgt mit Hilfe von (1) aus (2.19)(3).

(4.13) Satz (Chinesischer Restsatz): *Es sei $n \in \mathbb{N}$; es seien $a_1, a_2, \ldots, a_n \in \mathbb{Z}$ und $m_1, m_2, \ldots, m_n \in \mathbb{N}$. Es gibt dann und nur dann eine ganze Zahl x mit $x \equiv a_i \pmod{m_i}$ für jedes $i \in \{1, 2, \ldots, n\}$, wenn gilt: Für alle $i, j \in \{1, 2, \ldots, n\}$ mit $i \neq j$ ist $a_j - a_i$ durch $\mathrm{ggT}(m_i, m_j)$ teilbar. Ist diese Bedingung erfüllt, so gibt es ein eindeutig bestimmtes $x_0 \in \mathbb{Z}$ mit $0 \leq x_0 \leq \mathrm{kgV}(m_1, m_2, \ldots, m_n) - 1$ und mit $x_0 \equiv a_i \pmod{m_i}$ für jedes $i \in \{1, 2, \ldots, n\}$, und damit gilt*

$$\left\{x \in \mathbb{Z} \mid x \equiv a_i \pmod{m_i} \text{ für } i = 1, 2, \ldots, n\right\} =$$
$$= \left\{x \in \mathbb{Z} \mid x \equiv x_0 \pmod{\mathrm{kgV}(m_1, m_2, \ldots, m_n)}\right\}.$$

Beweis: (1) Es gelte: Es gibt ein $x \in \mathbb{Z}$ mit $x \equiv a_i \pmod{m_i}$ für jedes $i \in \{1, 2, \ldots, n\}$. Für alle $i, j \in \{1, 2, \ldots, n\}$ mit $i \neq j$ gilt $m_i \mid a_i - x$ und $m_j \mid a_j - x$ und daher $\mathrm{ggT}(m_i, m_j) \mid (a_j - x) - (a_i - x) = a_j - a_i$.
(2) Es gelte: Für alle $i, j \in \{1, 2, \ldots, n\}$ mit $i \neq j$ ist $a_j - a_i$ durch $\mathrm{ggT}(m_i, m_j)$ teilbar.
(a) Zu jedem $k \in \{1, 2, \ldots, n\}$ wird eine ganze Zahl y_k konstruiert, für die $y_k \equiv a_1 \pmod{m_1}$, $y_k \equiv a_2 \pmod{m_2}, \ldots, y_k \equiv a_k \pmod{m_k}$ gilt.
Dazu setzt man zuerst $y_1 := a_1 \bmod m_1$. Ist $k \in \{1, 2, \ldots, n-1\}$ und sind $y_1, y_2, \ldots, y_k$ bereits konstruiert, so findet man ein geeignetes y_{k+1} folgendermaßen: Für jedes $i \in \{1, 2, \ldots, k\}$ gilt: Es ist $y_k \equiv a_i \pmod{m_i}$, also ist $y_k - a_i$ durch m_i und daher auch durch $\mathrm{ggT}(m_i, m_{k+1})$ teilbar; nach Voraussetzung ist $a_i - a_{k+1}$ durch $\mathrm{ggT}(m_i, m_{k+1})$ teilbar, und daher ist $y_k - a_{k+1} = (y_k - a_i) + (a_i - a_{k+1})$ durch $\mathrm{ggT}(m_i, m_{k+1})$ teilbar. Also ist $y_k - a_{k+1}$ durch

$$\mathrm{kgV}\left(\mathrm{ggT}(m_1, m_{k+1}), \mathrm{ggT}(m_2, m_{k+1}), \ldots, \mathrm{ggT}(m_k, m_{k+1})\right) =$$
$$\overset{(4.12)(2)}{=} \mathrm{ggT}\left(\mathrm{kgV}(m_1, m_2, \ldots, m_k), m_{k+1}\right)$$

teilbar, und daher gibt es nach (4.11) ein $y_{k+1} \in \mathbb{Z}$ mit

$$y_{k+1} \equiv y_k \pmod{\mathrm{kgV}(m_1, m_2, \ldots, m_k)} \quad \text{und} \quad y_{k+1} \equiv a_{k+1} \pmod{m_{k+1}}.$$

Für jedes $i \in \{1, 2, \ldots, k\}$ gilt: m_i teilt $\mathrm{kgV}(m_1, m_2, \ldots, m_k)$, und daher ist

$$y_{k+1} \equiv y_k \equiv a_i \pmod{m_i}.$$

(b) Es sei $M_n := \mathrm{kgV}(m_1, m_2, \ldots, m_n)$, und es sei $x_0 := y_n \bmod M_n$. Es ist $0 \leq x_0 \leq M_n - 1$, und für jedes $i \in \{1, 2, \ldots, n\}$ ist $x_0 \equiv a_i \pmod{m_i}$. Ist x eine ganze Zahl mit $x \equiv a_i \pmod{m_i}$ für jedes $i \in \{1, 2, \ldots, n\}$, so gilt $x \equiv a_i \equiv x_0 \pmod{m_i}$, also $m_i \mid x_0 - x$ für jedes $i \in \{1, 2, \ldots, n\}$, und daher gilt $M_n = \mathrm{kgV}(m_1, m_2, \ldots, m_n) \mid x_0 - x$, d.h. es ist $x \equiv x_0 \pmod{M_n}$. Andererseits gilt für jedes $x \in \mathbb{Z}$ mit $x \equiv x_0 \pmod{M_n}$: Da m_i für jedes $i \in \{1, 2, \ldots, n\}$ ein Teiler von M_n ist, gilt $x \equiv x_0 \equiv a_i \pmod{m_i}$. Damit ist gezeigt: Es ist

$$\bigl\{ x \in \mathbb{Z} \mid x \equiv a_i \,(\bmod\ m_i) \text{ für } i = 1, 2, \ldots, n \bigr\} = \bigl\{ x \in \mathbb{Z} \mid x \equiv x_0 \,(\bmod\ M_n) \bigr\}.$$

Insbesondere folgt daraus: x_0 ist das einzige Element von $\{0, 1, \ldots, M_n - 1\}$ mit $x_0 \equiv a_i \pmod{m_i}$ für jedes $i \in \{1, 2, \ldots, n\}$.

(4.14) Folgerung: *Es sei $n \in \mathbb{N}$, es seien $m_1, m_2, \ldots, m_n \in \mathbb{N}$ paarweise teilerfremd, und es seien $a_1, a_2, \ldots, a_n \in \mathbb{Z}$; es sei $m := m_1 m_2 \cdots m_n$. Es gibt ein eindeutig bestimmtes $x_0 \in \{0, 1, \ldots, m - 1\}$ mit $x_0 \equiv a_i \pmod{m_i}$ für jedes $i \in \{1, 2, \ldots, n\}$, und damit gilt*

$$\bigl\{ x \in \mathbb{Z} \mid x \equiv a_i \,(\bmod\ m_i) \text{ für } i = 1, 2, \ldots, n \bigr\} = \bigl\{ x \in \mathbb{Z} \mid x \equiv x_0 \,(\bmod\ m) \bigr\}.$$

(4.15) Bemerkung: (1) Der vielleicht ein wenig seltsam erscheinende Name des in (4.13) bewiesenen Satzes rührt daher, daß in einem chinesischen Rechenbuch, dem Mathematischen Handbuch des Meisters Sūn, das wohl in den Jahren zwischen 280 und 473 entstanden ist, ein erstes Beispiel dazu vorkommt. (2) Es sei $n \in \mathbb{N}$, und es seien $a_1, a_2, \ldots, a_n \in \mathbb{Z}$ und $m_1, m_2, \ldots, m_n \in \mathbb{N}$. Der Beweis in (4.13) liefert den folgenden Algorithmus CRS, der entscheidet, ob es eine ganze Zahl x mit $x \equiv a_i \pmod{m_i}$ für jedes $i \in \{1, 2, \ldots, n\}$ gibt, und der im Fall der Existenz das kleinste nichtnegative solche x berechnet:

(CRS1) Man setzt $M_1 := m_1$, $y_1 := a_1 \bmod M_1$ und $k := 1$.

(CRS2) Ist $k = n$, so gibt man y_k aus und bricht ab.

(CRS3) Man setzt $d_k := \mathrm{ggT}(M_k, m_{k+1})$. Ist $y_k - a_{k+1}$ durch d_k teilbar, so bestimmt man mit Hilfe des im Beweis von (4.11) angegebenen Verfahrens, also letztlich mit Hilfe des erweiterten Euklidischen Algorithmus, eine ganze Zahl y mit $y \equiv y_k \pmod{M_k}$ und mit $y \equiv a_{k+1} \pmod{m_{k+1}}$. Dann setzt man

$$M_{k+1} := \mathrm{kgV}(M_k, m_{k+1}), \quad y_{k+1} := y \bmod M_{k+1} \quad \text{und} \quad k := k + 1$$

und geht zu (CRS2).

(CRS4) Ist $y_k - a_{k+1}$ nicht durch d_k teilbar, so gibt man die Meldung FAIL aus und bricht ab. (In diesem Fall gibt es nach (4.11) kein $y \in \mathbb{Z}$, für das $y \equiv y_k \pmod{M_k}$ und $y \equiv a_{k+1} \pmod{m_{k+1}}$ gilt, und somit gibt es auch kein $x \in \mathbb{Z}$ mit $x \equiv a_i \pmod{m_i}$ für jedes $i \in \{1, 2, \ldots, n\}$).

(3) MuPAD: Die MuPAD-Funktion `numlib::ichrem` verwendet den Algorithmus CRS aus (2). Ist $n \in \mathbb{N}$ und sind $a := [a_1, a_2, \ldots, a_n]$ eine Liste von ganzen und $m := [m_1, m_2, \ldots, m_n]$ eine Liste von natürlichen Zahlen, so liefert die Anweisung `numlib::ichrem(a,m)` die ganze Zahl x_0 mit $x_0 \equiv a_i \pmod{m_i}$ für jedes $i \in \{1, 2, \ldots, n\}$ und mit $0 \leq x_0 \leq \mathrm{kgV}(m_1, m_2, \cdots, m_n) - 1$, falls eine solche Zahl x_0 existiert, und andernfalls die Ausgabe `FAIL`.

(4.16) Definition: Die Funktion

$$\varphi : \mathbb{N} \to \mathbb{N} \quad \text{mit} \quad \varphi(m) := \#(E(\mathbb{Z}/m\mathbb{Z})) \quad \text{für jedes } m \in \mathbb{Z}$$

heißt die Euler-Funktion (nach L. Euler, 1707 – 1783).

(4.17) Satz: (1) *Es seien $m_1, m_2, \ldots, m_n \in \mathbb{N}$ paarweise teilerfremd. Dann gilt*

$$\varphi(m_1 m_2 \cdots m_n) = \varphi(m_1) \varphi(m_2) \cdots \varphi(m_n).$$

(2) *Es sei p eine Primzahl, und es sei $\alpha \in \mathbb{N}$. Dann gilt*

$$\varphi(p^\alpha) = p^\alpha - p^{\alpha-1} = p^{\alpha-1}(p-1).$$

(3) *Es sei m eine natürliche Zahl mit der Primzerlegung $m = p_1^{\alpha_1} p_2^{\alpha_2} \cdots p_r^{\alpha_r}$. Dann gilt*

$$\varphi(m) = \prod_{i=1}^{r} \varphi(p_i^{\alpha_i}) = \prod_{i=1}^{r} p_i^{\alpha_i-1}(p_i - 1) = m \cdot \prod_{i=1}^{r} \left(1 - \frac{1}{p_i}\right).$$

Beweis: (1) Es sei $m := m_1 m_2 \cdots m_n$. Man sieht, daß

$$\begin{cases} \Phi : E(\mathbb{Z}/m\mathbb{Z}) \to E(\mathbb{Z}/m_1\mathbb{Z}) \times E(\mathbb{Z}/m_2\mathbb{Z}) \times \cdots \times E(\mathbb{Z}/m_n\mathbb{Z}) \quad \text{mit} \\ \Phi([a]_m) := ([a]_{m_1}, [a]_{m_2}, \ldots, [a]_{m_n}) \quad \text{für jedes } a \in \mathbb{Z} \text{ mit } \mathrm{ggT}(a, m) = 1 \end{cases}$$

eine wohldefinierte Abbildung ist. Diese Abbildung Φ ist bijektiv.

Beweis: (a) Es sei $\alpha \in E(\mathbb{Z}/m_1\mathbb{Z}) \times E(\mathbb{Z}/m_2\mathbb{Z}) \times \cdots \times E(\mathbb{Z}/m_n\mathbb{Z})$. Es existieren $a_1, a_2, \ldots, a_n \in \mathbb{Z}$ mit

$$\mathrm{ggT}(a_1, m_1) = \mathrm{ggT}(a_2, m_2) = \cdots = \mathrm{ggT}(a_n, m_n) = 1$$

und mit

$$\alpha = ([a_1]_{m_1}, [a_2]_{m_2}, \ldots, [a_n]_{m_n}).$$

Da $m_1, m_2, \ldots, m_n$ paarweise teilerfremd sind, liefert der Chinesische Restsatz (vgl. (4.14)) eine ganze Zahl a mit: Für jedes $i \in \{1, 2, \ldots, n\}$ gilt $a \equiv a_i \pmod{m_i}$, also $[a]_{m_i} = [a_i]_{m_i}$. Für jedes $i \in \{1, 2, \ldots, n\}$ gilt $\mathrm{ggT}(a, m_i) = \mathrm{ggT}(a_i, m_i) = 1$ (vgl. (1.12)), und daher ist $\mathrm{ggT}(a, m) = 1$ (vgl. (1.14)(2)), also ist $[a]_m \in E(\mathbb{Z}/m\mathbb{Z})$. Es gilt

$$\Phi([a]_m) = ([a]_{m_1}, [a]_{m_2}, \ldots, [a]_{m_n}) = ([a_1]_{m_1}, [a_2]_{m_2}, \ldots, [a_n]_{m_n}) = \alpha.$$

(b) Nach (a) ist Φ surjektiv. Daß Φ injektiv ist, folgt aus der Einzigkeitsaussage in (4.14).

(2) Für $a \in \mathcal{M} := \{0, 1, \ldots, p^\alpha - 1\}$ gilt $[a]_{p^\alpha} \in E(\mathbb{Z}/p^\alpha\mathbb{Z})$, genau wenn $\mathrm{ggT}(a, p^\alpha) = 1$ ist, also genau wenn a nicht durch p teilbar ist, also genau wenn $a \notin \mathcal{M}_0 := \{kp \mid 0 \le k \le p^{\alpha-1} - 1\}$ ist. Also ist

$$\varphi(p^\alpha) = \#(E(\mathbb{Z}/p^\alpha\mathbb{Z})) = \#(\mathcal{M}) - \#(\mathcal{M}_0) = p^\alpha - p^{\alpha-1}.$$

(3) folgt aus (1) und (2).

(4.18) MuPAD: Für eine natürliche Zahl m liefert `phi(m)` den Wert $\varphi(m)$ der Euler-Funktion. `phi` verwendet `ifactor`.

(4.19) Bemerkung: Es sei $m \in \mathbb{N}$. Dann ist

$$E(\mathbb{Z}/m\mathbb{Z}) = \{[a]_m \mid a \in \mathbb{Z};\ \mathrm{ggT}(a, m) = 1\} =$$
$$= \{[a]_m \mid a \in \{0, 1, \ldots, m-1\};\ \mathrm{ggT}(a, m) = 1\}$$

die Gruppe der Einheiten des Restklassenrings $\mathbb{Z}/m\mathbb{Z}$. Für jede ganze Zahl a mit $\mathrm{ggT}(a, m) = 1$ bedeutet $\mathrm{ord}([a]_m)$ die Ordnung des Elements $[a]_m$ in der Gruppe $E(\mathbb{Z}/m\mathbb{Z})$, d.h. es gilt

$$\mathrm{ord}([a]_m) = \#(\langle [a]_m \rangle) = \#(\{[a]_m^j \mid j \in \mathbb{Z}\}) =$$
$$= \min(\{i \in \mathbb{N} \mid [a]_m^i = [1]_m\}) = \min(\{i \in \mathbb{N} \mid a^i \equiv 1 \pmod{m}\}).$$

(4.20) Satz (L. Euler 1760): *Es sei $m \in \mathbb{N}$, und es sei a eine ganze Zahl mit $\mathrm{ggT}(a, m) = 1$. Es ist $a^{\varphi(m)} \equiv 1 \pmod{m}$, und $\mathrm{ord}([a]_m)$ ist ein Teiler von $\varphi(m)$, und zwar ist*

$$\mathrm{ord}([a]_m) = \min(\{d \in \mathbb{N} \mid d \text{ teilt } \varphi(m);\ a^d \equiv 1 \pmod{m}\}).$$

Beweis: Es ist $[a]_m \in E(\mathbb{Z}/m\mathbb{Z})$. $\mathrm{ord}([a]_m)$ teilt $\#(E(\mathbb{Z}/m\mathbb{Z})) = \varphi(m)$, und es gilt $[a]_m^{\varphi(m)} = [1]_m$, also $a^{\varphi(m)} \equiv 1 \pmod{m}$ (vgl. (3.6)(2)). Aus (3.6)(2) folgt auch, daß $\mathrm{ord}([a]_m)$ der kleinste Teiler $d \in \mathbb{N}$ von $\varphi(m)$ mit $a^d \equiv 1 \pmod{m}$ ist.

(4.21) Folgerung (P. de Fermat 1640): *Es sei p eine Primzahl.*
(1) *Für jedes $a \in \mathbb{Z}$ mit $p \nmid a$ gilt $a^{p-1} \equiv 1 \pmod{p}$ und $\mathrm{ord}([\,a\,]_p)\,|\,p - 1$.*
(2) *Für jedes $a \in \mathbb{Z}$ gilt $a^p \equiv a \pmod{p}$.*

Beweis: Es sei $a \in \mathbb{Z}$. Gilt $p \mid a$, so gilt $a^p \equiv 0 \equiv a \pmod{p}$; nach (4.20) und wegen $\varphi(p) = p - 1$ gilt andernfalls $\mathrm{ord}([\,a\,]_p)\,|\,p - 1$ und $a^{p-1} \equiv 1 \pmod{p}$, also $a^p \equiv a \pmod{p}$.

(4.22) Bemerkung: Aus dem Satz von Fermat ergibt sich ein "Nichtprimzahl-Test": Eine natürliche Zahl m, zu der es ein $a \in \mathbb{Z}$ mit $\mathrm{ggT}(a, m) = 1$ und mit $a^{m-1} \not\equiv 1 \pmod{m}$ gibt, ist keine Primzahl. Hiermit ergibt sich zum Beispiel für die sechste Fermat-Zahl

$$m \ := \ F(6) \ = \ 2^{64} + 1 \ = \ 18446\,74407\,37095\,51617 :$$

Wegen $3^{m-1} \equiv 8752\,24953\,54656\,29170 \not\equiv 1 \pmod{m}$ ist m keine Primzahl. Man beachte, daß man damit festgestellt hat, daß m keine Primzahl ist, ohne einen nichttrivialen Teiler von m gefunden zu haben.

Aber auf diese Weise ergibt sich kein praktikables Verfahren, Primzahlen und Nichtprimzahlen zu unterscheiden. Es gibt nämlich Nichtprimzahlen $m \in \mathbb{N}$ mit $m > 2$ und mit $a^{m-1} \equiv 1 \pmod{m}$ für jedes $a \in \mathbb{Z}$ mit $\mathrm{ggT}(a, m) = 1$. Dies sind die sogenannten Carmichael-Zahlen (nach R. D. Carmichael, 1879 – 1967). Es gibt unendlich viele solche Zahlen, was 1992 von W. R. Alford, A. Granville und C. Pomerance bewiesen wurde (vgl. [1] und den Überblicksartikel [45] von Granville). Die drei kleinsten Carmichael-Zahlen sind 561, 1105 und 1729, und es gibt genau 105 212 Carmichael-Zahlen, die kleiner als 10^{15} sind (vgl. dazu Pinch [79]). Von einigen Eigenschaften der Carmichael-Zahlen handelt Aufgabe 7 in (5.26).

(4.23) Bemerkung: (1) Es sei $m \in \mathbb{N}$, und es sei $a \in \mathbb{Z}$. Für die Ordnung $\mathrm{ord}([\,a\,]_m)$ der Restklasse $[\,a\,]_m$ in der Gruppe $E(\mathbb{Z}/m\mathbb{Z})$ gilt nach (4.19)

$$\mathrm{ord}([\,a\,]_m) \ = \ \min(\{i \in \mathbb{N} \mid a^i \equiv 1 \pmod{m}\})$$

und nach (4.20)

$$\mathrm{ord}([\,a\,]_m) \ = \ \min(\{d \in \mathbb{N} \mid d \text{ teilt } \varphi(m);\ a^d \equiv 1 \pmod{m}\}).$$

Die MuPAD-Funktion `numlib::order` benutzt das zweite Ergebnis; sie verwendet dabei die Funktionen `phi` und `ifactor` aus dem MuPAD-Kern: Zuerst berechnet sie $\varphi(m)$, dann mit Hilfe der Funktion `numlib::divisors` (und damit letztlich mit Hilfe von `ifactor`) die Liste der nach der Größe geordneten Teiler $d \in \mathbb{N}$ von $\varphi(m)$ und sucht schließlich unter ihnen den kleinsten, für den $a^d \equiv 1 \pmod{m}$ gilt.

(2) Es sei p eine Primzahl, und es sei $a \in \mathbb{Z}$ nicht durch p teilbar. Für die Ordnung $\operatorname{ord}([a]_p)$ der Restklasse $[a]_p$ in der Multiplikativgruppe $\mathbb{F}_p^\times$ des Körpers $\mathbb{F}_p = \mathbb{Z}/p\mathbb{Z}$ gilt .

$$\operatorname{ord}([a]_p) = \min(\{i \in \mathbb{N} \mid a^i \equiv 1 \ (\operatorname{mod} p)\}) =$$
$$= \min(\{d \in \mathbb{N} \mid d \text{ teilt } p-1; \ a^d \equiv 1 \ (\operatorname{mod} p)\}).$$

(4.24) MuPAD: (1) Es sei $m \in \mathbb{N}$, und es seien $a \in \mathbb{Z}$ und $n \in \mathbb{N}_0$. Im Restklassenring $\mathbb{Z}/m\mathbb{Z}$ gilt $[a]_m^n = [a^n]_m = [(a^n) \bmod m]_m$, und daher kann man zur Berechnung von $[a]_m^n$ die Anweisung `modp(a^n,m)` verwenden. Dies ist aber nicht zu empfehlen, denn wenn $|a|$ und n nicht vergleichsweise klein sind, so hat MuPAD mit langen ganzen Zahlen zu rechnen, was viel Zeit kostet. Das kann man vermeiden, wenn man zur Berechnung von $(a^n) \bmod m$ die Anweisungssequenz

```
x := 1; for i from 1 to n do x := modp(a * x,m) end_for;
```

verwendet. Dieses Verfahren ist aber recht aufwendig: Es benötigt n Multiplikationen und n Reduktionen modulo m. Es gibt eine wesentlich bessere Methode zur Berechnung von $(a^n) \bmod m$.

(2) Die folgende Funktion `quickpot` berechnet zu $a \in \mathbb{Z}$, $n \in \mathbb{N}_0$ und $m \in \mathbb{N}$ die Zahl $(a^n) \bmod m$:

```
quickpot := proc(a,n,m)
begin
  if n = 0 then
    1
  elif n = 1 then
    modp(a,m)
  elif modp(n,2) = 0 then
    modp((quickpot(a,n/2,m)^2),m)
  else
    modp(a * (quickpot(a,(n-1)/2,m)^2),m)
  end_if
end_proc:
```

Eine solche rekursiv erklärte Funktion benötigt zur Laufzeit zu viel Arbeitsspeicher. Daher ist in MuPAD die Rekursionstiefe in der Standardeinstellung auf 500 beschränkt, d.h. eine Funktion wie `quickpot` kann sich nur höchstens 499-mal selbst aufrufen. (Man informiere sich in einer MuPAD-Sitzung über die Environment-Variable `MAXDEPTH`).

Der rekursiven Version von `quickpot` ist die folgende iterative Version vorzuziehen. Daß sie das Gewünschte leistet, zeigen die Kommentare.

```
quickpot := proc(a,n,m)
  local x, y, d;
begin
  if testargs() then
    if args(0) <> 3 then
      error("quickpot requires three arguments")
    elif domtype(a) <> DOM_INT then
      error("the 1st argument must be an integer")
    elif domtype(n) <> DOM_INT then
      error("the 2nd argument must be a nonnegative integer")
    elif n < 0 then
      error("the 2nd argument must be a nonnegative integer")
    elif domtype(m) <> DOM_INT then
      error("the 3rd argument must be a nonzero integer")
    elif m = 0 then
      error("the 3rd argument must be a nonzero integer")
    end_if
  end_if;
  x := 1;
  if n > 0 then
    y := modp(a,m); d := n;
    while d > 1 do
        # jetzt ist (x * y^d) mod m = a^n mod m #
      if modp(d,2) = 1 then
        x := modp(x * y,m)
      end_if;
      y := modp(y^2,m); d := d div 2
        # auch jetzt ist (x * y^d) mod m = a^n mod m #
    end_while;
        # jetzt gilt (x * y^d) mod m = a^n mod m und #
        # d = 1, also gilt (x * y) mod m = a^n mod m #
    x := modp(x * y,m)
  end_if;
  x
end_proc:
```

Diese zweite Version von `quickpot` benötigt zu einer ganzen Zahl a und natürlichen Zahlen n und m für die Berechnung von $a^n \bmod m$ höchstens $2\lfloor \log_2 n \rfloor + 1$ Multiplikationen und höchstens $2\lfloor \log_2 n \rfloor + 2$ Reduktionen modulo m, ihr Aufwand ist also, bei festen a und m, höchstens proportional zu $\log n$ (man vgl. dazu Aufgabe 3 in (4.30)).

Die MuPAD-Funktion `powermod` ist im wesentlichen diese zweite Version von `quickpot`. Sind $a \in \mathbb{Z}$, $n \in \mathbb{N}_0$ und $m \in \mathbb{N}$, so liefert die Anweisung `powermod(a,n,m)` die Zahl $(a^n) \bmod m$, falls `_mod` den Wert `modp` hat. Der folgende Ausschnitt aus dem Protokoll einer MuPAD-Sitzung zeigt, wie der Wert von `_mod` die Ausgabe von `powermod` steuert:

```
>> a := 333; n := 222; m := 1234;
                               333
                               222
                              1234
>> modp(a^n,m), mods(a^n,m);
                          1015,-219
>> powermod(a,n,m);
                              1015
>> _mod := mods;
                              mods
>> powermod(a,n,m);
                              -219
>> _mod := modp;
                              modp
>> powermod(a,n,m);
                              1015
```

Will man erzwingen, daß das Ergebnis eines Aufrufs von `powermod` innerhalb einer MuPAD-Funktion nicht davon abhängt, welchen Wert `_mod` zur Laufzeit besitzt, so wird man statt einer Anweisung `powermod(a,n,m)` die Anweisung `modp(powermod(a,n,m),m)` oder die Anweisung `mods(powermod(a,n,m),m)` verwenden, je nachdem welche innerhalb der Funktion das gewünschte Ergebnis liefert.

(4.25) Bemerkung: Der folgende Satz ist eine Art Umkehrung des Satzes von Fermat in (4.21); er zeigt, daß man bereits mit den doch recht elementaren Methoden, die in diesem Paragraphen zu Verfügung gestellt werden, manche vergleichsweise große natürliche Zahlen als Primzahlen identifizieren kann. Wenn man ihn in konkreten Fällen anwendet, so sieht man, wie wichtig eine schnelle Funktion `powermod` ist.

(4.26) Satz: *Es sei $m > 1$ eine ungerade natürliche Zahl, für die gilt: Zu jedem Primteiler q von $m - 1$ gibt es ein $a_q \in \mathbb{Z}$ mit*

$$a_q^{(m-1)/q} \not\equiv 1 \pmod{m} \quad und \quad a_q^{m-1} \equiv 1 \pmod{m}.$$

Dann ist m eine Primzahl.

Beweis: (a) Es sei q ein Primteiler von $m-1$, und es seien $\alpha := v_q(m-1)$ und $c := (m-1)/q^\alpha$. Wegen $a_q^{m-1} \equiv 1 \pmod{m}$ sind a_q und m teilerfremd, und $d := \mathrm{ord}([\,a_q\,]_m)$ teilt $m-1 = q^\alpha c$. Wegen $a_q^{(m-1)/q} \not\equiv 1 \pmod{m}$ ist d nicht Teiler von $(m-1)/q = q^{\alpha-1}c$. Also ist $d = q^\alpha c'$ mit einem Teiler $c' \in \mathbb{N}$ von c. Weil d nach dem Satz von Euler (vgl. (4.20)) ein Teiler von $\varphi(m)$ ist, folgt: q^α ist ein Teiler von $\varphi(m)$.

(b) Aus (a) folgt, daß $\varphi(m)$ durch $m-1$ teilbar ist. Wegen $\varphi(m) \leq m-1$ gilt daher $\varphi(m) = m-1$, und somit ist im Ring $\mathbb{Z}/m\mathbb{Z}$ jedes vom Nullelement verschiedene Element eine Einheit. Also ist $\mathbb{Z}/m\mathbb{Z}$ ein Körper, und daher ist m eine Primzahl.

(4.27) Bemerkung: Die Anwendung des Satzes in (4.26) auf eine ungerade natürliche Zahl $m > 1$ setzt die Kenntnis der Primzerlegung von $m-1$ voraus. Daher ist dieser Satz nur für spezielle m anwendbar, etwa auf die in Abschnitt (2.22) definierten Fermat-Zahlen. Man kann den Satz verbessern: In (4.30), Aufgabe 6, ist eine Version angegeben, in der nicht die Kenntnis der vollen Primzerlegung von $m-1$ vorausgesetzt wird.

(4.28) Beispiel: Es sei

$$m := 3^{31} - 2^{31} = 61767\,12488\,00299.$$

Die Primzerlegung von $m-1$ ist

$$m - 1 = 2 \cdot 3 \cdot 7^2 \cdot 11 \cdot 31 \cdot 53 \cdot 3203 \cdot 36293,$$

und für jeden Primteiler $q \neq 3$ von $m-1$ gilt $2^{(m-1)/q} \not\equiv 1 \pmod{m}$. Es gilt $2^{(m-1)/3} \equiv 1 \pmod{m}$, $3^{(m-1)/3} \equiv 1 \pmod{m}$, $5^{(m-1)/3} \equiv 1 \pmod{m}$, $7^{(m-1)/3} \equiv 1 \pmod{m}$, $11^{(m-1)/3} \equiv 59650\,38382\,01234 \not\equiv 1 \pmod{m}$ und $2^{m-1} \equiv 1 \pmod{m}$ und $11^{m-1} \equiv 1 \pmod{m}$. Also ist m eine Primzahl.

(4.29) Bemerkung: In (4.22) wurde gezeigt, wie man in manchen Fällen einfach und schnell zeigen kann, daß eine natürliche Zahl keine Primzahl ist. Ähnlich einfach und schnell kann man bisweilen zu einer natürlichen Zahl einen nichttrivialen Teiler finden. Es sei dazu $m \in \mathbb{N}$ keine Primzahl. Man wählt eine Zahl $a \in \mathbb{N}$ und berechnet den größten gemeinsamen Teiler d von $(a^m \bmod m) - a$ und m (in MuPAD mit Hilfe der Funktionen `powermod` und `igcd`). Ist $1 < d < m$, so hat man einen nichttrivialen Teiler von m gefunden, andernfalls kann man mit neuen a das Spiel einige Male wiederholen. Natürlich wird das Verfahren in vielen Fällen nicht zum Erfolg führen; bei Eingabe einer Carmichael-Zahl m etwa wird der größte gemeinsame Teiler d für jedes a gleich m sein. Aber bisweilen funktioniert dieser Versuch, eine natürliche Zahl zu faktorisieren, überraschend gut: Man kann etwa die Primzerlegung der beiden Zahlen n und N aus (7.6) auf die hier geschilderte Weise finden.

(4.30) Aufgaben:

Aufgabe 1: (a) Man schreibe MuPAD-Funktionen, die zu einer natürlichen Zahl m die Verknüpfungstafeln des Rings $\mathbb{Z}/m\mathbb{Z}$ berechnet.
(b) Man schreibe eine MuPAD-Funktion, die zu einer natürlichen Zahl die Gruppe $E(\mathbb{Z}/m\mathbb{Z})$ und ihre Verknüpfungstafel berechnet.

Aufgabe 2: (a) Man zeige, daß es in einer endlichen Gruppe gerader Ordnung ein Element der Ordnung zwei gibt.
(b) Man folgere aus (a), daß jede Carmichael-Zahl ungerade ist.
(c) Man schreibe eine MuPAD-Funktion, die zu zwei natürlichen Zahlen m und n mit $m < n$ alle Carmichael-Zahlen zwischen m und n berechnet. Man ermittle die Primzerlegung jeder so berechneten Carmichael-Zahl. Was kann man ablesen? Man vergleiche dazu die Aufgabe 7 in (5.26).

Aufgabe 3: Es sei $n \in \mathbb{N}$. Es gibt ein eindeutig bestimmtes $p(n) \in \mathbb{N}_0$ und eindeutig bestimmte $a_0, a_1, \ldots, a_{p(n)} \in \{0,1\}$ mit $a_{p(n)} = 1$ und mit

$$n = a_0 + a_1 \cdot 2 + a_2 \cdot 2^2 + \cdots + a_{p(n)} \cdot 2^{p(n)}$$

(vgl. (1.32), Aufgabe 4). Es seien $a \in \mathbb{Z}$ und $m \in \mathbb{Z} \smallsetminus \{0\}$. Man zeige, daß die in (4.24)(2) definierten Funktionen `quickpot` wirklich beide die Zahl $a^n \bmod m$ berechnen. Man zeige, daß mit $q(n) := a_0 + a_1 + \cdots + a_{p(n)}$ gilt: Die iterative Version von `quickpot` benötigt zur Berechnung von $a^n \bmod m$ $p(n) + q(n)$ Multiplikationen und $p(n) + q(n) + 1$ Reduktionen modulo m, und es gilt

$$p(n) + q(n) \leq 2p(n) + 1 = 2\lfloor \log_2 n \rfloor + 1.$$

Man schreibe eine Variante der iterativen Version von `quickpot`, die auf Wunsch auch die Anzahl der durchgeführten Multiplikationen ausgibt; dabei verwende man `userinfo`.

Aufgabe 4: Die MuPAD-Funktion `numlib::order` verwendet `ifactor`. Man überlege sich, wie man für eine natürliche Zahl m Ordnungen in der Gruppe $E(\mathbb{Z}/m\mathbb{Z})$ ohne Verwendung von `ifactor` berechnen kann. Man schreibe dazu MuPAD-Funktionen und vergleiche sie untereinander und mit `numlib::order`.

Aufgabe 5: Es sei $(F_n)_{n\geq 0}$ die Folge der Fibonacci-Zahlen (vgl. (1.21)).
(a) Man beweise: Im Ring $M(2;\mathbb{Z})$ der (2,2)-Matrizen über $\mathbb{Z}$ gilt für jedes $n \in \mathbb{N}$: Es ist

$$\begin{pmatrix} 1 & 1 \\ 1 & 0 \end{pmatrix}^n = \begin{pmatrix} F_{n+1} & F_n \\ F_n & F_{n-1} \end{pmatrix}.$$

(b) Man folgere aus (a): Für jedes $n \in \mathbb{N}$ gilt

$$F_{2n} = F_n \cdot (F_n + 2F_{n-1}) \quad \text{und} \quad F_{2n+1} = F_{n+1}^2 + F_n^2.$$

(c) Die Ergebnisse in (a) und in (b) erlauben es, Fibonacci-Zahlen sehr schnell zu berechnen, indem man im wesentlichen so vorgeht, wie man auf intelligente Weise Potenzen in einem Ring berechnet (vgl. (4.24)). Man schreibe MuPAD-Funktionen, die auf diese Weise Fibonacci-Zahlen berechnen, und zwar eine rekursive Version und eine iterative Version (wie von `quickpot` in (4.24)).

Aufgabe 6: Es sei $m > 1$ eine ungerade natürliche Zahl, es gelte $m - 1 = n_0 \cdot n$ mit teilerfremden natürlichen Zahlen n_0 und n, für die $n_0 < n$ gilt, und es sei $n = q_1^{\alpha_1} q_2^{\alpha_2} \cdots q_r^{\alpha_r}$ die Primzerlegung von n; es gelte: Es gibt ein $a \in \mathbb{Z}$ mit $a^{m-1} \equiv 1 \pmod{m}$ und mit

$$\mathrm{ggT}(a^{(m-1)/q_i} - 1, m) = 1 \quad \text{für jedes } i \in \{1, 2, \ldots, r\}.$$

Man beweise, daß m eine Primzahl ist. (Man zeige dazu zuerst ähnlich wie im Beweis in (4.26), daß für den kleinsten Primteiler p von m gilt: Für jedes $i \in \{1, 2, \ldots, r\}$ ist $q_i^{\alpha_i}$ ein Teiler von $\varphi(p) = p - 1$, und daher ist $p > \sqrt{m}$).

Aufgabe 7: Man beweise den folgenden Satz von E. Proth aus [85]: Es sei $m > 1$ eine ungerade natürliche Zahl, es gelte $m - 1 = 2^\alpha m_0$ mit einer ungeraden natürlichen Zahl $m_0 < 2^\alpha$, und es gelte: Es gibt ein $a \in \mathbb{Z}$ mit

$$a^{(m-1)/2} \equiv -1 \pmod{m}.$$

Dann ist m eine Primzahl.

Aufgabe 8: Man beweise den folgenden Satz von H. C. Pocklington aus [81]: Es sei $m > 1$ eine ungerade natürliche Zahl, es sei q ein Primteiler von $m - 1$, es sei $\alpha := v_q(m - 1)$, und es gelte: Es gibt ein $a \in \mathbb{Z}$ mit

$$a^{m-1} \equiv 1 \pmod{m} \quad \text{und} \quad \mathrm{ggT}\big(a^{(m-1)/q} - 1, m\big) = 1.$$

Dann gilt für jeden Primteiler p von m: Es ist

$$p \equiv 1 \pmod{q^\alpha}.$$

Aufgabe 9: Man schreibe eine MuPAD-Funktion, die nach dem in (4.29) beschriebenen "Verfahren" versucht, zu einer Nichtprimzahl $m > 1$ einen Teiler $d \in \mathbb{N}$ mit $1 < d < m$ zu finden. Man experimentiere damit, etwa was die Wahl der Zahlen a (vgl. (4.29)) oder was die Anzahl der durchzuführenden Iterationen betrifft. Man versuche, mit dieser Funktion einige Mersenne-Zahlen zu faktorisieren. Man berechne damit die Primzerlegungen der in (7.6) angegebenen Zahlen n und N.

(4.31) MuPAD: Die Restklassenringe von $\mathbb{Z}$ bieten eine gute Gelegenheit zu zeigen, daß man in MuPAD nicht nur einzelne mathematische Objekte wie Zahlen oder Funktionen, sondern auch ganze mathematische Strukturen erklären kann. Ist m eine natürliche Zahl, so definiert der Aufruf

$$R \ := \ \texttt{Dom::IntegerMod(m)}$$

den Restklassenring $\mathbb{Z}/m\mathbb{Z}$ und gibt ihm dem Namen R. Für eine ganze Zahl a wird dann das Element $[\,a\,]_m$ von $\mathbb{Z}/m\mathbb{Z}$ durch $\texttt{R(a)}$ oder ausführlich durch $\texttt{Dom::IntegerMod(m)(a)}$ definiert. Im folgenden wird am konkreten Fall des Restklassenrings $\mathbb{Z}/42\mathbb{Z}$ gezeigt, wie man darin Elemente erklärt und mit ihnen rechnet. Der Leser sollte eine MuPAD-Sitzung wie die in den nächsten Zeilen protokollierte wirklich am Rechner durchführen.

```
>> R := Dom::IntegerMod(42);
                         Dom::IntegerMod(42)
>> x := R(17); y := R(31); z := R(22);
                              17 mod 42
                              31 mod 42
                              22 mod 42
```

Das Element $x := [\,17\,]_{42} \in \mathbb{Z}/42\mathbb{Z}$, das durch den Aufruf $\texttt{x := R(17)}$ definiert wird, wird also in der Form $\texttt{17 mod 42}$ ausgegeben; man kann es aber nicht durch den Aufruf $\texttt{x := 17 mod 42}$ definieren. Hier ist $\textbf{mod}$ also nicht der Operator $\textbf{mod}$ aus (1.5); daran muß man sich vielleicht ein wenig gewöhnen.

```
>> w := 17 mod 42;
                                 17
>> bool(x = w);
                               FALSE
>> domtype(x); domtype(w);
                         Dom::IntegerMod(42)
                         DOM_INT
```

Mit den Elementen von $\mathbb{Z}/42\mathbb{Z}$ kann man in MuPAD in gewohnter Weise rechnen:

```
>> x + y + z;
                              28 mod 42
>> x - y*z;
                               7 mod 42
>> x^1001;
                               5 mod 42
>> y/x;
                              29 mod 42
>> 1/z;
                                FAIL
```

Die Ausgabe von FAIL bedeutet hier, daß $[22]_{42}$ keine Einheit im Ring $\mathbb{Z}/42\mathbb{Z}$ ist.

Man kann sich in $\mathbb{Z}/42\mathbb{Z}$ die Aussagen einiger Sätze aus diesem Paragraphen illustrieren lassen:

```
>> Liste := [$ 0..41];
   [0, 1, 2, 3, 4, 5, 6, 7, 8, 9,10,11,12,13,14,
           15,16,17,18,19,20,21,22,23,24,25,26,27,28,
                       29,30,31,32,33,34,35,36,37,38,39,40,41]
>> f := func(bool(igcd(x,42) = 1),x);
               func(bool(igcd(x, 42) = 1), x)
                       # eine Funktion -- siehe das MuPAD-Manual #
>> L := select(Liste,f);
             [1,5,11,13,17,19,23,25,29,31,37,41]
>> Einheitengruppe := map(L,R);
   [1 mod 42, 5 mod 42,11 mod 42,13 mod 42,17 mod 42,
           19 mod 42,23 mod 42,25 mod 42,29 mod 42,
                       31 mod 42,37 mod 42,41 mod 42]
>> n := nops(Einheitengruppe);
                       # die Ordnung der Einheitengruppe von R #
                       12
>> bool(n = phi(42));
                             TRUE
>> {Einheitengruppe[i]^n $ hold(i) = 1..n};
                                    # der Satz von Euler #
                   {1 mod 42}
>> ordnungen := map(L,numlib::order,42);
             [1,6,6,2,6,6,6,3,2,6,3,2]
>> lambda := max(op(ordnungen));
                   # der Exponent der Einheitengruppe von R #
                   6
>> {Einheitengruppe[i]^lambda $ hold(i) = 1..n};
                             # vergleiche (3.13) #
                   {1 mod 42}
```

Auch die Ausgabe der Elemente eines Restklassenrings von $\mathbb{Z}$ wird übrigens von dem Wert des Operators mod gesteuert. Eine Fortsetzung der oben protokollierten MuPAD-Sitzung könnte so aussehen:

```
>> _mod := mods;
                   mods
```

```
>> L := select(Liste,f);
          [1,5,11,13,17,19,23,25,29,31,37,41]
>> Einheitengruppe := map(L,R);
   [1 mod 42,  5 mod 42, 11 mod 42, 13 mod 42, 17 mod 42,
           19 mod 42,-19 mod 42,-17 mod 42,-13 mod 42,
                    -11 mod 42, -5 mod 42, -1 mod 42]
```

Für die Elementare Zahlentheorie, wie sie in diesem Buch behandelt wird, mag die Fähigkeit von MuPAD, die Restklassenringe von $\mathbb{Z}$ als algebraische Strukturen zu definieren, nicht von wesentlicher Bedeutung sein. MuPAD erlaubt es aber auch, etwa über einem Restklassenkörper $\mathbb{F}$ von $\mathbb{Z}$ den Ring $M(n; \mathbb{F})$ der quadratischen Matrizen einer bestimmten Zeilenzahl n zu erklären, und weiß dann, wie man darin rechnet, und auch, wie man den Rang, die Determinante oder das charakteristische Polynom einer Matrix aus $M(n; \mathbb{F})$ oder die Lösungsmenge eines linearen Gleichungssystems über dem Körper $\mathbb{F}$ berechnet. Darüber informiert die Dokumentation für die MuPAD-Library **linalg**.

5 Primitivwurzeln

(5.1) In diesem Paragraphen werden die natürlichen Zahlen m charakterisiert, für die die Einheitengruppe $E(\mathbb{Z}/m\mathbb{Z})$ des Restklassenrings $\mathbb{Z}/m\mathbb{Z}$ zyklisch ist. Außerdem wird für jedes $m \in \mathbb{N}$ die maximale Elementordnung in der Gruppe $E(\mathbb{Z}/m\mathbb{Z})$ berechnet.

(5.2) Bemerkung: Es sei p eine Primzahl. Der Restklassenring $\mathbb{F}_p = \mathbb{Z}/p\mathbb{Z}$ ist ein Körper mit p Elementen, und seine Multiplikativgruppe

$$\mathbb{F}_p^\times \;=\; E(\mathbb{Z}/p\mathbb{Z}) \;=\; \big\{[1]_p, [2]_p, \ldots, [p-1]_p\big\}$$

ist eine zyklische Gruppe (vgl. (3.14)). Also gibt es ein $g \in \{1, 2, \ldots, p-1\}$ mit $\mathbb{F}_p^\times = \langle [g]_p \rangle$.

(5.3) Definition: Es sei p eine Primzahl. $g \in \mathbb{Z}$ heißt eine Primitivwurzel modulo p, wenn g nicht durch p teilbar ist und $\mathbb{F}_p^\times = \langle [g]_p \rangle$ gilt.

(5.4) Bemerkung: (1) Die Primitivwurzeln modulo 2 sind die ungeraden ganzen Zahlen.
(2) Es sei p eine ungerade Primzahl; es sei $g \in \mathbb{Z}$ mit $p \nmid g$. Die folgenden Aussagen sind äquivalent:
    (a) g ist eine Primitivwurzel modulo p.
    (b) Es ist $\operatorname{ord}([g]_p) = p - 1$.
    (c) Es ist $\min(\{i \in \mathbb{N} \mid g^i \equiv 1 \pmod{p}\}) = p - 1$.
    (d) Für jeden Primteiler q von $p - 1$ gilt $g^{(p-1)/q} \not\equiv 1 \pmod{p}$.

Beweis: Daß (a), (b) und (c) äquivalent sind, ist klar.

(c) $\Rightarrow$ (d): Ist $\min(\{i \in \mathbb{N} \mid g^i \equiv 1 \pmod{p}\}) = p - 1$, so gilt für jeden Primteiler q von $p - 1$: Es ist $g^{(p-1)/q} \not\equiv 1 \pmod{p}$.

(d) $\Rightarrow$ (b): $d := \operatorname{ord}([g]_p)$ teilt $p - 1$ (vgl. (4.21)(1)). Ist $d < p - 1$, so gibt es einen Primteiler q von $(p-1)/d$, und hierfür gilt $q \mid p - 1$ und $d \mid (p-1)/q$, also $[g]_p^{(p-1)/q} = [1]_p$ (vgl. (3.5)(3)), also $g^{(p-1)/q} \equiv 1 \pmod{p}$.

(5.5) Bemerkung: (1) Es sei p eine Primzahl, und es sei $g \in \mathbb{Z}$ eine Primitivwurzel modulo p. Dann ist

$$\mathbb{F}_p^\times = \left\{[1]_p,\, [g]_p,\, [g]_p^2,\, \dots,\, [g]_p^{p-2}\right\}.$$

Für $i \in \{0, 1, \dots, p - 2\}$ gilt $\mathbb{F}_p^\times = \langle [g]_p^i \rangle = \langle [g^i]_p \rangle$ genau dann, wenn i und $p - 1$ teilerfremd sind (vgl. (3.9)(3)). Somit ist

$$\left\{g^i \bmod p \mid i \in \{0, 1, \dots, p - 2\};\ \operatorname{ggT}(i, p - 1) = 1\right\}$$

die Menge aller Primitivwurzeln modulo p in $\{0, 1, \dots, p - 1\}$. Es gibt also in der Menge $\{0, 1, \dots, p - 1\}$ genau $\varphi(p - 1)$ verschiedene Primitivwurzeln modulo p.

(2) Es sei p eine Primzahl, und es sei $g(p)$ die kleinste positive Primitivwurzel modulo p. Ist $p = 2$, so ist $g(p) = 1$; ist $p \geq 3$, so ist $2 \leq g(p) \leq p - \varphi(p - 1)$. Man kann mit vergleichsweise einfachen Mitteln beweisen: Es ist

$$g(p) < 2^{1+\omega(p-1)} \sqrt{p},$$

worin $\omega(p - 1)$ die Anzahl der verschiedenen Primteiler von $p - 1$ ist. Beweise dafür findet man in den Büchern von Hua ([47], Kap. VII, §9) und Narkiewicz ([73], Kap. II, §2). Diese Abschätzung ist, jedenfalls für kleine Primzahlen, recht pessimistisch. Es gilt nämlich, wie man mit viel Geduld mittels MuPAD bestätigen kann: Es ist

$$
\begin{aligned}
\max\big(\{g(p) \mid p \text{ Primzahl};\ p < 5\,000\,000\}\big) &= g(760\,321) = 73, \\
\max\big(\{g(p) \mid p \text{ Primzahl};\ p < 50\,000\,000\}\big) &= g(45\,024\,841) = 111, \\
\max\big(\{g(p) \mid p \text{ Primzahl};\ p < 500\,000\,000\}\big) &= g(324\,013\,369) = 137, \\
\max\big(\{g(p) \mid p \text{ Primzahl};\ p < 5\,000\,000\,000\}\big) &= g(1\,685\,283\,601) = 164.
\end{aligned}
$$

Wesentlich rascher erhält man mittels MuPAD folgendes Ergebnis: Für $29\,341$ der $78\,498$ Primzahlen $p < 1\,000\,000$ ist $g(p) = 2$, für $17\,814$ von ihnen ist $g(p) = 3$, und für $10\,882$ von ihnen ist $g(p) = 5$; nur für weniger als $1.6\,\%$ von ihnen ist $g(p) > 20$.

(3) Auch die Theorie liefert bessere Ergebnisse. So zeigte Y. Wang im Jahr 1959 (vgl. [111]): Für jedes $\varepsilon > 0$ gilt

$$g(p) = O\big(p^{1/4+\varepsilon}\big).$$

Wenn die sogenannte verallgemeinerte Riemannsche Vermutung, die etwas über die Lage der Nullstellen von Funktionen aussagt, die mit der Riemannschen ζ-Funktion verwandt sind, und zu deren Formulierung auf die Bücher [17] von J. Brüdern oder [10] von E. Bach und J. Shallit verwiesen sei, richtig ist, so gilt sogar

$$g(p) \;=\; O\big(\omega(p-1)^6 \cdot (\log p)^2\big),$$

was ebenfalls von Y. Wang gezeigt wurde.

Auf der anderen Seite kann man zeigen: Zu jeder reellen Zahl $M > 0$ gibt es eine Primzahl p mit $g(p) > M$ (vgl. dazu Aufgabe 4 in (11.24)). In Wirklichkeit weiß man wesentlich mehr: Es gibt eine positive reelle Zahl c mit

$$g(p) \;>\; c \cdot \log p \quad \text{für unendlich viele Primzahlen } p.$$

Wenn die verallgemeinerte Riemannsche Vermutung richtig ist, so gilt sogar: Zu jedem reellen $\varepsilon > 0$ gibt es unendlich viele Primzahlen p mit

$$g(p) \;>\; \left(\frac{1}{2} - \varepsilon\right) \cdot \log p.$$

(vgl. dazu Narkiewicz [73], Kap. II, §2).

(5.6) Bemerkung: (1) Man kennt keinen schnellen Algorithmus zur Berechnung von Primitivwurzeln. Die in (5.5)(2) angegebene Beobachtung legt das folgende Verfahren nahe, das zu einer Primzahl p und einer ganzen Zahl a die kleinste Primitivwurzel g modulo p mit $g \geq a$ ermittelt, für $a = 1$ also die kleinste positive Primitivwurzel $g(p)$ modulo p bestimmt. Dieses Verfahren setzt die Kenntnis der Primzerlegung von $p - 1$ voraus.

(PW1) Ist $p = 2$, so setzt man

$$g \;:=\; \begin{cases} a + 1, & \text{falls } a \text{ gerade ist,} \\ a, & \text{falls } a \text{ ungerade ist,} \end{cases}$$

und bricht ab.
(PW2) Man berechnet alle Primteiler von $p - 1$ und setzt $g := a$.
(PW3) Ist g durch p teilbar, so setzt man $g := g + 1$.
(PW4) Ist $g^{(p-1)/q} \not\equiv 1 \pmod{p}$ für jeden Primteiler q von $p-1$, so bricht man ab. (Nach (5.4)(2) ist g dann eine Primitivwurzel modulo p). Findet man aber einen Primteiler q von $p - 1$ mit $g^{(p-1)/q} \equiv 1 \pmod{p}$, so setzt man $g := g + 1$ und geht zu (PW3).

(2) **MuPAD:** Die Funktion `numlib::primroot` berechnet Primitivwurzeln: Ist p eine Primzahl, so liefert `numlib::primroot(p)` die kleinste positive Primitivwurzel modulo p, während `numlib::primroot(a,p)` für $a \in \mathbb{Z}$ die kleinste

Primitivwurzel $g \in \mathbb{Z}$ modulo p mit $g \geq a$ berechnet. `numlib::primroot` verwendet im wesentlichen die in (1) beschriebene Methode (vgl. (5.25)(2)).

(3) Von C. F. Gauß wurde in [37], Artikel 73, eine andere Methode zur Berechnung einer Primitivwurzel modulo einer Primzahl p angegeben. Diese Methode ist in der ersten Aufgabe in (5.26) beschrieben.

(5.7) Es sei p eine ungerade Primzahl, und es sei $g \in \mathbb{Z}$ eine Primitivwurzel modulo p. Dann gilt

$$\mathbb{F}_p^{\times} = \langle [g]_p \rangle = \{ [g]_p^i \mid 0 \leq i \leq p-2 \} \quad \text{und}$$
$$\{1, 2, \ldots, p-1\} = \{ g^i \bmod p \mid 0 \leq i \leq p-2 \}.$$

(1) Es sei $a \in \mathbb{Z}$ nicht durch p teilbar. Es gibt eine eindeutig bestimmte Zahl $\operatorname{ind}(a) \in \{0, 1, \ldots, p-2\}$ mit $[a]_p = [g]_p^{\operatorname{ind}(a)}$, also mit $a \equiv g^{\operatorname{ind}(a)}$ (mod p). Die Zahl $\operatorname{ind}(a)$ heißt der Index oder der diskrete Logarithmus von a zur Primzahl p und zur Primitivwurzel g. Für $b \in \mathbb{Z} \setminus p\mathbb{Z}$ gilt $\operatorname{ind}(b) = \operatorname{ind}(a)$, genau wenn $b \equiv a$ (mod p) gilt.

(2) Kennt man $\operatorname{ind}(a)$ für jedes $a \in \{1, 2, \ldots, p-1\}$, so beherrscht man das Rechnen in der Gruppe $\mathbb{F}_p^{\times}$ vollständig: Für alle $a, b \in \{1, 2, \ldots, p-1\}$ gilt

$$\operatorname{ind}(ab) = \bigl(\operatorname{ind}(a) + \operatorname{ind}(b)\bigr) \bmod (p-1),$$

und für jedes $a \in \{1, 2, \ldots, p-1\}$ gilt (vgl. (3.7)(2))

$$\operatorname{ord}\bigl([a]_p\bigr) = \frac{p-1}{\operatorname{ggT}\bigl(\operatorname{ind}(a), p-1\bigr)}.$$

(3) Will man für jedes $a \in \{1, 2, \ldots, p-1\}$ den Index $\operatorname{ind}(a)$ von a zur Primzahl p und zur Primitivwurzel g ermitteln, so könnte man so vorgehen: Man berechnet für jedes $i \in \{0, 1, \ldots, p-2\}$ die Zahl $a(i) := g^i \bmod p$ und zwar rekursiv: Man setzt $a(0) := 1$ und

$$a(i) := \bigl(g \cdot a(i-1)\bigr) \bmod p \quad \text{für jedes } i \in \{1, 2, \ldots, p-2\}.$$

Die Abbildung

$$i \mapsto a(i) : \{0, 1, \ldots, p-2\} \to \{1, 2, \ldots, p-1\}$$

ist bijektiv, und ihre Umkehrabbildung ist

$$a \mapsto \operatorname{ind}(a) : \{1, 2, \ldots, p-1\} \to \{0, 1, \ldots, p-2\}.$$

Der Aufwand dieses Verfahrens, alle Indizes zu p und g zu berechnen und zu tabellieren, ist offensichtlich proportional zu p; es ist daher nur brauchbar, wenn p klein ist.

(4) Auch das folgende Ergebnis ist eher eine Kuriosität und höchstens dann für das praktische Rechnen geeignet, wenn p klein ist: Zu jedem $i \in \{1, 2, \ldots, p-2\}$ gibt es ein und nur ein $b_i \in \{1, 2, \ldots, p-1\}$, für das $(1 - g^i)\, b_i \equiv 1 \pmod{p}$ gilt, und es ist

$$\operatorname{ind}(a) \;=\; \begin{cases} 0 & \text{für } a = 1, \\[2ex] \left(\displaystyle\sum_{i=1}^{p-2} b_i\, a^i \right) \bmod p & \text{für jedes } a \in \{2, 3, \ldots, p-1\} \end{cases}$$

(vgl. Wells [113]). Auch hier erfordert die Berechnung von $\operatorname{ind}(a)$ einen Aufwand, der zu p proportional ist. In den folgenden Abschnitten werden Verfahren behandelt, die brauchbarer sind als die, die in diesem Abschnitt geschildert wurden.

(5.8) Es sei p eine ungerade Primzahl.
(1) Es sei $q := \lceil \sqrt{p} \rceil$. Es gilt: Zu jedem $n \in \{0, 1, \ldots, p-2\}$ gibt es ein $r \in \{0, 1, \ldots, q-1\}$ und ein $s \in \{0, 1, \ldots, q\}$ mit $n = qs - r$.
Beweis: Es sei $n \in \{0, 1, \ldots, p-2\}$. Dazu gibt es Zahlen $s' \in \mathbb{N}_0$ und $r' \in \{0, 1, \ldots, q-1\}$ mit $n = qs' + r'$. Dabei gilt

$$s' \;=\; \frac{n - r'}{q} \;\leq\; \frac{n}{q} \;\leq\; \frac{p-2}{q} \;\leq\; \frac{p-2}{\sqrt{p}} \;<\; \sqrt{p},$$

also $s' \leq \lfloor \sqrt{p} \rfloor = \lceil \sqrt{p} \rceil - 1 = q - 1$. Ist $r' = 0$, so setzt man $s := s'$ und $r := 0$; ist $r' > 0$, so setzt man $r := q - r'$ und $s := s' + 1$. Es gilt $n = sq - r$, $0 \leq r \leq q - 1$ und $0 \leq s \leq q$.
(2) Es sei g eine Primitivwurzel modulo p, es sei $a \in \mathbb{Z} \setminus p\mathbb{Z}$, und es sei $n := \operatorname{ind}(a)$ der Index von a zu p und g. Für jedes $i \in \{0, 1, \ldots, q-1\}$ sei

$$y_i \;:=\; ag^i \bmod p,$$

und für jedes $k \in \{0, 1, \ldots, q\}$ sei

$$x_k \;:=\; (g^q)^k \bmod p.$$

Nach (1) gibt es ein $r \in \{0, 1, \ldots, q-1\}$ und ein $s \in \{0, 1, \ldots, q\}$ mit $n = qs - r$, und dafür gilt

$$y_r \;\equiv\; ag^r \;\equiv\; g^{n+r} \;=\; g^{qs} \;=\; (g^q)^s \;\equiv\; x_s \pmod{p},$$

also $y_r = x_s$. Gilt $y_i = x_k$ für ein Paar $(i, k) \in \{0, 1, \ldots, q-1\} \times \{0, 1, \ldots, q\}$, so gilt

$$g^{qk+r} \;\equiv\; x_k g^r \;=\; y_i g^r \;=\; ag^{i+r} \;=\; y_r g^i \;=\; x_s g^i \;\equiv\; g^{qs+i} \pmod{p},$$

wegen $\operatorname{ord}([g]_p) = p - 1$ folgt $qk + r \equiv qs + i \pmod{(p-1)}$, und daher gilt

$$qk - i \equiv qs - r = \operatorname{ind}(a) \pmod{(p-1)},$$

also $\operatorname{ind}(a) = (qk - i) \bmod (p - 1)$. Man findet $n = \operatorname{ind}(a)$ daher folgendermaßen: Man sucht ein Paar $(i, k) \in \{0, 1, \ldots, q-1\} \times \{0, 1, \ldots, q\}$ mit $y_i = x_k$ und berechnet damit $\operatorname{ind}(a) = (qk - i) \bmod (p - 1)$.

(3) Das in diesem Abschnitt behandelte Verfahren zur Berechnung von Indizes geht auf eine Methode zurück, die D. Shanks 1969 zur Berechnung von Ordnungen in endlichen zyklischen Gruppen verwendet hat. Es nützt besondere Eigenschaften der Primzahl p nicht aus. In den beiden folgenden Abschnitten wird ein Verfahren beschrieben, das besonders gut für den Fall geeignet ist, daß $p - 1$ nur kleine Primteiler besitzt.

(5.9) Es sei p eine ungerade Primzahl, und es sei $g \in \mathbb{Z}$ eine Primitivwurzel modulo p; es sei $a \in \mathbb{Z} \setminus p\mathbb{Z}$.

(1) Es sei q ein Primteiler von $p - 1$. Für jedes $k \in \{0, 1, \ldots, q-1\}$ sei

$$r(q, k) \;:=\; g^{k(p-1)/q} \bmod p.$$

Da g eine Primitivwurzel modulo p ist, sind die q Restklassen

$$[r(q, 0)]_p, \; [r(q, 1)]_p, \; \ldots, \; [r(q, q-1)]_p$$

paarweise verschiedene Elemente von $\mathbb{F}_p^\times$.

(2) Es sei q ein Primteiler von $p-1$, und es sei $\alpha := v_q(p-1)$ der Exponent von q in der Primzerlegung von $p-1$. Es ist $\beta_q := \operatorname{ind}(a) \bmod q^\alpha \in \{0, 1, \ldots, q^\alpha - 1\}$, also existieren eindeutig bestimmte Zahlen $k_0, k_1, \ldots, k_{\alpha-1} \in \{0, 1, \ldots, q-1\}$ mit

$$\beta_q \;=\; k_0 + k_1 q + \cdots + k_{\alpha-1} q^{\alpha-1}.$$

Es gilt

$$\operatorname{ind}(a) \cdot \frac{p-1}{q} \;\equiv\; \beta_q \cdot \frac{p-1}{q} \;\equiv\; k_0 \cdot \frac{p-1}{q} \pmod{(p-1)}$$

und daher

$$a^{(p-1)/q} \;\equiv\; g^{\operatorname{ind}(a)(p-1)/q} \;\equiv\; g^{k_0(p-1)/q} \;\equiv\; r(q, k_0) \pmod{p}.$$

Für jedes $j \in \{1, 2, \ldots, \alpha - 1\}$ ergibt sich analog: Für

$$a_j \;:=\; \left(a \cdot g^{(p-1)-(k_0 + k_1 q + \cdots + k_{j-1} q^{j-1})} \right) \bmod p$$

gilt

$$\mathrm{ind}(a_j) \cdot \frac{p-1}{q^{j+1}} \equiv$$

$$\equiv \big(\mathrm{ind}(a) + (p-1) - (k_0 + k_1 q + \cdots + k_{j-1} q^{j-1})\big) \cdot \frac{p-1}{q^{j+1}} \equiv$$

$$\equiv \big(\beta_q - (k_0 + k_1 q + \cdots + k_{j-1} q^{j-1})\big) \cdot \frac{p-1}{q^{j+1}} \equiv$$

$$\equiv k_j \cdot \frac{p-1}{q} \quad (\mathrm{mod}\ (p-1))$$

und daher

$$a_j^{(p-1)/q^{j+1}} \equiv g^{\mathrm{ind}(a)(p-1)/q^{j+1}} \equiv g^{k_j(p-1)/q} \equiv r(q, k_j) \quad (\mathrm{mod}\ p).$$

Also gilt $a^{(p-1)/q} \bmod p = r(q, k_0)$ und

$$a_j^{(p-1)/q^{j+1}} \bmod p = r(q, k_j) \quad \text{für jedes } j \in \{1, 2, \ldots, \alpha - 1\}.$$

(5.10) Es sei p eine ungerade Primzahl, und es sei $g \in \mathbb{Z}$ eine Primitivwurzel modulo p; es sei $a \in \mathbb{Z} \setminus p\mathbb{Z}$.

(1) Der folgende Algorithmus, der 1978 von B. Silver und von S. C. Pohlig und M. E. Hellman angegeben wurde (vgl. [82]), berechnet den Index $\mathrm{ind}(a)$ von a zur Primzahl p und zur Primitivwurzel g:

(SPH1) Zu jedem Primteiler q von $p-1$ und zu jedem $k \in \{0, 1, \ldots, q-1\}$ berechnet man die Zahl $r(q, k) := g^{k(p-1)/q} \bmod p$.

(SPH2) Für jeden Primteiler q von $p-1$ berechnet man

   (a) $\alpha := v_q(p-1)$,

   (b) die Zahl $k_0 \in \{0, 1, \ldots, q-1\}$ mit $a^{(p-1)/q} \bmod p = r(q, k_0)$.

   (c) für jedes $j \in \{1, 2, \ldots, \alpha - 1\}$ die Zahl

$$a_j := \big(a \cdot g^{(p-1)-(k_0 + k_1 q + \cdots + k_{j-1} q^{j-1})}\big) \bmod p$$

und die Zahl $k_j \in \{0, 1, \ldots, q-1\}$ mit $a_j^{(p-1)/q^{j+1}} \bmod p = r(q, k_j)$ und setzt

$$\beta_q := k_0 + k_1 q + \cdots + k_{\alpha-1} q^{\alpha-1}.$$

(SPH3) Mit Hilfe des Chinesischen Restsatzes berechnet man die Zahl $i \in \{0, 1, \ldots, p-2\}$ mit $i \equiv \beta_q \ (\mathrm{mod}\ q^{v_q(p-1)})$ für jeden Primteiler q von $p-1$, gibt i aus und bricht ab.

(2) Daß der Algorithmus SPH das Verlangte leistet, folgt aus (5.9). Er ist offensichtlich nur brauchbar, wenn alle Primteiler q von $p-1$ vergleichsweise klein sind. Eine genaue Diskussion von SPH findet man in [82]. Man kann diesen Algorithmus noch verbessern, wenn man ihn mit dem auf D. Shanks zurückgehenden Trick kombiniert, der in (5.8) beschrieben ist.

(5.11) Bemerkung: Man kennt keinen wirklich schnellen Algorithmus zur Berechnung von Indizes. Weitere Informationen über die Berechnung von Indizes und über ihre Bedeutung für die Kryptologie findet man in dem Übersichtsartikel [68] von K. S. McCurley; neuere Algorithmen findet man in der Arbeit [22] von D. Coppersmith, A. M. Odlyzko und R. Schroeppel.

(5.12) Hilfssatz: *Es sei p eine ungerade Primzahl. Es gibt eine Primitivwurzel $g \in \mathbb{Z}$ modulo p mit $g^{p-1} \not\equiv 1 \pmod{p^2}$, und zwar gilt: Ist $g_0 \in \mathbb{Z}$ eine Primitivwurzel modulo p mit $g_0^{p-1} \equiv 1 \pmod{p^2}$, so ist $g := (1+p)\,g_0$ eine Primitivwurzel modulo p, und es ist $g^{p-1} \not\equiv 1 \pmod{p^2}$.*

Beweis: Es sei $g_0 \in \mathbb{Z}$ eine Primitivwurzel modulo p mit $g_0^{p-1} \equiv 1 \pmod{p^2}$. Es gilt $g := (1+p)\,g_0 \equiv g_0 \pmod{p}$, also $[\,g\,]_p = [\,g_0\,]_p$, und somit ist auch g eine Primitivwurzel modulo p. Es gilt

$$g^{p-1} = (1+p)^{p-1}\, g_0^{p-1} \equiv (1+p)^{p-1} =$$

$$= 1 + \binom{p-1}{1} p + p^2 \sum_{i=2}^{p-1} \binom{p-1}{i} p^{i-2} \equiv$$

$$\equiv 1 + (p-1)\,p \equiv 1 - p \not\equiv 1 \pmod{p^2}.$$

(5.13) Satz: *Es sei p eine ungerade Primzahl, und es sei $\alpha \in \mathbb{N}$ mit $\alpha \geq 2$. Die Gruppe $E(\mathbb{Z}/p^\alpha\mathbb{Z})$ ist zyklisch, und zwar gilt: Ist $g \in \mathbb{Z}$ eine Primitivwurzel modulo p mit $g^{p-1} \not\equiv 1 \pmod{p^2}$, so ist*

$$E(\mathbb{Z}/p^\alpha\mathbb{Z}) = \big\langle\, [\,g\,]_{p^\alpha} \,\big\rangle.$$

Beweis: Es sei $g \in \mathbb{Z}$ eine Primitivwurzel modulo p mit $g^{p-1} \not\equiv 1 \pmod{p^2}$. (Nach (5.12) gibt es ein solches g).
(a) Zu jedem $n \in \mathbb{N}$ gibt es ein $a_n \in \mathbb{Z} \smallsetminus p\mathbb{Z}$ mit $g^{p^{n-1}(p-1)} = 1 + a_n p^n$.
Beweis durch Induktion: Wegen $p \nmid g$ gilt $g^{p-1} \equiv 1 \pmod{p}$ (vgl. (4.21)(1)), also existiert ein $a_1 \in \mathbb{Z}$ mit $g^{p-1} = 1 + a_1 p$, und wegen $g^{p-1} \not\equiv 1 \pmod{p^2}$ gilt $p \nmid a_1$. – Es sei $n \in \mathbb{N}$, und es sei bereits gezeigt: Es gibt ein $a_n \in \mathbb{Z} \smallsetminus p\mathbb{Z}$ mit $g^{p^{n-1}(p-1)} = 1 + a_n p^n$. Dann gilt

$$g^{p^n(p-1)} = \big(g^{p^{n-1}(p-1)}\big)^p = (1 + a_n p^n)^p =$$

$$= 1 + \binom{p}{1} p^n a_n + \binom{p}{2} p^{2n} a_n^2 + \sum_{j=3}^{p} \binom{p}{j} p^{jn} a_n^j =$$

$$= 1 + p^{n+1} a_n + \frac{p-1}{2} p^{2n+1} a_n^2 + \sum_{j=3}^{p} \binom{p}{j} p^{jn} a_n^j =$$

$$= 1 + a_{n+1} p^{n+1}$$

$$\text{mit} \quad a_{n+1} := a_n + p \cdot \left(\frac{p-1}{2} p^{n-1} a_n^2 + \sum_{j=3}^{p} \binom{p}{j} p^{(j-1)n-2} a_n^j \right) \in \mathbb{Z},$$

und wegen $p \nmid a_n$ folgt $p \nmid a_{n+1}$.

(b) $d := \mathrm{ord}([g]_{p^\alpha})$ teilt $\varphi(p^\alpha) = p^{\alpha-1}(p-1)$ (vgl. (4.20)). Es gilt $[g]_{p^\alpha}^d = [1]_{p^\alpha}$, also $g^d \equiv 1 \pmod{p^\alpha}$, also $g^d \equiv 1 \pmod{p}$, also $[g]_p^d = [1]_p$, und somit ist d durch $p - 1 = \mathrm{ord}([g]_p)$ teilbar. Daher gibt es ein $\beta \in \{0, 1, \ldots, \alpha - 1\}$ mit $d = p^\beta(p-1)$. Nach (a) gibt es ein $a \in \mathbb{Z} \smallsetminus p\mathbb{Z}$ mit $g^d = g^{p^\beta(p-1)} = 1 + ap^{\beta+1}$. Wegen $g^d \equiv 1 \pmod{p^\alpha}$ folgt $p^\alpha \mid ap^{\beta+1}$, also $p^\alpha \mid p^{\beta+1}$, also $\alpha \leq \beta + 1$, und daher ist $\beta = \alpha - 1$. Somit ist

$$\mathrm{ord}([g]_{p^\alpha}) \;=\; d \;=\; p^{\alpha-1}(p-1) \;=\; \varphi(p^\alpha) \;=\; \#(E(\mathbb{Z}/p^\alpha\mathbb{Z})),$$

und daher ist $E(\mathbb{Z}/p^\alpha\mathbb{Z}) = \langle [g]_{p^\alpha} \rangle$.

(5.14) Definition: Es sei p eine ungerade Primzahl, und es sei $\alpha \in \mathbb{N}$ mit $\alpha \geq 2$. Eine ganze Zahl g heißt eine Primitivwurzel modulo p^α, wenn g nicht durch p teilbar ist und $E(\mathbb{Z}/p^\alpha\mathbb{Z}) = \langle [g]_{p^\alpha} \rangle$ gilt.

(5.15) Bemerkung: Es sei p eine ungerade Primzahl.
(1) Es sei $\alpha \in \mathbb{N}$ mit $\alpha \geq 2$. Nach (5.12) und (5.13) findet man auf folgende Weise eine Primitivwurzel g modulo p^α: Man ermittelt eine Primitivwurzel g_0 modulo p und setzt

$$g := \begin{cases} g_0, & \text{falls } g_0^{p-1} \not\equiv 1 \pmod{p^2} \text{ gilt,} \\ (1+p)g_0, & \text{falls } g_0^{p-1} \equiv 1 \pmod{p^2} \text{ gilt.} \end{cases}$$

(2) Ist $\beta \in \mathbb{N}$ mit $\beta \geq 2$ und ist $g \in \mathbb{Z}$ eine Primitivwurzel modulo p^β, so ist g für jedes $\alpha \in \mathbb{N}$ Primitivwurzel modulo p^α (vgl. Aufgabe 6 in (5.26)).
(3) Für die kleinste positive Primitivwurzel $g(p)$ modulo p und die kleinste positive Primitivwurzel $g(p^2)$ modulo p^2 gilt $g(p) \leq g(p^2)$ (wegen (2)). Es gibt Primzahlen p, für die $g(p) < g(p^2)$ ist: Es ist $g(40\,487) = 5$ und $g(40\,487^2) = 10$. Solche Primzahlen scheinen recht selten zu sein.

(5.16) Satz: *Es sei p eine ungerade Primzahl, und es sei $\alpha \in \mathbb{N}$; es sei $g_1 \in \mathbb{Z}$ eine Primitivwurzel modulo p^α, und es sei*

$$g := \begin{cases} g_1, & \text{falls } g_1 \text{ ungerade ist,} \\ g_1 + p^\alpha, & \text{falls } g_1 \text{ gerade ist.} \end{cases}$$

Die Gruppe $E(\mathbb{Z}/2p^\alpha\mathbb{Z})$ ist zyklisch, und zwar gilt

$$E(\mathbb{Z}/2p^\alpha\mathbb{Z}) = \langle [g]_{2p^\alpha} \rangle.$$

Beweis: Wegen $p \nmid g_1$ gilt $p \nmid g$, wegen $2 \nmid g$ folgt $\mathrm{ggT}(g, 2p^\alpha) = 1$, und daher ist $[g]_{2p^\alpha} \in E(\mathbb{Z}/2p^\alpha\mathbb{Z})$. $d := \mathrm{ord}([g]_{2p^\alpha})$ teilt

$$\#(E(\mathbb{Z}/2p^\alpha\mathbb{Z})) = \varphi(2p^\alpha) = \varphi(2)\varphi(p^\alpha) = \varphi(p^\alpha).$$

Wegen $g^d \equiv 1 \pmod{2p^\alpha}$ gilt auch $g^d \equiv 1 \pmod{p^\alpha}$, also ist d durch $\mathrm{ord}([g]_{p^\alpha})$ teilbar. Wegen $g \equiv g_1 \pmod{p^\alpha}$ gilt $[g]_{p^\alpha} = [g_1]_{p^\alpha}$, und daher gilt $\mathrm{ord}([g]_{p^\alpha}) = \mathrm{ord}([g_1]_{p^\alpha}) = \#(E(\mathbb{Z}/p^\alpha\mathbb{Z})) = \varphi(p^\alpha)$. Es gilt also

$$\mathrm{ord}([g]_{2p^\alpha}) = d = \varphi(p^\alpha) = \varphi(2p^\alpha) = \#(E(\mathbb{Z}/2p^\alpha\mathbb{Z})),$$

und somit gilt $E(\mathbb{Z}/2p^\alpha\mathbb{Z}) = \langle [g]_{2p^\alpha} \rangle$.

(5.17) Bemerkung: Es sei p eine ungerade Primzahl, und es sei $\alpha \in \mathbb{N}$. Eine ganze Zahl g heißt eine Primitivwurzel modulo $2p^\alpha$, wenn $2 \nmid g$ und $p \nmid g$ und $E(\mathbb{Z}/2p^\alpha\mathbb{Z}) = \langle [g]_{2p^\alpha} \rangle$ gilt. Wie man aus einer Primitivwurzel modulo p eine Primitivwurzel modulo $2p^\alpha$ gewinnen kann, zeigen (5.15) und (5.16).

(5.18) Hilfssatz: *Für jedes $k \in \mathbb{N}_0$ gilt*

$$5^{2^k} \equiv 1 + 2^{k+2} \pmod{2^{k+3}}.$$

Beweis: Für $k = 0$ ist nichts zu zeigen. Ist k eine natürliche Zahl und gilt $5^{2^{k-1}} \equiv 1 + 2^{k+1} \pmod{2^{k+2}}$, so gibt es ein $a \in \mathbb{Z}$ mit

$$5^{2^{k-1}} = 1 + 2^{k+1} + 2^{k+2}a = 1 + 2^{k+1}(1 + 2a),$$

und es folgt

$$\begin{aligned} 5^{2^k} = \left(5^{2^{k-1}}\right)^2 &= \left(1 + 2^{k+1}(1 + 2a)\right)^2 = \\ &= 1 + 2 \cdot 2^{k+1}(1 + 2a) + 2^{2k+2}(1 + 2a)^2 = \\ &= 1 + 2^{k+2} + 2^{k+3}a + 2^{k+3} \cdot 2^{k-1}(1 + 2a)^2 \equiv 1 + 2^{k+2} \pmod{2^{k+3}}. \end{aligned}$$

(5.19) Satz: *Es sei* $\alpha \in \mathbb{N}$ *mit* $\alpha \geq 3$.
(1) *Es gilt* $\operatorname{ord}([\,5\,]_{2^\alpha}) = 2^{\alpha-2}$.
(2) *Für jedes ungerade* $a \in \mathbb{Z}$ *gilt: Es gibt eindeutig bestimmte Zahlen* $i \in \{0,1\}$ *und* $j \in \{0,1,\dots,2^{\alpha-2}-1\}$ *mit* $a \equiv (-1)^i\, 5^j \pmod{2^\alpha}$, *also mit* $[\,a\,]_{2^\alpha} = [-1]^i_{2^\alpha} \cdot [\,5\,]^j_{2^\alpha}$, *und es ist* $\operatorname{ord}([\,a\,]_{2^\alpha}) \leq 2^{\alpha-2}$.
(3) *Die Gruppe* $E(\mathbb{Z}/2^\alpha\mathbb{Z})$ *ist nicht zyklisch.*

Beweis: (1) Es gilt $5^{2^{\alpha-2}} \equiv 1+2^\alpha \pmod{2^{\alpha+1}}$, also $5^{2^{\alpha-2}} \equiv 1 \pmod{2^\alpha}$, und daher gibt es ein $\beta \in \{0,1,\dots,\alpha-2\}$ mit $d := \operatorname{ord}([\,5\,]_{2^\alpha}) = 2^\beta$ (vgl. dazu (3.5)(3)). Es gilt $5^{2^{\alpha-3}} \equiv 1+2^{\alpha-1} \not\equiv 1 \pmod{2^\alpha}$ und daher $2^\beta = d > 2^{\alpha-3}$. Also ist $\beta = \alpha - 2$, d.h. es ist $d = 2^{\alpha-2}$.
(2) (a) Es seien $i, k \in \{0,1\}$ und $j, l \in \{0,1,\dots,2^{\alpha-2}-1\}$ mit $(-1)^i\, 5^j \equiv (-1)^k\, 5^l \pmod{2^\alpha}$. Dann gilt $(-1)^i \equiv (-1)^i\, 5^j \equiv (-1)^k\, 5^l \equiv (-1)^k \pmod 2$ und daher $i = k$. Es gilt somit $5^j \equiv 5^l \pmod{2^\alpha}$, also $[\,5\,]^j_{2^\alpha} = [\,5\,]^l_{2^\alpha}$, also ist $l - j$ durch $\operatorname{ord}([\,5\,]_{2^\alpha}) = 2^{\alpha-2}$ teilbar, und es folgt $j = l$.
(b) Nach (a) gilt

$$\#(\{[-1]^i_{2^\alpha} \cdot [\,5\,]^j_{2^\alpha} \mid 0 \leq i \leq 1;\ 0 \leq j \leq 2^{\alpha-2}-1\}) =$$
$$= 2 \cdot 2^{\alpha-2} = 2^{\alpha-1} = \varphi(2^\alpha) = \#(E(\mathbb{Z}/2^\alpha\mathbb{Z})),$$

und daher gilt

$$E(\mathbb{Z}/2^\alpha\mathbb{Z}) = \{[-1]^i_{2^\alpha} \cdot [\,5\,]^j_{2^\alpha} \mid 0 \leq i \leq 1;\ 0 \leq j \leq 2^{\alpha-2}-1\}.$$

(c) Für jedes ungerade $a \in \mathbb{Z}$ gilt nach (b): Es gibt ein $i \in \{0,1\}$ und ein $j \in \{0,1,\dots,2^{\alpha-2}-1\}$ mit $[\,a\,]_{2^\alpha} = [-1]^i_{2^\alpha} \cdot [\,5\,]^j_{2^\alpha}$, und wegen $\operatorname{ord}([\,5\,]_{2^\alpha}) = 2^{\alpha-2}$ gilt

$$[\,a\,]^{2^{\alpha-2}}_{2^\alpha} = ([-1]^{2^{\alpha-2}}_{2^\alpha})^i \cdot ([\,5\,]^{2^{\alpha-2}}_{2^\alpha})^j = ([-1]^{2^{\alpha-2}}_{2^\alpha})^i = [\,1\,]_{2^\alpha},$$

also $\operatorname{ord}([\,a\,]_{2^\alpha}) \leq 2^{\alpha-2}$.
(3) Für jedes ungerade $a \in \mathbb{Z}$ gilt

$$\operatorname{ord}([\,a\,]_{2^\alpha}) \leq 2^{\alpha-2} < 2^{\alpha-1} = \varphi(2^\alpha) = \#(E(\mathbb{Z}/2^\alpha\mathbb{Z})).$$

In $E(\mathbb{Z}/2^\alpha\mathbb{Z})$ gibt es also kein Element der Ordnung $\#(E(\mathbb{Z}/2^\alpha\mathbb{Z}))$, und daher ist $E(\mathbb{Z}/2^\alpha\mathbb{Z})$ nicht zyklisch.

(5.20) Bemerkung: (1) $E(\mathbb{Z}/2\mathbb{Z}) = \{[\,1\,]_2\}$ und $E(\mathbb{Z}/4\mathbb{Z}) = \{[\,1\,]_4, [\,3\,]_4\}$ sind zyklische Gruppen. $E(\mathbb{Z}/8\mathbb{Z}) = \{[\,1\,]_8, [\,3\,]_8, [\,5\,]_8, [\,7\,]_8\}$ ist nicht zyklisch, denn $[\,3\,]_8, [\,5\,]_8$ und $[\,7\,]_8$ sind von der Ordnung 2.
(2) Es sei $\alpha \geq 4$, und es sei $a \in \mathbb{Z}$ ungerade. Es gilt $\operatorname{ord}([\,a\,]_{2^\alpha}) \leq 2^{\alpha-2}$, und es ist $\operatorname{ord}([\,a\,]_{2^\alpha}) = 2^{\alpha-2}$, genau wenn $a \equiv 3 \pmod 8$ oder $a \equiv 5 \pmod 8$ gilt.

Beweis: Nach (5.19)(2) ist $\operatorname{ord}([a]_{2^\alpha}) \leq 2^{\alpha-2}$, und es gibt ein $i \in \{0,1\}$ und ein $j \in \{0,1,\ldots,2^{\alpha-2}-1\}$ mit $a \equiv (-1)^i 5^j \pmod{2^\alpha}$. Wegen $\alpha \geq 4$ ist $(-1)^{2^{\alpha-3}} = 1$, und daher gilt

$$a^{2^{\alpha-3}} \equiv \left((-1)^{2^{\alpha-3}}\right)^i \cdot \left(5^{2^{\alpha-3}}\right)^j = 5^{2^{\alpha-3}j} \pmod{2^\alpha}.$$

Also ist $\operatorname{ord}([a]_{2^\alpha}) = 2^{\alpha-2}$, genau wenn $2^{\alpha-3}j$ nicht durch $\operatorname{ord}([5]_{2^\alpha}) = 2^{\alpha-2}$ teilbar ist, also genau wenn j ungerade ist. Ist j ungerade, so gilt

$$a \equiv (-1)^i \cdot 5 \cdot 25^{(j-1)/2} \equiv (-1)^i \cdot 5 \equiv \begin{cases} 5 \pmod{8}, & \text{falls } i = 0 \text{ ist,} \\ 3 \pmod{8}, & \text{falls } i = 1 \text{ ist,} \end{cases}$$

und ist j gerade, so gilt

$$a \equiv (-1)^i \cdot 25^{j/2} \equiv (-1)^i \equiv \begin{cases} 1 \pmod{8}, & \text{falls } i = 0 \text{ ist,} \\ 7 \pmod{8}, & \text{falls } i = 1 \text{ ist.} \end{cases}$$

(5.21) Bezeichnung: Für jedes $m \in \mathbb{N}$ setzt man

$$\begin{aligned} \lambda(m) &:= \exp\big(E(\mathbb{Z}/m\mathbb{Z})\big) = \max\big(\{\operatorname{ord}(\alpha) \mid \alpha \in E(\mathbb{Z}/m\mathbb{Z})\}\big) = \\ &= \max\big(\{\operatorname{ord}([a]_m) \mid a \in \mathbb{Z};\ \operatorname{ggT}(a,m) = 1\}\big). \end{aligned}$$

Die Funktion $\lambda : \mathbb{N} \to \mathbb{N}$ heißt Carmichael-Funktion.

(5.22) Satz: (1) *Für jedes $m \in \mathbb{N}$ und jedes $a \in \mathbb{Z}$ mit $\operatorname{ggT}(a,m) = 1$ gilt:* $\operatorname{ord}([a]_m)$ *teilt* $\lambda(m)$, *und es ist* $a^{\lambda(m)} \equiv 1 \pmod{m}$.
(2) *Sind $m_1, m_2, \ldots, m_n \in \mathbb{N}$ paarweise teilerfremd, so gilt*

$$\lambda(m_1 m_2 \cdots m_n) = \operatorname{kgV}\big(\lambda(m_1), \lambda(m_2), \ldots, \lambda(m_n)\big).$$

Beweis: (1) folgt aus (3.11), und (2) folgt so: Es seien $m_1, m_2, \ldots, m_n \in \mathbb{N}$ paarweise teilerfremd, und es sei $m := m_1 m_2 \cdots m_n$; es sei a eine ganze Zahl mit $\operatorname{ggT}(a,m) = 1$ und mit $\operatorname{ord}([a]_m) = \lambda(m)$. Für jedes $i \in \{1,2,\ldots,n\}$ gilt $\operatorname{ggT}(a,m_i) = 1$, also $a^{\lambda(m_i)} \equiv 1 \pmod{m_i}$, und weil $\lambda(m_i)$ ein Teiler von

$$l := \operatorname{kgV}\big(\lambda(m_1), \lambda(m_2), \ldots, \lambda(m_n)\big)$$

ist, folgt $a^l \equiv 1 \pmod{m_i}$. Hieraus folgt, daß $a^l \equiv 1 \pmod{m}$ gilt, und daher ist $\operatorname{ord}([a]_m) = \lambda(m)$ ein Teiler von l. Andererseits gibt es zu jedem $i \in \{1,2,\ldots,n\}$ ein $b_i \in \mathbb{Z}$ mit $\operatorname{ggT}(b_i,m_i) = 1$ und mit $\operatorname{ord}([b_i]_{m_i}) = \lambda(m_i)$. Der Chinesische Restsatz in (4.14) liefert eine ganze Zahl b mit $b \equiv b_i \pmod{m_i}$ für jedes $i \in \{1,2,\ldots,n\}$. Es ist $\operatorname{ggT}(b,m) = 1$, und für jedes $i \in \{1,2,\ldots,n\}$ gilt $b_i^{\lambda(m)} \equiv b^{\lambda(m)} \equiv 1 \pmod{m_i}$ und daher $\lambda(m_i) = \operatorname{ord}([b_i]_{m_i}) \mid \lambda(m)$. Also ist $\lambda(m)$ durch $l = \mathrm{kgV}(\lambda(m_1), \lambda(m_2), \ldots, \lambda(m_n))$ teilbar. Damit ist gezeigt, daß $\lambda(m) = l = \mathrm{kgV}(\lambda(m_1), \lambda(m_2), \ldots, \lambda(m_n))$ ist.

(5.23) Satz: (1) *Ist α eine natürliche Zahl, so gilt*

$$\lambda(2^\alpha) = \begin{cases} 1, & \text{falls } \alpha = 1 \text{ ist,} \\ 2, & \text{falls } \alpha = 2 \text{ ist,} \\ 2^{\alpha-2}, & \text{falls } \alpha > 2 \text{ ist.} \end{cases}$$

(2) *Für jede ungerade Primzahl p und für jede natürliche Zahl α gilt*

$$\lambda(p^\alpha) = p^{\alpha-1}(p-1) = \varphi(p^\alpha).$$

(3) *Ist m eine natürliche Zahl mit der Primzerlegung $m = p_1^{\alpha_1} p_2^{\alpha_2} \cdots p_r^{\alpha_r}$, so gilt*

$$\lambda(m) = \mathrm{kgV}\big(\lambda(p_1^{\alpha_1}), \lambda(p_2^{\alpha_2}), \ldots, \lambda(p_r^{\alpha_r})\big).$$

Beweis: (1) folgt aus (5.20)(1) und (5.19), (2) folgt aus (5.2) und (5.13), und (3) folgt aus (5.22)(2).

(5.24) Satz: *Es sei m eine natürliche Zahl. Folgende Aussagen sind äquivalent:*
(1) *Die Gruppe $E(\mathbb{Z}/m\mathbb{Z})$ ist zyklisch.*
(2) *Es gilt $\lambda(m) = \varphi(m)$.*
(3) *m ist ein Element der Menge*

$$\mathcal{M} := \{1, 2, 4\} \cup \{p^\alpha \mid p \in \mathbb{P};\ p \geq 3;\ \alpha \in \mathbb{N}\} \cup$$
$$\cup \{2p^\alpha \mid p \in \mathbb{P};\ p \geq 3;\ \alpha \in \mathbb{N}\}.$$

Beweis: Daß (1) und (2) äquivalent sind, folgt unmittelbar aus der Definition der Carmichael-Funktion. Daß (1) aus (3) folgt, wurde im Laufe dieses Paragraphen bewiesen.
(2) $\Rightarrow$ (3): (a) Für jedes $m \in \mathbb{N}$ gilt: $\lambda(m)$ ist die Ordnung eines Elements der Gruppe $E(\mathbb{Z}/m\mathbb{Z})$, und daher ist $\lambda(m) \leq \#(E(\mathbb{Z}/m\mathbb{Z})) = \varphi(m)$. Nach (5.23)(1) ist $\lambda(2^\alpha)$ für jede natürliche Zahl $\alpha \geq 2$ gerade. Für jede Primzahl $p \geq 3$ und jede natürliche Zahl α ist $\lambda(p^\alpha) = \varphi(p^\alpha) = p^{\alpha-1}(p-1)$ ebenfalls gerade.
(b) Es sei m ein Element von $\mathbb{N} \setminus \mathcal{M}$, das eine Potenz von 2 ist. Dann gibt es eine natürliche Zahl $\alpha \geq 3$ mit $m = 2^\alpha$, und nach (5.23)(1) gilt

$$\lambda(2^\alpha) = 2^{\alpha-2} < 2^{\alpha-1} = \varphi(2^\alpha).$$

(c) Es sei m ein Element von $\mathbb{N} \setminus \mathcal{M}$, das keine Potenz von 2 ist, es sei $m = p_1^{\alpha_1} p_2^{\alpha_2} \cdots p_r^{\alpha_r}$ die Primzerlegung von m, und es sei $p_1 < p_i$ für jedes

$i \in \{2, 3, \ldots, r\}$. Wegen $m \notin \mathcal{M}$ gilt entweder $p_1 \geq 3$ und $r \geq 2$, oder es ist $p_1 = 2$ und $\alpha_1 = 1$ und $r \geq 3$, oder es ist $p_1 = 2$ und $\alpha_1 \geq 2$ und $r \geq 2$. In jedem Fall gibt es daher Indizes $i, j \in \{1, 2, \ldots, r\}$ mit $i \neq j$, für die $\lambda(p_i^{\alpha_i})$ und $\lambda(p_j^{\alpha_j})$ beide gerade sind (vgl. (a)). Es gilt

$$
\begin{aligned}
\lambda(m) \;=\; \mathrm{kgV}\big(\lambda(p_1^{\alpha_1}), \lambda(p_2^{\alpha_2}), \ldots, \lambda(p_r^{\alpha_r})\big) \;&\leq\; \\
\leq\; \frac{1}{2} \cdot \lambda(p_1^{\alpha_1})\lambda(p_2^{\alpha_2}) \cdots \lambda(p_r^{\alpha_r}) \;&\leq\; \\
\leq\; \frac{1}{2} \cdot \varphi(p_1^{\alpha_1})\varphi(p_2^{\alpha_2}) \cdots \varphi(p_r^{\alpha_r}) \;&=\; \\
=\; \frac{1}{2} \cdot \varphi(m) \;<\; \varphi(m). &
\end{aligned}
$$

(5.25) Bemerkung: (1) Für jedes Element m der in (5.24)(3) angegebenen Menge $\mathcal{M}$ ist die Einheitengruppe $E(\mathbb{Z}/m\mathbb{Z})$ des Restklassenrings $\mathbb{Z}/m\mathbb{Z}$ zyklisch; jede ganze Zahl g mit $\mathrm{ggT}(g, m) = 1$ und mit $E(\mathbb{Z}/m\mathbb{Z}) = \langle\, [\,g\,]_m \,\rangle$ heißt eine Primitivwurzel modulo m.

(2) **MuPAD:** (a) Die Funktion `numlib::primroot` berechnet Primitivwurzeln: Ist m eine natürliche Zahl, so liefern `numlib::primroot(m)` die kleinste positive Primitivwurzel modulo m und `numlib::primroot(a,m)` für $a \in \mathbb{Z}$ die kleinste Primitivwurzel $g \in \mathbb{Z}$ modulo m mit $g \geq a$, falls es überhaupt Primitivwurzeln modulo m gibt, und andernfalls die Ausgabe `FAIL`. Das Verfahren, das dabei verwendet wird, benützt das Ergebnis aus (5.24) und ist eine Verallgemeinerung der in (5.6)(1) beschriebenen Methode.

(b) Für eine natürliche Zahl m berechnet `numlib::lambda(m)` den Wert $\lambda(m)$ der Carmichael-Funktion. `numlib::lambda` verwendet die Funktionen `ifactor` und `ilcm` aus dem MuPAD-Kern.

(5.26) Aufgaben:

Aufgabe 1: Diese Aufgabe behandelt das in (5.6)(3) erwähnte Verfahren zur Berechnung von Primitivwurzeln, das Gauß angegeben hat.

(1) (a) Es seien $k, l \in \mathbb{N}$. Ein Blick auf die Primzerlegungen von k und von l zeigt: Es gibt einen eindeutig bestimmten Teiler $r(k, l) \in \mathbb{N}$ von k mit $\mathrm{ggT}(r(k, l), l) = 1$ und mit: Jeder Teiler $j \in \mathbb{N}$ von k mit $\mathrm{ggT}(j, l) = 1$ teilt $r(k, l)$.

(b) Man zeige: Für alle $k, l \in \mathbb{N}$ gilt

$$
r(k, l) \;=\; r\!\left(\frac{k}{\mathrm{ggT}(k, l)}, \mathrm{ggT}(k, l) \right).
$$

(c) Man schreibe eine MuPAD-Funktion, die zu natürlichen Zahlen k und l mit Hilfe der in (b) angegebenen Rekursionsformel $r(k, l)$ berechnet (ohne vorher die Primzerlegungen von k und l zu berechnen).

(2) Es sei $m \in \mathbb{N}$, es seien $a, b \in \mathbb{Z}$ mit $\mathrm{ggT}(a, m) = \mathrm{ggT}(b, m) = 1$. Mit $k := \mathrm{ord}([a]_m)$ und $l := \mathrm{ord}([b]_m)$ setze man

$$\alpha := r\Big(k, \frac{l}{\mathrm{ggT}(k,l)}\Big), \quad \gamma := r\Big(l, \frac{k}{\mathrm{ggT}(k,l)}\Big) \quad \text{und} \quad \beta := \frac{\gamma}{\mathrm{ggT}(\alpha,\gamma)}.$$

Für $c := (a^{k/\alpha} b^{l/\beta}) \bmod m$ gilt $\mathrm{ggT}(c, m) = 1$ und $\mathrm{ord}([c]_m) = \mathrm{kgV}(k, l)$.

Man schreibe eine MuPAD-Funktion, die zu $m \in \mathbb{N}$ und ganzen Zahlen a und b mit $\mathrm{ggT}(a, m) = \mathrm{ggT}(b, m) = 1$ ein $c \in \{1, 2, \ldots, m-1\}$ mit

$$\mathrm{ggT}(c, m) = 1 \quad \text{und} \quad \mathrm{ord}([c]_m) = \mathrm{kgV}\big(\mathrm{ord}([a]_m), \mathrm{ord}([b]_m)\big)$$

berechnet.

(3) Es sei p eine ungerade Primzahl. Das folgende Verfahren liefert eine Primitivwurzel g modulo p mit $g \in \{2, 3, \ldots, p-1\}$.

Schritt 1: Man wählt ein $a \in \{2, 3, \ldots, p-1\}$, etwa eine Zufallszahl, und ermittelt $k := \mathrm{ord}([a]_p)$.

Schritt 2: Ist $k := p-1$, so ist a eine Primitivwurzel modulo p; in diesem Fall setzt man $g := a$ und bricht ab.

Schritt 3: Man wählt $b \in \{2, 3, \ldots, p-1\} \setminus \{a^i \bmod p \mid i = 1, 2, \ldots, k-1\}$ und ermittelt $l := \mathrm{ord}([b]_p)$. Dann gilt $l \nmid k$, denn sonst wäre $[b]_p$ ein Element der von $[a]_p$ erzeugten Untergruppe von $\mathbb{F}_p^\times$ (vgl. (3.10)). Ist $l = p-1$, so ist b eine Primitivwurzel modulo p; in diesem Fall setzt man $g := b$ und bricht ab.

Schritt 4: Man ermittelt mit dem in (2) beschriebenen Verfahren ein $c \in \{2, 3, \ldots, p-1\}$ mit $\mathrm{ord}([c]_p) = \mathrm{kgV}(k, l) =: k'$. (Es ist $k' > k$). Man setzt $a := c$ und $k := k'$ und geht zu Schritt 2 zurück.

Man schreibe zu diesem Verfahren eine MuPAD-Funktion.

Aufgabe 2: Man schreibe eine MuPAD-Funktion, die zu natürlichen Zahlen n und N feststellt, wie oft jede natürliche Zahl als kleinste positive Primitivwurzel $g(p)$ einer Primzahl p mit $n \le p \le N$ vorkommt.

Aufgabe 3: In (5.7)(3) und (5.7)(4) werden zwei Verfahren angegeben, mit deren Hilfe man zu einer kleinen Primzahl p und einer Primitivwurzel modulo p Indizes berechnen kann. Man schreibe dazu MuPAD-Funktionen.

Aufgabe 4: Man schreibe eine MuPAD-Funktion, die mit Hilfe des in (5.8) beschriebenen Verfahrens Indizes berechnet.

Aufgabe 5: Man schreibe eine MuPAD-Funktion, die mit Hilfe des Algorithmus von Silver, Pohlig und Hellman aus (5.10) Indizes berechnet. Man versuche, dieses Verfahren mit dem in Abschnitt (5.8) verwendeten Trick zu kombinieren.

Aufgabe 6: Es sei p eine ungerade Primzahl, es sei $\beta \in \mathbb{N}$ mit $\beta \geq 2$, und es sei g eine Primitivwurzel modulo p^β. Man beweise, daß g für jedes $\alpha \in \mathbb{N}$ eine Primitivwurzel modulo p^α ist.

Aufgabe 7: Es sei $\lambda : \mathbb{N} \to \mathbb{N}$ die Carmichael-Funktion (vgl. (5.21)).

(a) Es sei m eine natürliche Zahl > 1, die keine Primzahl ist. Man zeige, daß m genau dann eine Carmichael-Zahl ist, wenn $m - 1$ durch $\lambda(m)$ teilbar ist (vgl. Carmichael [19]).

(b) Aus der Charakterisierung der Carmichael-Zahlen in (a) folgere man: Ist $m \in \mathbb{N}$ eine Carmichael-Zahl, so besitzt m mindestens drei verschiedene Primteiler und ist nicht durch das Quadrat einer Primzahl teilbar.

(c) Man beweise das von A. Korselt 1899 angegebene Kriterium: Eine natürliche Zahl m ist genau dann eine Carmichael-Zahl, wenn m das Produkt von $r \geq 3$ paarweise verschiedenen Primzahlen p_1, $p_2, \ldots,$ p_r ist und $m - 1$ für jedes $i \in \{1, 2, \ldots, r\}$ durch $p_i - 1$ teilbar ist.

(d) Man schreibe eine MuPAD-Funktion, die mit Hilfe des Kriteriums von Korselt zu natürlichen Zahlen a und b alle Carmichael-Zahlen zwischen a und b findet.

(e) Man zeige: Ist k eine natürliche Zahl und sind $6k + 1$, $12k + 1$ und $18k + 1$ Primzahlen, so ist $(6k + 1) \cdot (12k + 1) \cdot (18k + 1)$ eine Carmichael-Zahl. Man finde Carmichael-Zahlen, die diese Gestalt besitzen.

6   Nichtlineare Kongruenzen

(6.1) In diesem Paragraphen werden zuerst nichtlineare Kongruenzen behandelt. Daran schließt die Theorie der Potenzreste an. Einige Ergebnisse dieser Theorie werden im nächsten Paragraphen bei der Behandlung des Primzahltests von Rabin benötigt. Aber auch für sich betrachtet ist die Theorie der Potenzreste von Interesse; ein Spezialfall, die Theorie der quadratischen Reste, auf die in § 10 ausführlich eingegangen wird, gilt seit Gauß mit Recht als einer der Höhepunkte der Elementaren Zahlentheorie.

(6.2) Bezeichnung: Für ein Polynom $f \in \mathbb{Z}[X]$ und für ein $m \in \mathbb{N}$ wird

$$N(f, m) := \#(\{x \in \mathbb{Z} \mid 0 \leq x \leq m - 1; f(x) \equiv 0 \ (\mathrm{mod}\ m)\})$$

gesetzt.

(6.3) Satz: *Es sei $f \in \mathbb{Z}[X]$, es sei $m \in \mathbb{N}$, und es sei $m = p_1^{\alpha_1} p_2^{\alpha_2} \cdots p_r^{\alpha_r}$ die Primzerlegung von m. Es gilt*

$$N(f, m) \;=\; N(f, p_1^{\alpha_1})\, N(f, p_2^{\alpha_2}) \;\cdots\; N(f, p_r^{\alpha_r}).$$

Beweis: (a) Ist x eine ganze Zahl und gilt $f(x) \equiv 0 \pmod{m}$, so gilt auch $f(x) \equiv 0 \pmod{p_i^{\alpha_i}}$ für jedes $i \in \{1, 2, \ldots, r\}$.
(b) Es seien $x_1, x_2, \ldots, x_r \in \mathbb{Z}$, und es gelte $f(x_i) \equiv 0 \pmod{p_i^{\alpha_i}}$ für jedes $i \in \{1, 2, \ldots, r\}$. Der Chinesische Restsatz (vgl. (4.14)) liefert eine ganze Zahl x mit $0 \le x \le m - 1$ und mit $x \equiv x_i \pmod{p_i^{\alpha_i}}$ für jedes $i \in \{1, 2, \ldots, r\}$. Für jedes $i \in \{1, 2, \ldots, r\}$ gilt $f(x) \equiv f(x_i) \equiv 0 \pmod{p_i^{\alpha_i}}$, und daher ist $f(x) \equiv 0 \pmod{m}$.
(c) Es seien $x, x_1, \ldots, x_r$ und $y, y_1, \ldots, y_r$ ganze Zahlen, für die gilt: Für jedes $i \in \{1, 2, \ldots, r\}$ gilt $f(x_i) \equiv 0 \pmod{p_i^{\alpha_i}}$ und $x \equiv x_i \pmod{p_i^{\alpha_i}}$, sowie $f(y_i) \equiv 0 \pmod{p_i^{\alpha_i}}$ und $y \equiv y_i \pmod{p_i^{\alpha_i}}$. Es gilt $y \equiv x \pmod{m}$ genau dann, wenn $y \equiv x \pmod{p_i^{\alpha_i}}$ für jedes $i \in \{1, 2, \ldots, r\}$ gilt, also genau dann, wenn $y_i \equiv x_i \pmod{p_i^{\alpha_i}}$ für jedes $i \in \{1, 2, \ldots, r\}$ gilt.

(6.4) Bemerkung: Es sei

$$f \;=\; \sum_{j=0}^{n} a_j X^j \;=\; a_n X^n + a_{n-1} X^{n-1} + \cdots + a_1 X + a_0 \;\in\; \mathbb{Z}[X]$$

ein Polynom, und es sei $m \in \mathbb{N}$. $N(f, m)$ ist die Anzahl der verschiedenen Nullstellen des Polynoms

$$[a_n]_m\, X^n + [a_{n-1}]_m\, X^{n-1} + \cdots + [a_1]_m\, X + [a_0]_m \;\in\; (\mathbb{Z}/m\mathbb{Z})[X]$$

im Ring $\mathbb{Z}/m\mathbb{Z}$.
Der Satz in (6.3) führt die Untersuchung der Kongruenz $f(X) \equiv 0 \pmod{m}$ auf die Untersuchung von Kongruenzen $f(X) \equiv 0 \pmod{p^{\alpha}}$ zurück, in denen jeweils p eine Primzahl und α eine natürliche Zahl ist.

(6.5) Satz: *Es sei $f = \sum_{j=0}^{n} a_j X^j \in \mathbb{Z}[X]$, und es sei $f' = \sum_{j=1}^{n} j a_j X^{j-1}$ die Ableitung von f; es sei p eine Primzahl, es sei $\alpha \in \mathbb{N}$, es sei $x \in \mathbb{Z}$, und es gelte $f(x) \equiv 0 \pmod{p^{\alpha}}$.*
(1) Ist $f'(x) \not\equiv 0 \pmod{p}$, so gibt es genau ein $z \in \{0, 1, \ldots, p^{\alpha+1} - 1\}$ mit $z \equiv x \pmod{p^{\alpha}}$ und mit $f(z) \equiv 0 \pmod{p^{\alpha+1}}$, und zwar gilt: Es gibt ein eindeutig bestimmtes $y \in \{0, 1, \ldots, p - 1\}$ mit

$$f'(x)\, y \;\equiv\; -\,\frac{f(x)}{p^{\alpha}} \pmod{p},$$

und damit gilt $z = x + y p^{\alpha}$.

(2) *Wenn $f'(x) \equiv 0 \pmod{p}$ und $f(x) \not\equiv 0 \pmod{p^{\alpha+1}}$ gilt, so existiert kein $z \in \{0, 1, \ldots, p^{\alpha+1} - 1\}$ mit $z \equiv x \pmod{p^\alpha}$ und mit $f(z) \equiv 0 \pmod{p^{\alpha+1}}$.*
(3) *Wenn $f'(x) \equiv 0 \pmod{p}$ und $f(x) \equiv 0 \pmod{p^{\alpha+1}}$ gilt, so gibt es genau p verschiedene Zahlen $z \in \{0, 1, \ldots, p^{\alpha+1} - 1\}$, für die $z \equiv x \pmod{p^\alpha}$ und $f(z) \equiv 0 \pmod{p^{\alpha+1}}$ gilt, und zwar sind dies die Zahlen*

$$x, \quad x + p^\alpha, \quad x + 2p^\alpha, \quad \ldots \quad , \quad x + (p-1)p^\alpha.$$

Beweis: (a) Für jedes $y \in \mathbb{Z}$ gilt: Für jedes $j \in \mathbb{N}$ ist

$$(x + yp^\alpha)^j = \sum_{i=0}^{j} \binom{j}{i} x^{j-i} y^i p^{\alpha i} = x^j + j x^{j-1} y p^\alpha + \sum_{i=2}^{j} \binom{j}{i} x^{j-i} y^i p^{\alpha i} \equiv$$
$$\equiv x^j + j x^{j-1} y p^\alpha \pmod{p^{\alpha+1}},$$

und daher ist

$$f(x + yp^\alpha) = \sum_{j=0}^{n} a_j (x + y p^\alpha)^j = \sum_{j=0}^{n} a_j x^j + y p^\alpha \sum_{j=1}^{n} j a_j x^{j-1} =$$
$$= f(x) + y p^\alpha f'(x) \pmod{p^{\alpha+1}}.$$

(b) Es gelte $f'(x) \not\equiv 0 \pmod{p}$, also $p \nmid f'(x)$. Dann gibt es ein eindeutig bestimmtes $y \in \{0, 1, \ldots, p-1\}$ mit

$$f'(x)\, y \equiv -\frac{f(x)}{p^\alpha} \pmod{p}$$

(vgl. (4.9)(2)). Für $z := x + yp^\alpha$ gilt $0 \le z \le p^{\alpha+1} - 1$ und $z \equiv y \pmod{p^\alpha}$ und

$$f(z) \equiv f(x) + y p^\alpha f'(x) \equiv f(x) - f(x) \equiv 0 \pmod{p^{\alpha+1}}.$$

Gilt $w \in \{0, 1, \ldots, p^{\alpha+1} - 1\}$ und $w \equiv x \pmod{p^\alpha}$ und $f(w) \equiv 0 \pmod{p^{\alpha+1}}$, so gibt es ein $v \in \{0, 1, \ldots, p-1\}$, für das $w = x + vp^\alpha$ ist, und es gilt $f(x) + vp^\alpha f'(x) \equiv f(w) \equiv 0 \pmod{p^{\alpha+1}}$, also $f'(x)v \equiv -f(x)p^{-\alpha} \pmod{p}$, also $v = y$, und daher ist $w = x + yp^\alpha = z$.
(c) Es gelte $f'(x) \equiv 0 \pmod{p}$ und $f(x) \not\equiv 0 \pmod{p^{\alpha+1}}$. Zu jeder Zahl $z \in \{0, 1, \ldots, p^{\alpha+1} - 1\}$, für die $z \equiv x \pmod{p^\alpha}$ gilt, gibt es eine Zahl $y \in \{0, 1, \ldots, p-1\}$ mit $z = x + yp^\alpha$, und es gilt

$$f(z) = f(x + yp^\alpha) \equiv f(x) + y p^\alpha f'(x) \equiv f(x) \not\equiv 0 \pmod{p^{\alpha+1}}.$$

(d) Es gelte $f'(x) \equiv 0 \pmod{p}$ und $f(x) \equiv 0 \pmod{p^{\alpha+1}}$. Dann gilt für jedes $y \in \{0, 1, \dots, p-1\}$: Es ist

$$f(x + yp^{\alpha}) \;\equiv\; f(x) + yp^{\alpha} f'(x) \;\equiv\; f(x) \;\equiv\; 0 \pmod{p^{\alpha+1}}.$$

(6.6) Bemerkung: Es sei

$$f \;=\; \sum_{j=0}^{n} a_j X^j \;=\; a_n X^n + a_{n-1} X^{n-1} + \cdots + a_1 X + a_0 \;\in\; \mathbb{Z}[X]$$

ein Polynom in einer Unbestimmten X über dem Ring $\mathbb{Z}$.

(1) Es sei $m \in \mathbb{N}$. Der Beweis in (6.3) zeigt, daß man alle $x \in \{0, 1, \dots, m-1\}$ mit $f(x) \equiv 0 \pmod{m}$ berechnen kann, wenn man für jeden Primteiler p von m alle $x \in \{0, 1, \dots, p^{v_p(m)} - 1\}$ kennt, für die $f(x) \equiv 0 \pmod{p^{v_p(m)}}$ gilt.

(2) Es sei p eine Primzahl, und es sei $\alpha \in \mathbb{N}$ mit $\alpha \geq 2$. Der Beweis in (6.5) zeigt, wie man alle $x \in \{0, 1, \dots, p^{\alpha} - 1\}$ mit $f(x) \equiv 0 \pmod{p^{\alpha}}$ finden kann, wenn man alle $x \in \{0, 1, \dots, p^{\alpha-1} - 1\}$ kennt, für die $f(x) \equiv 0 \pmod{p^{\alpha-1}}$ gilt. Man kann also alle $x \in \{0, 1, \dots, p^{\alpha} - 1\}$ mit $f(x) \equiv 0 \pmod{p^{\alpha}}$ berechnen, wenn man alle $x \in \{0, 1, \dots, p-1\}$ mit $f(x) \equiv 0 \pmod{p}$, also alle Nullstellen $\xi \in \mathbb{F}_p$ des Polynoms

$$\overline{f} \;:=\; \sum_{j=0}^{n} [a_j]_p\, X^j \;\in\; \mathbb{F}_p[X]$$

kennt. Es gibt Algorithmen zur Berechnung der Primzerlegung des Polynoms $\overline{f}$ im Polynomring $\mathbb{F}_p[X]$ und damit insbesondere zur Berechnung der Nullstellen $\xi \in \mathbb{F}_p$ von $\overline{f}$. Von diesen Algorithmen, deren Studium jedem an der Algebra besonders interessierten Leser empfohlen wird, kann hier nicht die Rede sein; man findet sie etwa in den Büchern Geddes-Czapor-Labahn [40] und Zippel [115] behandelt.

Wenn man nicht an der vollen Primzerlegung des Polynoms $\overline{f}$ im Ring $\mathbb{F}_p[X]$, sondern nur an seinen Nullstellen in $\mathbb{F}_p$ interessiert ist, so kann man so vorgehen: Da der größte gemeinsame Teiler von $\overline{f}$ und $X^p - X$ im Ring $\mathbb{F}_p[X]$ das Produkt der Faktoren vom Grad 1 in der Primzerlegung von $\overline{f}$ ist, berechnet man mit dem Euklidischen Algorithmus im Ring $\mathbb{F}_p[X]$ diesen größten gemeinsamen Teiler, berechnet seine Primzerlegung in $\mathbb{F}_p[X]$ und liest daran die Nullstellen von $\overline{f}$ in $\mathbb{F}_p$ ab.

(6.7) MuPAD: Die Funktion `numlib::mroots` liefert zu einem Polynom $f \in \mathbb{Z}[X]$ und zu einer natürlichen Zahl m alle Zahlen $x \in \{0, 1, \dots, m-1\}$ mit $f(x) \equiv 0 \pmod{m}$, bzw. die Ausgabe `FAIL`, falls es keine solchen x gibt; sie berechnet zuerst zu jedem Primteiler p von m die Zahlen $x \in \{0, 1, \ldots, p-1\}$ mit $f(x) \equiv 0 \pmod{p}$ und benützt dann die in den Beweisen in (6.5) und (6.3) verwendeten Rechenverfahren. `numlib::mroots` verwendet, wie in (6.6)(2) angedeutet, die Funktion `factor`, die die Primzerlegung von Polynomen über dem Ring $\mathbb{Z}$ oder über einem Restklassenkörper von $\mathbb{Z}$ berechnet.

Über das Rechnen mit Polynomen und insbesondere über die Funktion `factor` und die Funktion `gcd`, die größte gemeinsame Teiler von Polynomen berechnet, lese man im MuPAD-Manual [72] nach.

(6.8) Bemerkung: Es sei $f \in \mathbb{Z}[X]$ ein Polynom vom Grad $n \geq 1$. Ist p eine Primzahl, so gibt es höchstens n Elemente $x \in \{0, 1, \ldots, p-1\}$ mit $f(x) \equiv 0 \pmod{p}$, d.h. es ist $N(f, p) \leq n$. Ist aber $m \geq 2$ keine Primzahl, so kann, wie das folgende Beispiel zeigt, $N(f, m) > n$ gelten. Abschätzungen von $N(f, m)$ findet man in Ore [76], in Huxley [48] und in Stewart [106].

(6.9) Beispiel: In diesem Beispiel werden für das Polynom

$$f := X^4 - 18X^2 - 33X - 10 \in \mathbb{Z}[X]$$

und für $m \in \{7, 7^2, 7^3, 7^4, 7^{20}\}$ jeweils die Zahlen $x \in \{0, 1, \ldots, m-1\}$ berechnet, für die

$$f(x) \equiv 0 \pmod{m}$$

gilt.

```
>> f := poly(X^4 - 18*X^2 - 33*X - 10,[X],Dom::Integer);
       poly(X + (-18) X + (-33) X - 10,[X],Dom::Integer)
>> numlib::mroots(f,7);
                          [5]
>> numlib::mroots(f,7^2);
                [5,12,19,26,33,40,47]
>> numlib::mroots(f,7^3);
     [5,47,54,96,103,145,152,194,201,243,250,292,299,341]
>> numlib::mroots(f,7^4);
     [5,341,348,684,691,1027,1034,1370,1377,1713,1720,
                             2056,2063,2399]
>> numlib::mroots(f,7^20);
     [5,11398895185373141,11398895185373148,22797790370746284,
        22797790370746291,34196685556119427,34196685556119434,
        45595580741492570,45595580741492577,56994475926865713,
        56994475926865720,68393371112238856,68393371112238863,
        79792266297611999]
```

(6.10) Definition: Es seien m und n natürliche Zahlen. Eine ganze Zahl a heißt ein n-ter Potenzrest modulo m, wenn a und m teilerfremd sind und es ein $x \in \mathbb{Z}$ mit $x^n \equiv a \pmod{m}$ gibt.

(6.11) Bemerkung: Es seien $m, n \in \mathbb{N}$, und es sei $a \in \mathbb{Z}$ ein n-ter Potenzrest modulo m.
(1) Jedes $a' \in \mathbb{Z}$ mit $a' \equiv a \pmod{m}$ ist ein n-ter Potenzrest modulo m.
(2) Es sei $x \in \mathbb{Z}$ eine Lösung der Kongruenz $X^n \equiv a \pmod{m}$. Wegen $\mathrm{ggT}(a,m) = 1$ ist $\mathrm{ggT}(x,m) = 1$, und jedes $x' \in \mathbb{Z}$ mit $x' \equiv x \pmod{m}$ ist ebenfalls Lösung dieser Kongruenz.
(3) Es seien $x_1, x_2, \ldots, x_N$ die Lösungen der Kongruenz $X^n \equiv a \pmod{m}$ in $\{0, 1, \ldots, m - 1\}$. Für jedes $i \in \{1, 2, \ldots, N\}$ gilt $\mathrm{ggT}(x_i, m) = 1$, und somit ist

$$N \leq \#(\{x \in \mathbb{Z} \mid 0 \leq x \leq m - 1; \ \mathrm{ggT}(x,m) = 1\}) = \varphi(m).$$

Es gilt

$$\{x \in \mathbb{Z} \mid x^n \equiv a \pmod{m}\} = \bigcup_{i=1}^{N} \{x \in \mathbb{Z} \mid x \equiv x_i \pmod{m}\}.$$

(6.12) Bezeichnung: Es seien $m, n \in \mathbb{N}$. Für jedes $a \in \mathbb{Z}$ mit $\mathrm{ggT}(a,m) = 1$ wird

$$\begin{aligned} N_n(a,m) &:= N(X^n - a, m) = \\ &= \#(\{x \in \mathbb{Z} \mid 0 \leq x \leq m - 1; \ x^n \equiv a \pmod{m}\}) \end{aligned}$$

gesetzt.

(6.13) Bemerkung: Es seien $m, n \in \mathbb{N}$, und es sei $a \in \mathbb{Z}$ mit $\mathrm{ggT}(a,m) = 1$. a ist genau dann ein n-ter Potenzrest modulo m, wenn es ein $\xi \in E(\mathbb{Z}/m\mathbb{Z})$ mit $\xi^n = [\,a\,]_m$ gibt. Ist a ein n-ter Potenzrest modulo m, so gilt

$$\#(\{\xi \in E(\mathbb{Z}/m\mathbb{Z}) \mid \xi^n = [\,a\,]_m\}) = N_n(a,m).$$

(6.14) Satz: *Es sei* $m \in \mathbb{N}$*, und es sei* $m = p_1^{\alpha_1} p_2^{\alpha_2} \cdots p_r^{\alpha_r}$ *die Primzerlegung von* m*; es seien* $n \in \mathbb{N}$ *und* $a \in \mathbb{Z}$*.*
(1) *a ist genau dann ein n-ter Potenzrest modulo m, wenn gilt: Für jedes $i \in \{1, 2, \ldots, r\}$ ist a ein n-ter Potenzrest modulo $p_i^{\alpha_i}$.*
(2) *Ist $\mathrm{ggT}(a,m) = 1$, so gilt*

$$N_n(a,m) = N_n(a, p_1^{\alpha_1}) N_n(a, p_2^{\alpha_2}) \cdots N_n(a, p_r^{\alpha_r}).$$

Beweis: Man wendet (6.3) auf das Polynom $f := X^n - a \in \mathbb{Z}[\,X\,]$ an.

(6.15) Bemerkung: Es sei $n \in \mathbb{N}$, und es sei $a \in \mathbb{Z}$. Mit Hilfe von (6.14) läßt sich die Untersuchung von Kongruenzen der Form $X^n \equiv a \pmod{m}$, in denen m eine natürliche Zahl mit $\mathrm{ggT}(a,m) = 1$ ist, auf die Untersuchung von Kongruenzen $X^n \equiv a \pmod{p^\alpha}$ zurückführen, in denen p eine Primzahl, die a nicht teilt, und α eine natürliche Zahl ist.

(6.16) Satz: *Es sei p eine ungerade Primzahl, und es seien α und n natürliche Zahlen; es sei $d := \mathrm{ggT}(n, \varphi(p^\alpha))$.*
(1) *Es sei $a \in \mathbb{Z} \setminus p\mathbb{Z}$. Folgende Aussagen sind äquivalent:*
    (a) *a ist ein n-ter Potenzrest modulo p^α.*
    (b) *a ist ein d-ter Potenzrest modulo p^α.*
    (c) *Es gilt $a^{\varphi(p^\alpha)/d} \equiv 1 \pmod{p^\alpha}$.*
(2) *Für jeden n-ten Potenzrest $a \in \mathbb{Z}$ modulo p^α gilt*

$$N_n(a, p^\alpha) \;=\; \mathrm{ggT}\big(n, \varphi(p^\alpha)\big).$$

(3) *In $\{0, 1, \ldots, p^\alpha - 1\}$ gibt es genau $\varphi(p^\alpha)/d$ verschiedene n-te Potenzreste modulo p^α.*

Beweis: Es sei $g \in \mathbb{Z}$ eine Primitivwurzel modulo p^α (vgl. (5.2) und (5.16)).
(1) und (3): $U := \{\xi^n \mid \xi \in E(\mathbb{Z}/p^\alpha\mathbb{Z})\}$ ist eine Untergruppe der Gruppe $E(\mathbb{Z}/p^\alpha\mathbb{Z})$. Es gilt $E(\mathbb{Z}/p^\alpha\mathbb{Z}) = \langle\, [g]_{p^\alpha} \,\rangle$ und $U = \langle\, [g]_{p^\alpha}^n \,\rangle$. Nach (3.7)(2) ist

$$\#(U) \;=\; \#\big(\langle\, [g]_{p^\alpha}^n \,\rangle\big) \;=\; \mathrm{ord}\big([g]_{p^\alpha}^n\big) \;=\; \frac{\mathrm{ord}\big([g]_{p^\alpha}\big)}{\mathrm{ggT}\big(n, \mathrm{ord}([g]_{p^\alpha})\big)} \;=$$

$$=\; \frac{\varphi(p^\alpha)}{\mathrm{ggT}\big(n, \varphi(p^\alpha)\big)} \;=\; \frac{\varphi(p^\alpha)}{d} \;=\; \frac{\#(G)}{d}.$$

Nach (3.10) gilt daher einerseits

$$U \;=\; \Big\langle\, [g]_{p^\alpha}^{\#(G)/\#(U)} \,\Big\rangle \;=\; \big\langle\, [g]_{p^\alpha}^d \,\big\rangle \;=\; \{\xi^d \mid \xi \in E(\mathbb{Z}/p^\alpha\mathbb{Z})\} \;=$$

$$=\; \big\{ [a]_{p^\alpha} \mid 0 \le a \le p^\alpha - 1;\ a \text{ ist } d\text{-ter Potenzrest modulo } p^\alpha \big\}$$

und andererseits

$$U \;=\; \big\{ \eta \in E(\mathbb{Z}/p^\alpha\mathbb{Z}) \mid \eta^{\#(U)} = [1]_{p^\alpha} \big\} \;=$$

$$=\; \big\{ \eta \in E(\mathbb{Z}/p^\alpha\mathbb{Z}) \mid \eta^{\varphi(p^\alpha)/d} = [1]_{p^\alpha} \big\} \;=$$

$$=\; \big\{ [a]_{p^\alpha} \mid 0 \le a \le p^\alpha - 1;\ p \nmid a;\ a^{\varphi(p^\alpha)/d} \equiv 1 \pmod{p^\alpha} \big\}.$$

Damit ist gezeigt, daß die drei Aussagen (a), (b) und (c) in (1) äquivalent sind und daß (3) gilt.

(2) Es sei $a \in \mathbb{Z}$, und es gelte: a ist ein n-ter Potenzrest modulo p^α. Es gibt ein $j \in \{0, 1, \ldots, p^\alpha - 1\}$ mit $a \equiv g^j \pmod{p^\alpha}$. Nach (1) gilt

$$g^{j\varphi(p^\alpha)/d} \equiv a^{\varphi(p^\alpha)/d} \equiv 1 \pmod{p^\alpha},$$

und daher ist $j\varphi(p^\alpha)/d$ durch $\operatorname{ord}([g]_{p^\alpha}) = \varphi(p^\alpha)$ teilbar (vgl. (3.5)(3)). Also ist j durch $d = \operatorname{ggT}(n, \varphi(p^\alpha))$ teilbar, und somit besitzt die Kongruenz $nk \equiv j \pmod{\varphi(p^\alpha)}$ nach (4.9)(3) in $\{0, 1, \ldots, p^\alpha - 1\}$ genau d verschiedene Lösungen $k_1, k_2, \ldots, k_d$. Für jedes $i \in \{1, 2, \ldots, d\}$ gilt

$$x_i := g^{k_i} \bmod p^\alpha \in \{0, 1, \ldots, p^\alpha - 1\}$$

und

$$x_i^n \equiv g^{nk_i} \equiv g^j \equiv a \pmod{p^\alpha},$$

und $x_1, x_2, \ldots, x_d$ sind paarweise verschieden.

Andererseits gilt für jedes $x \in \mathbb{Z}$, für das $x^n \equiv a \pmod{p^\alpha}$ ist: Wegen $p \nmid x$ gibt es ein $k \in \{0, 1, \ldots, \varphi(p^\alpha) - 1\}$ mit $x \equiv g^k \pmod{p^\alpha}$, wegen

$$g^{nk} \equiv x^n \equiv a \equiv g^j \pmod{p^\alpha}$$

gilt $nk \equiv j \pmod{\varphi(p^\alpha)}$, und daher gilt $k \in \{k_1, k_2, \ldots, k_d\}$ und $x \bmod p^\alpha \in \{x_1, x_2, \ldots, x_d\}$. Also gilt

$$\{x \in \mathbb{Z} \mid 0 \le x \le p^\alpha - 1;\ x^n \equiv a \pmod{p^\alpha}\} = \{x_1, x_2, \ldots, x_d\}$$

und $N_n(a, p^\alpha) = d$.

(6.17) Beispiel: (1) Es sei p eine ungerade Primzahl, und es seien α und n natürliche Zahlen. Nach (6.16)(1) ist -1 dann und nur dann ein n-ter Potenzrest modulo p^α, wenn gilt: Es ist

$$(-1)^{\varphi(p^\alpha)/\operatorname{ggT}(n, \varphi(p^\alpha))} \equiv 1 \pmod{p^\alpha}.$$

Da p ungerade ist, ist dies genau dann der Fall, wenn $\varphi(p^\alpha)/\operatorname{ggT}(n, \varphi(p^\alpha))$ gerade ist. Der Exponent von 2 in der Primzerlegung von $\varphi(p^\alpha)$ ist

$$v_2(\varphi(p^\alpha)) = v_2(p^{\alpha-1}(p-1)) = v_2(p-1),$$

und der Exponent von 2 in der Primzerlegung von $\operatorname{ggT}(n, \varphi(p^\alpha))$ ist

$$v_2(\operatorname{ggT}(n, \varphi(p^\alpha))) = \min(\{v_2(n), v_2(\varphi(p^\alpha))\}) = \min(\{v_2(n), v_2(p-1)\}).$$

Also ist -1 ein n-ter Potenzrest modulo p^α, genau wenn gilt: Es ist

$$v_2(n) < v_2(p-1).$$

(2) Es sei $m \in \mathbb{N}$ ungerade, und es sei $m = p_1^{\alpha_1} p_2^{\alpha_2} \cdots p_r^{\alpha_r}$ die Primzerlegung von m. Nach (6.14)(1) ist -1 ein n-ter Potenzrest modulo m, genau wenn -1 für jedes $i \in \{1, 2, \ldots, r\}$ ein n-ter Potenzrest modulo $p_i^{\alpha_i}$ ist. Aus (1) folgt daher, daß -1 genau dann ein n-ter Potenzrest modulo m ist, wenn gilt: Für jedes $i \in \{1, 2, \ldots, r\}$ ist $v_2(n) < v_2(p_i - 1)$. Nach (6.14)(2) gilt außerdem: Ist -1 ein n-ter Potenzrest modulo m, so gilt

$$N_n(-1, m) = \prod_{i=1}^{r} N_n(-1, p_i^{\alpha_i}) = \prod_{i=1}^{r} \mathrm{ggT}(n, \varphi(p^{\alpha})).$$

(6.18) Satz: *Es sei $n \in \mathbb{N}$, und es sei $a \in \mathbb{Z}$ ungerade.*
(1) a ist n-ter Potenzrest modulo 2, und es gilt $N_n(a, 2) = 1$.
(2) Ist n ungerade, so gilt: a ist ein n-ter Potenzrest modulo 4, und es ist $N_n(a, 4) = 1$; ist n gerade, so ist a genau dann ein n-ter Potenzrest modulo 4, wenn $a \equiv 1 \pmod{4}$ gilt, und ist dies der Fall, so ist $N_n(a, 4) = 2$.
(3) Es sei α eine natürliche Zahl mit $\alpha \geq 3$, es seien $i \in \{0, 1\}$ und $j \in \{0, 1, \ldots, 2^{\alpha-2} - 1\}$ die Zahlen mit $a \equiv (-1)^i 5^j \pmod{2^{\alpha}}$ (vgl. (5.19)(2)), und es sei $\delta := \min(\{v_2(n), \alpha - 2\})$. Ist n ungerade, so ist a ein n-ter Potenzrest modulo 2^{α}, und es ist $N_n(a, 2^{\alpha}) = 1$; ist n gerade, so ist a ein n-ter Potenzrest modulo 2^{α}, genau wenn $a \equiv 1 \pmod{8}$ und $v_2(j) \geq \delta$, gilt, und ist dies der Fall, so ist $N_n(a, 2^{\alpha}) = 2^{\delta} = \mathrm{ggT}(n, 2^{\alpha-2})$.

Beweis: (1) ist klar, und (2) folgt, indem man die n-ten Potenzen in der Gruppe $E(\mathbb{Z}/4\mathbb{Z}) = \{[\,1\,]_4, [\,3\,]_4\}$ betrachtet.
(3) (a) Es sei $x \in \mathbb{Z}$ ungerade. Nach (5.19)(2) gibt es eindeutig bestimmte $k \in \{0, 1\}$ und $l \in \{0, 1, \ldots, 2^{\alpha-2} - 1\}$ mit $x \equiv (-1)^k 5^l \pmod{2^{\alpha}}$. Wegen $\mathrm{ord}([\,5\,]_{2^{\alpha}}) = 2^{\alpha-2}$ (vgl. (5.20)(1)) gilt

$$x^n \equiv (-1)^{nk} 5^{nl} \equiv (-1)^{nk \bmod 2} \cdot 5^{nl \bmod 2^{\alpha-2}} \pmod{2^{\alpha}}.$$

Also gilt $x^n \equiv a \pmod{2^{\alpha}}$, genau wenn $nk \bmod 2 = i$ und $nl \bmod 2^{\alpha-2} = j$ gilt, also genau wenn $nk \equiv i \pmod{2}$ und $nl \equiv j \pmod{2^{\alpha-2}}$ gilt.
(b) Es gelte: n ist ungerade. Dann gibt es ein eindeutig bestimmtes $k \in \{0, 1\}$ mit $nk \equiv i \pmod{2}$ und ein eindeutig bestimmtes $l \in \{0, 1, \ldots, 2^{\alpha-2} - 1\}$ mit $nl \equiv j \pmod{2^{\alpha-2}}$ (vgl. (4.9)(2)). Hieraus und aus (a) folgt: Es gibt ein eindeutig bestimmtes $x \in \{0, 1, \ldots, 2^{\alpha} - 1\}$ mit $x^n \equiv a \pmod{2^{\alpha}}$, nämlich $x = (-1)^k 5^l \bmod 2^{\alpha}$. Also ist a ein n-ter Potenzrest modulo 2^{α}, und es ist $N_n(a, 2^{\alpha}) = 1$.
(c) Es gelte: n ist gerade, und es ist $a \not\equiv 1 \pmod{8}$. Für jedes ungerade $x \in \mathbb{Z}$ gilt $x^n \equiv 1 \pmod{8}$, also $x^n \not\equiv a \pmod{8}$, also $x^n \not\equiv a \pmod{2^{\alpha}}$. Somit ist a nicht n-ter Potenzrest modulo 2^{α}.

(d) Es gelte: n ist gerade, es ist $a \equiv 1 \pmod 8$, und es ist $v_2(j) < \delta$. Dann ist j nicht durch $\mathrm{ggT}(n, 2^{\alpha-2}) = 2^{\delta}$ teilbar, und daher gibt es kein $l \in \mathbb{Z}$ mit $nl \equiv j \pmod{2^{\alpha-2}}$ (vgl. (4.9)(1)). Also existiert nach (a) kein $x \in \mathbb{Z}$ mit $x^n \equiv a \pmod{2^{\alpha}}$, und somit ist a nicht n-ter Potenzrest modulo 2^{α}.

(e) Es gelte: n ist ungerade, es ist $a \equiv 1 \pmod 8$, und es ist $v_2(j) \geq \delta$. Es gilt $i = 0$, und j ist gerade (wegen $a \equiv 1 \pmod 8$, vgl. den Beweis in (5.20)(2)). Für $k := 0$ gilt $nk \equiv 0 \equiv i \pmod 2$, und weil j durch $\mathrm{ggT}(n, 2^{\alpha-2}) = 2^{\delta}$ teilbar ist, gibt es ein $l \in \mathbb{N}_0$ mit $nl \equiv j \pmod{2^{\alpha-2}}$ (vgl. (4.9)(1)). Für $x := (-1)^k 5^l = 5^l$ gilt $x^n \equiv a \pmod{2^{\alpha}}$, und somit ist a ein n-ter Potenzrest modulo 2^{α}. Diese Überlegung zeigt auch, daß die Anzahl $N_n(a, 2^{\alpha})$ der $x \in \{0, 1, \ldots, 2^{\alpha} - 1\}$, für die $x^n \equiv a \pmod{2^{\alpha}}$ gilt, gleich der Anzahl $\mathrm{ggT}(n, 2^{\alpha-2}) = 2^{\delta}$ der Zahlen $l \in \{0, 1, \ldots, 2^{\alpha-2} - 1\}$ mit $nl \equiv j \pmod{2^{\alpha-2}}$ ist (vgl. (4.9)(3)).

(6.19) Satz: *Es sei p eine ungerade Primzahl, es sei n eine natürliche Zahl, die nicht durch p teilbar ist, und es sei $a \in \mathbb{Z} \smallsetminus p\mathbb{Z}$. Folgende Aussagen sind äquivalent:*

(1) a ist ein n-ter Potenzrest modulo p.

(2) Für jedes $\alpha \in \mathbb{N}$ ist a ein n-ter Potenzrest modulo p^{α}.

(3) Es gibt ein $\alpha \in \mathbb{N}$, für das a ein n-ter Potenzrest modulo p^{α} ist.

(4) Es gilt

$$a^{(p-1)/\mathrm{ggT}(n, p-1)} \equiv 1 \pmod p.$$

Beweis: Daß (3) aus (2) und (1) aus (3) folgt, ist klar, und nach (6.16)(1) sind (1) und (4) äquivalent.

(1) $\Rightarrow$ (2): Es gelte, daß a ein n-ter Potenzrest modulo p ist. Es sei $\alpha \in \mathbb{N}$, und es sei bereits bewiesen, daß a ein n-ter Potenzrest modulo p^{α} ist. Dann gibt es eine ganze Zahl x mit $p \nmid x$ und mit $x^n \equiv a \pmod{p^{\alpha}}$. Für das Polynom $f := X^n - a \in \mathbb{Z}[X]$ gilt

$$f(x) \equiv 0 \pmod{p^{\alpha}} \quad \text{und} \quad f'(x) = nx^{n-1} \not\equiv 0 \pmod{p^{\alpha}},$$

und daher gibt es nach (6.5)(1) ein $z \in \mathbb{Z}$ mit $z^n - a = f(z) \equiv 0 \pmod{p^{\alpha+1}}$. Also ist a auch ein n-ter Potenzrest modulo $p^{\alpha+1}$.

(6.20) Bemerkung: Es sei p eine ungerade Primzahl, es sei n eine natürliche Zahl, die nicht durch p teilbar ist, es sei $a \in \mathbb{Z}$ ein n-ter Potenzrest modulo p, und es sei $\alpha \in \mathbb{N}$. Der Beweis in (6.5) zeigt, wie man aus einer Lösung $x_1 \in \mathbb{Z}$ der Kongruenz $X^n \equiv a \pmod p$ schrittweise eine Lösung $x_{\alpha} \in \mathbb{Z}$ der Kongruenz $X^n \equiv a \pmod{p^{\alpha}}$ berechnen kann. Auf diese Weise erhält man alle Lösungen von $X^n \equiv a \pmod{p^{\alpha}}$: Die Kongruenz $X^n \equiv a \pmod{p^{\alpha}}$

besitzt nämlich nach (6.16)(2) in $\{0, 1, \ldots, p^\alpha - 1\}$ genausoviele Lösungen wie die Kongruenz $X^n \equiv a \pmod{p}$ in $\{0, 1, \ldots, p - 1\}$, denn wegen $p \nmid n$ gilt

$$
\begin{aligned}
N_n(a, p^\alpha) &= \mathrm{ggT}\big(n, \varphi(p^\alpha)\big) = \\
&= \mathrm{ggT}\big(n, p^{\alpha-1}(p-1)\big) = \mathrm{ggT}(n, p-1) = N_n(a, p).
\end{aligned}
$$

(6.21) Aufgaben:

Aufgabe 1: Man schreibe MuPAD-Funktionen, die für eine Primzahl p, eine natürliche Zahl n und eine ganze Zahl a, die nicht durch p teilbar ist, feststellen, ob a ein n-ter Potenzrest modulo p ist, und die, falls dies der Fall ist, alle Lösungen $x \in \{0, 1, \ldots, p-1\}$ der Kongruenz $X^n \equiv a \pmod{p}$ berechnen. Man verwende dabei einmal die Funktionen zur Berechnung von Primitivwurzeln und von Indizes und zum zweiten die Funktionen `factor` und `gcd` zum Rechnen in Polynomringen über Restklassenkörpern von $\mathbb{Z}$ (wie dies in `numlib::mroots` geschieht, vgl. (6.7)).

Ein Verfahren, das ohne das Rechnen in einem Polynomring auskommt, findet man im Abschnitt 7.3 des Buchs [10] von E. Bach und J. Shallit; für $n = 2$ vergleiche man § 12.

Aufgabe 2: Es sei p eine Primzahl, es sei n eine natürliche Zahl, die nicht durch p teilbar ist, es sei $\alpha \in \mathbb{N}$, und es sei a eine nicht durch p teilbare ganze Zahl. Man schreibe eine MuPAD-Funktion, die die Lösungen $x \in \{0, 1, \ldots, p^\alpha - 1\}$ der Kongruenz $X^n \equiv a \pmod{p^\alpha}$ berechnet, falls a ein n-ter Potenzrest modulo p^α ist, und die andernfalls `FAIL` ausgibt. (Man lese dazu den Beweis des Satzes in Abschnitt (6.5)).

Aufgabe 3: Es sei p eine Primzahl, es sei n eine natürliche Zahl, die durch p teilbar ist, es sei $\alpha \in \mathbb{N}$, und es sei a eine nicht durch p teilbare ganze Zahl. Man schreibe eine MuPAD-Funktion, die die Lösungen $x \in \{0, 1, \ldots, p^\alpha - 1\}$ der Kongruenz $X^n \equiv a \pmod{p^\alpha}$ berechnet, falls a ein n-ter Potenzrest modulo p^α ist, und die andernfalls `FAIL` ausgibt. (Man lese dazu den Beweis des Satzes in Abschnitt (6.5)).

Aufgabe 4: Es seien m und n natürliche Zahlen, und es sei a eine ganze Zahl mit $\mathrm{ggT}(a, m) = 1$. Man schreibe eine MuPAD-Funktion, die feststellt, ob a ein n-ter Potenzrest modulo m ist, und die, falls dies der Fall ist, alle Lösungen $x \in \{0, 1, \ldots, m - 1\}$ der Kongruenz $X^n \equiv a \pmod{m}$ berechnet.

III Anwendungen

7 Der Primzahltest von M. O. Rabin

(7.1) In Abschnitt (2.4) wurde der Primzahltest behandelt, der wohl jedem aus der Schule bekannt ist; es wurde dort auch bemerkt, daß dieser Test nur für kleine Zahlen brauchbar ist. In diesem Paragraphen wird ein wirklich brauchbarer Primzahltest vorgestellt, nämlich der Primzahltest von M. O. Rabin. In den beiden ersten Abschnitten dieses Paragraphen wird die Behandlung dieses Tests vorbereitet: In (7.2) wird eine Eigenschaft aller ungeraden Primzahlen bewiesen, und in (7.3) wird gezeigt, daß diese Eigenschaft umgekehrt die Primzahlen unter allen ungeraden natürlichen Zahlen > 1 charakterisiert. In Wirklichkeit wird in (7.3) wesentlich mehr bewiesen; dieses schärfere Ergebnis wird nachher bei der Diskussion des Rabinschen Tests benötigt. Die dabei benötigten Resultate über Potenzreste wurden in § 6 hergeleitet. Von Zufallszahlen, wie sie der Test von Rabin benötigt, ist im nächsten Paragraphen die Rede.

(7.2) Satz: *Es sei p eine ungerade Primzahl, es seien $\alpha := v_2(p-1)$ und $q := (p-1)/2^\alpha$. Für jedes $a \in \mathbb{Z} \setminus p\mathbb{Z}$ gilt: Es ist entweder $a^q \equiv 1 \pmod{p}$, oder es gibt ein $\beta \in \{0, 1, \ldots, \alpha - 1\}$ mit $a^{2^\beta q} \equiv -1 \pmod{p}$.*

Beweis: Es sei $a \in \mathbb{Z} \setminus p\mathbb{Z}$. Die Ordnung $d := \operatorname{ord}([\,a\,]_p)$ von $[\,a\,]_p$ in der Gruppe $\mathbb{F}_p^\times$ ist nach (4.21) ein Teiler von $p - 1 = 2^\alpha q$, also gibt es ein $\gamma \in \{0, 1, \ldots, \alpha\}$ und einen Teiler $d' \in \mathbb{N}$ von q mit $d = 2^\gamma d'$.

(a) Ist $\gamma = 0$, so ist $d = d'$ ein Teiler von q, und daher gilt $[\,a\,]_p^q = [\,1\,]_p$ (vgl. (3.5)(3)), also $a^q \equiv 1 \pmod{p}$.

(b) Es gelte $\gamma \geq 1$. Es ist $d/2 = 2^{\gamma-1}d' < d = \operatorname{ord}([\,a\,]_p)$, und daher gilt $[\,a\,]_p^{d/2} \neq [\,1\,]_p$. Im Körper $\mathbb{F}_p$ gilt

$$[\,0\,]_p \;=\; [\,a\,]_p^d - [\,1\,]_p \;=\; \left([\,a\,]_p^{d/2} - [\,1\,]_p\right)\left([\,a\,]_p^{d/2} + [\,1\,]_p\right),$$

und somit ist $[\,a\,]_p^{d/2} = -[\,1\,]_p = [-1\,]_p$. Für $\beta := \gamma - 1 \in \{0, 1, \ldots, \alpha - 1\}$ gilt daher

$$a^{2^\beta q} \;=\; a^{2^{\gamma-1}q} \;=\; \left(a^{d/2}\right)^{q/d'} \;\equiv\; (-1)^{q/d'} \;=\; -1 \pmod{p},$$

denn q/d' ist ungerade.

(7.3) Satz: *Es sei $m > 1$ eine ungerade natürliche Zahl, die keine Primzahl ist, und es seien $\alpha := v_2(m-1)$ und $q := (m-1)/2^\alpha$; es seien*

$$E(m) := \{a \in \mathbb{Z} \mid 0 \le a \le m-1;\ \mathrm{ggT}(a,m) = 1\}$$

und

$$A(m) := \left\{ a \in E(m) \ \middle| \ \begin{array}{l} \text{Es gilt } a^q \equiv 1 \ (\mathrm{mod}\ m), \text{ oder es existiert ein} \\ \beta \in \{0,1,\ldots,\alpha-1\} \text{ mit } a^{2^\beta q} \equiv -1 \ (\mathrm{mod}\ m) \end{array} \right\}.$$

Es gilt

$$A(m) \subsetneqq E(m),$$

und ist $m \ne 9$, so gilt

$$\#(A(m)) \le \frac{1}{4}\varphi(m) = \frac{1}{4}\#(E(m)).$$

Beweis: Es gilt

$$A(9) = \{1,8\} \subsetneqq \{1,2,4,5,7,8\} = E(9).$$

Es sei von jetzt an $m \ge 15$, und es sei $m = p_1^{\alpha_1} p_2^{\alpha_2} \cdots p_r^{\alpha_r}$ die Primzerlegung von m. Für jedes $i \in \{1,2,\ldots,r\}$ ist $p_i = 1 + 2^{\beta_i} q_i$ mit einem $\beta_i \in \mathbb{N}$ und einem ungeraden $q_i \in \mathbb{N}$. Durch eine Umnumerierung von $p_1, p_2, \ldots, p_r$ erreicht man, daß $\beta_1 = \min(\{\beta_1, \beta_2, \ldots, \beta_r\})$ gilt. Für jedes $i \in \{1,2,\ldots,r\}$ sei $q_i' := \mathrm{ggT}(q, q_i)$.

(1) Für die Menge

$$\mathcal{M} := \{a \in E(m) \mid a^q \equiv 1 \ (\mathrm{mod}\ m)\}$$

gilt nach (6.14)(2) und (6.16)(2): Es ist

$$\#(\mathcal{M}) = N_q(1,m) = \prod_{i=1}^{r} N_q(1, p_i^{\alpha_i}) = \prod_{i=1}^{r} \mathrm{ggT}(q, \varphi(p_i^{\alpha_i})) =$$

$$= \prod_{i=1}^{r} \mathrm{ggT}(q, p_i^{\alpha_i - 1}(p_i - 1)) = \prod_{i=1}^{r} \mathrm{ggT}(q, p_i - 1) =$$

$$= \prod_{i=1}^{r} \mathrm{ggT}(q, 2^{\beta_i} q_i) = \prod_{i=1}^{r} \mathrm{ggT}(q, q_i) = \prod_{i=1}^{r} q_i'.$$

(Dabei ist zu beachten: $q = (m-1)/2^\alpha$ ist ungerade und durch keinen der Primteiler $p_1, p_2, \ldots, p_r$ von m teilbar).

Nach (6.17)(2) gilt für $\beta \in \{0, 1, \ldots, \alpha - 1\}$ und für die Menge

$$\mathcal{M}_\beta := \left\{ a \in E(m) \mid a^{2^\beta q} \equiv -1 \pmod{m} \right\} :$$

Ist

$$\beta = v_2(2^\beta q) \geq \min(\{v_2(p_1 - 1), v_2(p_2 - 1), \ldots, v_2(p_r - 1)\}) =$$
$$= \min(\{\beta_1, \beta_2, \ldots, \beta_r\}) = \beta_1,$$

so ist $\mathcal{M}_\beta = \varnothing$, und ist $\beta \leq \beta_1 - 1$, so ist

$$\#(\mathcal{M}_\beta) = N_{2^\beta q}(-1, m) = \prod_{i=1}^{r} \mathrm{ggT}\left(2^\beta q, \varphi(p_i^{\alpha_i})\right) =$$

$$= \prod_{i=1}^{r} \mathrm{ggT}\left(2^\beta q, p_i^{\alpha_i - 1}(p_i - 1)\right) = \prod_{i=1}^{r} \mathrm{ggT}(2^\beta q, p_i - 1) =$$

$$= \prod_{i=1}^{r} \mathrm{ggT}(2^\beta q, 2^{\beta_i} q_i) = \prod_{i=1}^{r}(2^\beta q_i') = 2^{r\beta} \prod_{i=1}^{r} q_i'.$$

Es gilt

$$A(m) = \mathcal{M} \cup \bigcup_{\beta=0}^{\alpha-1} \mathcal{M}_\beta = \mathcal{M} \cup \bigcup_{\beta=0}^{\beta_1-1} \mathcal{M}_\beta,$$

und die Mengen $\mathcal{M}, \mathcal{M}_0, \mathcal{M}_1, \ldots, \mathcal{M}_{\beta_1-1}$ sind paarweise disjunkt. Also gilt

$$\#(A(m)) = \#(\mathcal{M}) + \sum_{\beta=0}^{\beta_1-1} \#(\mathcal{M}_\beta) =$$

$$= \left(1 + \sum_{\beta=0}^{\beta_1-1} 2^{r\beta}\right) \cdot \prod_{i=1}^{r} q_i' = \left(1 + \frac{2^{r\beta_1} - 1}{2^r - 1}\right) \cdot \prod_{i=1}^{r} q_i' =$$

$$= \frac{\varphi(m)}{p_1^{\alpha_1-1}(p_1 - 1)p_2^{\alpha_2-1}(p_2 - 1) \cdots p_r^{\alpha_r-1}(p_r - 1)} \left(1 + \frac{2^{r\beta_1} - 1}{2^r - 1}\right) \cdot \prod_{i=1}^{r} q_i' =$$

$$= \frac{\varphi(m)}{2^{\beta_1+\beta_2+\cdots+\beta_r} \cdot p_1^{\alpha_1-1} p_2^{\alpha_2-1} \cdots p_r^{\alpha_r-1}} \left(1 + \frac{2^{r\beta_1} - 1}{2^r - 1}\right) \cdot \underbrace{\prod_{i=1}^{r} \frac{q_i'}{q_i}}_{\leq 1}.$$

(2) Ist $r \geq 3$, so folgt aus (1): Es ist

$$\#(A(m)) \leq \frac{\varphi(m)}{2^{\beta_1+\beta_2+\cdots+\beta_r}} \left(1 + \frac{2^{r\beta_1} - 1}{2^r - 1}\right) \leq \frac{\varphi(m)}{2^{r\beta_1}} \left(1 + \frac{2^{r\beta_1} - 1}{2^r - 1}\right) =$$

$$= \varphi(m)\cdot\left(\frac{1}{2^r-1}+\frac{2^r-2}{2^{r\beta_1}(2^r-1)}\right) \le \varphi(m)\cdot\left(\frac{1}{2^r-1}+\frac{2^r-2}{2^r(2^r-1)}\right) =$$

$$= \varphi(m)\cdot\frac{2\cdot(2^r-1)}{2^r\cdot(2^r-1)} = \frac{\varphi(m)}{2^{r-1}} \le \frac{\varphi(m)}{4}.$$

(3) Gilt $r = 2$ und $\alpha_1 > 1$ oder $\alpha_2 > 1$, so ist $p_1^{\alpha_1-1}p_2^{\alpha_2-1} \ge 3$, und wegen (1) gilt

$$\#(A(m)) = \frac{\varphi(m)}{2^{\beta_1+\beta_2}p_1^{\alpha_1-1}p_2^{\alpha_2-2}}\cdot\left(1+\frac{2^{2\beta_1}-1}{2^2-1}\right)\cdot\frac{q_1'q_2'}{q_1q_2} \le$$

$$\le \frac{\varphi(m)}{2^{2\beta_1}\cdot 3}\cdot\frac{2^{2\beta_1}+2}{3} = \frac{\varphi(m)}{9}\cdot\left(1+\frac{1}{2^{2\beta_1-1}}\right) \le$$

$$\le \frac{\varphi(m)}{9}\cdot\frac{3}{2} = \frac{\varphi(m)}{6} < \frac{\varphi(m)}{4}.$$

(4) Gilt $r = 2$, $\alpha_1 = 1$, $\alpha_2 = 1$ und $\beta_1 < \beta_2$, so ergibt sich aus (1): Es gilt

$$\#(A(m)) \le \frac{\varphi(m)}{2^{\beta_1+\beta_2}}\cdot\left(1+\frac{2^{2\beta_1}-1}{2^2-1}\right) \le \frac{\varphi(m)}{2^{2\beta_1+1}}\cdot\frac{2^{2\beta_1}+2}{3} \le$$

$$\le \frac{\varphi(m)}{6}\cdot\left(1+\frac{1}{2^{2\beta_1-1}}\right) \le \frac{\varphi(m)}{6}\cdot\frac{3}{2} = \frac{\varphi(m)}{4}.$$

(5) Es gelte $r = 2$, $\alpha_1 = 1$, $\alpha_2 = 1$ und $\beta_1 = \beta_2$. Für $q_1' = \mathrm{ggT}(q,q_1)$ und $q_2' = \mathrm{ggT}(q,q_2)$ gilt $q_1' < q_1$ oder $q_2' < q_2$. (Angenommen, es ist $q_1' = q_1$ und $q_2' = q_2$. Dann gilt $q_1 \mid q$ und $q_2 \mid q$, wegen $p_1 \equiv 1 \pmod{q_1}$ gilt

$$0 \equiv 2^\alpha q = m-1 = p_1 p_2 - 1 \equiv p_2 - 1 = 2^{\beta_2}q_2 \pmod{q_1},$$

und daraus folgt $q_1 \mid q_2$. Ebenso folgt $q_2 \mid q_1$. Also gilt $q_1 = q_2$ und daher $p_1 = 1 + 2^{\beta_1}q_1 = 1 + 2^{\beta_2}q_2 = p_2$, aber das ist falsch). Wegen $q_1' \mid q_1$ und $q_2' \mid q_2$ und weil q_1 und q_2 ungerade sind, folgt $q_1' \le q_1/3$ oder $q_2' \le q_2/3$, also in jedem Fall $q_1'q_2' \le q_1q_2/3$. Hieraus und aus (1) folgt

$$\#(A(m)) \le \frac{\varphi(m)}{2^{2\beta_1}}\cdot\left(1+\frac{2^{2\beta_1}-1}{2^2-1}\right)\cdot\frac{q_1'q_2'}{q_1q_2} \le \varphi(m)\cdot\frac{2^{2\beta_1}+2}{3\cdot 2^{2\beta_1}}\cdot\frac{1}{3} =$$

$$= \frac{\varphi(m)}{9}\cdot\left(1+\frac{1}{2^{2\beta_1-1}}\right) \le \frac{\varphi(m)}{9}\cdot\frac{3}{2} = \frac{\varphi(m)}{6} < \frac{\varphi(m)}{4}.$$

(6) Es gelte $r = 1$. Nach (1) gilt

$$\#(A(m)) = \frac{\varphi(m)}{2^{\beta_1}p_1^{\alpha_1-1}}\cdot\left(1+\frac{2^{\beta_1}-1}{2-1}\right)\cdot\frac{q_1'}{q_1} = \frac{\varphi(m)}{p_1^{\alpha_1-1}}\cdot\frac{q_1'}{q_1} \le \frac{\varphi(m)}{p_1^{\alpha_1-1}}.$$

Da m keine Primzahl ist, ist $\alpha_1 \geq 2$. Ist $p_1 \geq 5$, so gilt somit

$$\#(A(m)) \ \leq \ \frac{\varphi(m)}{5} \ < \ \frac{\varphi(m)}{4}.$$

Ist $p_1 = 3$, so ist $\alpha_1 \geq 3$, denn es ist $m = p_1^{\alpha_1} \geq 15$, und es gilt

$$\#(A(m)) \ \leq \ \frac{\varphi(m)}{9} \ < \ \frac{\varphi(m)}{4}.$$

Damit ist der Satz bewiesen.

(7.4) Bemerkung: (1) Es sei $m > 1$ eine ungerade natürliche Zahl, und es seien $\alpha := v_2(m - 1)$ und $q := (m - 1)/2^\alpha$. Wenn m eine Primzahl ist, so gilt nach (7.2) für jedes $a \in E(m) = \{a \in \mathbb{Z} \mid 0 \leq a \leq m - 1; \ \mathrm{ggT}(a, m) = 1\}$:

$$(*) \qquad \begin{cases} \text{Entweder ist } a^q \equiv 1 \pmod{m}, \\ \text{oder es gibt ein } \beta \in \{0, 1, \ldots, \alpha - 1\} \text{ mit } a^{2^\beta q} \equiv -1 \pmod{m}. \end{cases}$$

Ist m keine Primzahl und ist $m \neq 9$, so gilt $(*)$ nach (7.3) nur für höchstens ein Viertel aller $a \in E(m)$. Für $m = 9$ gilt $(*)$ für genau ein Drittel aller $a \in E(m) = \{1, 2, 4, 5, 7, 8\}$.
(2) Die Abschätzung in (7.3) läßt sich nicht verbessern: Ist $m = 91 = 7 \cdot 13$, so gilt $(*)$ für genau $18 = \varphi(m)/4$ aller Elemente von $E(m)$.

(7.5) Der Primzahltest von M. O. Rabin (1976/1980): (1) Es sei m eine ganze Zahl , und es sei $k_{\max}$ eine natürliche Zahl (etwa $k_{\max} = 20$).
(RABIN 1) Ist $m < 2$, so gibt man FALSE aus und bricht ab.
(RABIN 2) Ist m eine der 25 Primzahlen < 100, so gibt man TRUE aus und bricht ab.
(RABIN 3) Ist m durch eine der 25 Primzahlen < 100 teilbar, so gibt man FALSE aus und bricht ab.
(RABIN 4) Ist $m < 10201 = 101^2$, so gibt man TRUE aus und bricht ab. (In diesem Fall ist m nach (2.3) eine Primzahl).
(RABIN 5) Man setzt

$$\alpha \ := \ v_2(m - 1), \quad q \ := \ \frac{m - 1}{2^\alpha} \quad \text{und} \quad k := 1.$$

(RABIN 6) Man wählt eine Zufallszahl $a \in \{1, 2, \ldots, m - 1\}$. Wenn $d := \mathrm{ggT}(a, m) > 1$ ist, so gibt man FALSE aus und bricht ab. (Ist $d > 1$, so ist d ein nichttrivialer Teiler von m).
(RABIN 7) Gilt sowohl $a^q \not\equiv 1 \pmod{m}$ als auch $a^{2^\beta q} \not\equiv -1 \pmod{m}$ für jedes $\beta \in \{0, 1, \ldots, \alpha - 1\}$, so gibt man FALSE aus und bricht ab. (In diesem Fall weiß man nach (7.2), daß m keine Primzahl ist, kennt aber keinen nichttrivialen Teiler von m).

(RABIN 8) Ist $k < k_{\max}$, so setzt man $k := k + 1$ und geht zu (RABIN 6). Ist $k = k_{\max}$, so gibt man TRUE aus und bricht ab.

(2) Es sei m eine ganze Zahl. Liefert der Algorithmus RABIN für m die Ausgabe FALSE, so ist m keine Primzahl. Liefert er dagegen die Ausgabe TRUE, so ist entweder m eine Primzahl, oder m ist keine Primzahl, und während des Algorithmus wurde $k_{\max}$-mal eine Zufallszahl gewählt, die in der in (7.3) erklärten Teilmenge $A(m)$ von

$$E(m) := \big\{ b \mid 1 \leq b \leq m - 1;\ \mathrm{ggT}(b, m) = 1 \big\}$$

liegt. Ist m keine Primzahl und ist $m > 9$, so ist $\#(A(m))/\#(E(m)) \leq 1/4$, und daher ist die Wahrscheinlichkeit dafür, daß RABIN bei Anwendung auf m das falsche Ergebnis TRUE liefert, höchstens gleich $1/4^{k_{\max}}$. (Dabei ist vorausgesetzt, daß der Zufallszahlengenerator, der im Schritt (RABIN 6) jeweils eine Zufallszahl liefert, hinreichend gut ist, also die von ihm gelieferten Zufallszahlen unabhängig voneinander sind). Der Algorithmus RABIN ist ein stochastischer Test: Zum einen verwendet er zufällig gewählte Zahlen, und zum anderen liefert er mit einer gewissen kleinen Wahrscheinlichkeit bisweilen ein inkorrektes Ergebnis, doch läßt sich diese Wahrscheinlichkeit durch Vergrößerung von $k_{\max}$ beliebig klein machen.

(3) Es sei $m > 1$ eine ungerade natürliche Zahl, die keine Primzahl ist, und es sei a eine natürliche Zahl. Man nennt m eine starke Pseudoprimzahl zur Basis a, wenn $a \bmod m$ in der in (7.3) erklärten Ausnahmemenge $A(m)$ liegt, also wenn a und m teilerfremd sind und mit $\alpha := v_2(m-1)$ und $q := (m-1)/2^\alpha$ gilt: Entweder ist $a^q \equiv 1 \pmod{m}$, oder es gibt ein $\beta \in \{0, 1, \ldots, \alpha - 1\}$ mit $a^{2^\beta q} \equiv -1 \pmod{m}$.

(4) Mit der in (3) eingeführten Sprechweise gilt: Liefert der Algorithmus RABIN für eine ungerade natürliche Zahl m die Ausgabe TRUE, so ist m entweder eine Primzahl oder für $k_{\max}$ Zahlen a aus der Menge

$$\big\{ b \mid 1 \leq b \leq m - 1;\ \mathrm{ggT}(b, m) = 1 \big\}$$

eine starke Pseudoprimzahl zur Basis a.

(5) Der Primzahltest `isprime` aus dem MuPAD-Kern ist im wesentlichen der Primzahltest RABIN (mit $k_{\max} = 10$).

(7.6) Der in (7.5)(1) beschriebene stochastische Primzahltest wurde von M. O. Rabin 1976 in [86] angegeben. Eine deterministische Variante des Rabinschen Tests hat G. L. Miller 1975 in [70] publiziert. Er zeigte: Unter der Voraussetzung der Richtigkeit der verallgemeinerten Riemannschen Vermutung, von der bereits in (5.5)(2) die Rede war, gibt es zu jeder ungeraden

Nichtprimzahl $m > 1$ eine natürliche Zahl a mit $1 < a < 2 \cdot \log(m)^2$, für die m nicht starke Pseudoprimzahl zur Basis a ist. Wüßte man also, daß die verallgemeinerte Riemannsche Vermutung richtig ist, so könnte man für jede natürliche Zahl $m > 1$ in höchstens $\lfloor 2 \cdot \log(m)^2 \rfloor$ Schritten vom Typ (RABIN 7) entscheiden, ob sie eine Primzahl ist oder nicht.

(7.7) Man könnte eine deterministische Variante von RABIN folgendermaßen implementieren: Man führt den Schritt (RABIN 7) jeweils mit einer Zahl a aus einer von Anfang an festgewählten endlichen Menge $\mathcal{M}$ durch und nicht mit einer zufällig gewählten Zahl a. Solche Primzahltests waren in älteren Versionen mancher Computeralgebra-Systemen enthalten, wobei $\mathcal{M}$ die Menge der ersten 5 oder der ersten $k_{\max}$ Primzahlen war. Ein solcher Test wird immer gewisse Nichtprimzahlen als Primzahlen deklarieren. Es gilt nämlich (vergleiche dazu Granville [45]): Zu jeder endlichen Menge $\mathcal{M}$ gibt es unendliche viele ganze Zahlen, die für jedes $a \in \mathcal{M}$ starke Pseudoprimzahlen zur Basis a sind. In [5] gibt F. Arnault die Zahlen

$$ n \; := \; 1\,19506\,87687\,95265\,79251\,83613\,15725\,11635\,18982\,45581 $$

und

$$
\begin{aligned}
N \; := \quad & 80\,38374\,57453\,63949\,12570\,79614\,34194\,21081\,38837\,68828 \\
& 75581\,45837\,48891\,75222\,97427\,37653\,33652\,18650\,23361\,63960 \\
& 04545\,79150\,42023\,60320\,87665\,69966\,76098\,72840\,43965\,40823 \\
& 29287\,38791\,85086\,91668\,57328\,26776\,17710\,29389\,69773\,94701 \\
& 67082\,30428\,68710\,99974\,39976\,54414\,48453\,41155\,87245\,06334 \\
& 09279\,02227\,52962\,29414\,98423\,06881\,68540\,43264\,57534\,01832 \\
& 97861\,11298\,96064\,48452\,16191\,65287\,25975\,34901
\end{aligned}
$$

an, für die gilt: n ist für jede Primzahl $p \leq 31$ eine starke Pseudoprimzahl zur Basis p, und N ist für jede Primzahl $p \leq 200$ eine starke Pseudoprimzahl zur Basis p. In [6] konstruiert Arnault große Carmichael-Zahlen, die starke Pseudoprimzahlen zu vielen Basen sind.

Die folgende Liste (vgl. dazu die Arbeit [50] von G. Jaeschke) enthält zu jedem $k \in \{1, 2, \ldots, 8\}$ in der ersten Spalte die kleinste natürliche Zahl m_k, die eine starke Pseudoprimzahl zu den Basen $p_1, p_2, \ldots, p_k$ ist, wobei p_1, $p_2, \ldots, p_k$ die ersten k Primzahlen sind. In der zweiten Spalte steht für jedes k die Primzerlegung von m_k und in der dritten der Quotient $\#(A(m_k))/\varphi(m_k)$, wobei wie bisher $A(m_k)$ die Menge der zu m_k teilerfremden natürlichen Zahlen $a < m_k$ ist, für die m_k eine starke Pseudoprimzahl zur Basis a ist.

k	m_k	Primzerlegung	$\#(A(m_k))/\varphi(m_k)$
1	2047	$23 \cdot 89$	$1/8$
2	13 73653	$829 \cdot 1657$	$3/16$
3	253 26001	$2251 \cdot 11251$	$1/10$
4	32150 31751	$151 \cdot 751 \cdot 28351$	$1/4$
5	215 23028 98747	$6763 \cdot 10627 \cdot 29947$	$1/4$
6	347 47496 60383	$1303 \cdot 16927 \cdot 157543$	$1/4$
7	34155 00717 28321	$10670053 \cdot 32010157$	$1/8$
8	34155 00717 28321	$10670053 \cdot 32010157$	$1/8$

(7.8) Bemerkung: Es gibt eine Reihe von deterministischen Primzahltests, also von Primzahltests, die mit Sicherheit ein korrektes Ergebnis liefern. Darauf kann hier nicht eingegangen werden. Ein solcher Test ist in der MuPAD-Funktion **numlib::proveprime** enthalten, ein anderer, der Hilfsmittel aus der Algebraischen Zahlentheorie verwendet, wird in Abschnitt 9.6 des Buchs [10] von E. Bach und J. Shallit beschrieben.

(7.9) Aufgaben:

Aufgabe 1: Man schreibe eine MuPAD-Funktion, die für natürliche Zahlen m und a entscheidet, ob m eine starke Pseudoprimzahl zur Basis a ist. Man bestätige mit ihrer Hilfe, was in (7.7) über die beiden von F. Arnault angegebenen Zahlen n und N und über die Zahlen $m_1, m_2, \ldots, m_8$ ausgesagt ist. (Man vgl. auch Aufgabe 7).

Aufgabe 2: Es sei $m > 1$ eine ungerade natürliche Zahl, und es seien $\alpha := v_2(m-1)$ und $q := (m-1)/2^\alpha$; es sei $A(m)$ die Menge der $a \in \{0, 1, 2, \ldots, m-1\}$ mit $\mathrm{ggT}(a, m) = 1$, für die gilt: Es ist $a^q \equiv 1 \pmod{m}$, oder es gibt ein $\beta \in \{0, 1, \ldots, \alpha - 1\}$ mit $a^{2^\beta q} \equiv -1 \pmod{m}$.

(a) Man schreibe eine MuPAD-Funktion, die die Menge $A(m)$ berechnet.

(b) Im Beweis von (7.3) wurde die Anzahl der Elemente der Menge $A(m)$ berechnet. Man schreibe eine MuPAD-Funktion, die $\#(A(m))/\varphi(m)$ (oder $\#(A(m))$ selbst) berechnet. Man schreibe diese Funktion so, daß man ihr statt m auch eine Liste $[p_1, p_2, \ldots, p_r]$ paarweise verschiedener ungerader Primzahlen und eine Liste $[\alpha_1, \alpha_2, \ldots, \alpha_r]$ natürlicher Zahlen übergeben kann, zu denen sie dann $\#(A(m))/\varphi(m)$ [oder $\#(A(m))$] für $m := p_1^{\alpha_1} p_2^{\alpha_2} \ldots p_r^{\alpha_r}$ berechnet. Auf diese Weise kann man $\#(A(m))/\varphi(m)$ auch für solche m ausrechnen, die **ifactor** nicht mehr faktorisieren will (vgl. Aufgabe 3).

Aufgabe 3: Die Zahlen n und N aus (7.7) sind keine Primzahlen, und man kann ihre Primzerlegungen mit Hilfe der in (4.29) beschriebenen Methode berechnen (vgl. (4.30), Aufgabe 9). Man ermittle die Anzahl der Elemente der Mengen $A(n)$ und $A(N)$. (Dazu lese man den Beweis in (7.3) oder bearbeite zuerst Aufgabe 2(b)).

Aufgabe 4: Es seien p_1, p_2, p_3 paarweise verschiedene ungerade Primzahlen, es sei $m := p_1 p_2 p_3$, und es gelte für jedes $i \in \{1, 2, 3\}$

$$p_i \equiv 3 \pmod{4} \quad \text{und} \quad p_i - 1 \,|\, m - 1.$$

Man zeige: Für die in (7.3) definierte Menge $A(m)$ gilt

$$\#(A(m)) = \frac{\varphi(m)}{4}.$$

(Nach dem Kriterium von Korselt ist m eine Carmichael-Zahl, vgl. dazu Aufgabe 7 in (5.26)).

Aufgabe 5: (1) Man zeige, daß die Zahl

$$m := 1253\,07596\,07784\,49601\,05845\,73923$$

eine Carmichael-Zahl ist und daß sie für genau ein Viertel aller zu m teilerfremden natürlichen Zahlen $b < m$ eine starke Pseudoprimzahl zur Basis b ist. (m ist eine der von F. Arnault in [6] angegebenen großen Carmichael-Zahlen, die zu vielen Basen starke Pseudo-Primzahlen sind).

(2) Man zeige, daß **isprime** bei Anwendung auf m bisweilen die falsche Ausgabe **TRUE** liefert.

Aufgabe 6: Man schreibe zu dem Algorithmus RABIN aus (7.5) eine MuPAD-Funktion **rabin**. Dabei sollte die Zahl $k_{\max}$ vom Benutzer frei gewählt werden können. Man überlege sich auch noch, ob man den Schritt (RABIN 3) folgendermaßen implementieren sollte: Man prüft nach, ob das Produkt der 25 Primzahlen < 100 und die Zahl m, von der festzustellen ist, ob sie eine Primzahl ist oder nicht, teilerfremd sind. Ist es sinnvoll, nach (RABIN 4) noch einen weiteren ähnlichen Test durchzuführen, etwa festzustellen, ob m und das Produkt der Primzahlen zwischen 100 und 1000 teilerfremd sind?

Aufgabe 7: Man ändere den Algorithmus RABIN folgendermaßen ab: Man führt den Schritt (RABIN 7) nicht mit einer zufällig aus der Menge $E(m) = \{b \,|\, 1 \leq b \leq m - 1;\ \mathrm{ggT}(b, m) = 1\}$ ausgewählten Zahl a durch, sondern wählt darin als a der Reihe nach $p_1 = 2$, $p_2 = 3$, $p_3 = 5$, $p_4 = 7$, $p_5 = 11$ und so fort. Man schreibe dazu eine MuPAD-Funktion. Diese Funktion wird eine natürliche Zahl m, die keine Primzahl ist, als Primzahl deklarieren, wenn m eine starke Pseudoprimzahl zu jeder der Basen p_1, $p_2, \ldots, p_{k_{\max}}$ ist.

8 Zufallszahlen

(8.1) Wenn man mit dem in § 7 beschriebenen Primzahltest von Rabin eine
natürliche Zahl m darauf testen will, ob sie eine Primzahl ist, so ist mehrere Male eine Zahl aus der Menge $\mathcal{M}_m = \{1, 2, \cdots, m-1\}$ zufällig zu wählen.
Die Abschätzung der Fehlerwahrscheinlichkeit beim Primzahltest von Rabin in
(7.5)(2) beruht darauf, daß diese Wahl wirklich zufällig geschieht. Wohl jeder
hat eine Vorstellung, was dies bedeutet, etwa daß jede der $m-1$ Zahlen aus
$\mathcal{M}_m$ mit derselben Wahrscheinlichkeit ausgewählt wird oder daß eine gewählte Zahl nicht von eventuell vorher ausgewählten Zahlen abhängig ist. Es ist
aber zunächst nicht klar, wie man in einem Rechner das zufällige Auswählen
von Elementen aus einer Menge $\mathcal{M}$ von Zahlen, etwa aus dem Intervall $[\,0, 1\,[$,
realisieren soll. Dies geschieht folgendermaßen: Man findet einen Algorithmus,
der der Reihe nach die Terme einer Folge $(u_i)_{i \geq 0}$ von Zahlen aus $\mathcal{M}$ ausgibt,
und diese Folge testet man mittels statistischer Tests darauf, ob sie Eigenschaften besitzt, die man mit der Vorstellung einer Folge von zufällig aus $\mathcal{M}$
ausgewählten Zahlen verbindet. Eine solche Folge wird im folgenden eine Folge
von Zufallszahlen aus der Menge $\mathcal{M}$ heißen. Über die Schwierigkeit, Zufallszahlen begrifflich sauber zu fassen, kann man in Knuth [55], Abschnitt 3.5,
und in Lagarias [59] nachlesen.

(8.2) Bezeichnung: Es sei $m \in \mathbb{N}$, und es seien $a, b, x^* \in \mathbb{Z}$. Die Folge $(x_i)_{i \geq 0}$
in $\{0, 1, \ldots, m-1\}$ mit

$$x_0 := x^* \bmod m \quad \text{und} \quad x_i := (ax_{i-1} + b) \bmod m \quad \text{für jedes } i \in \mathbb{N}$$

heißt die durch (m, a, b, x^*) definierte L-Folge.

(8.3) Bemerkung: Es seien $m \in \mathbb{N}$ und $a, b, x^* \in \mathbb{Z}$, und es sei $(x_i)_{i \geq 0}$ die
durch (m, a, b, x^*) definierte L-Folge.
(1) Da die Menge $\{0, 1, \ldots, m-1\}$ endlich ist, ist die Folge $(x_i)_{i \geq 0}$ – eventuell
erst nach einer Vorperiode – periodisch. Es gibt also ein $k \in \mathbb{N}_0$ und ein $l \in \mathbb{N}$
mit: $x_0, x_1, \ldots, x_{k-1}, x_k, x_{k+1}, \ldots, x_{k+l-1}$ sind paarweise verschieden, und für
jedes $j \in \mathbb{N}_0$ ist $x_{k+j} = x_{k+(j \bmod l)}$. $(x_0, x_1, \ldots, x_{k-1})$ heißt die Vorperiode,
$(x_k, x_{k+1}, \ldots, x_{k+l-1})$ die Periode und l die Periodenlänge der Folge $(x_i)_{i \geq 0}$.
(2) Es seien $i, j \in \mathbb{N}$ mit $j > i \geq k$ und mit $x_i = x_j$. Dann ist $j - i$ durch die
Periodenlänge l teilbar, denn es gilt $r := (j - i) \bmod l \in \{0, 1, \ldots, l-1\}$ und
$x_i = x_j = x_{i+(j-i)} = x_{i+r}$, und da $x_i, x_{i+1}, \ldots, x_{i+(l-1)}$ paarweise verschieden
sind, folgt $r = 0$.
(3) Durch Induktion folgt sogleich: Für jedes $i \in \mathbb{N}$ ist

$$x_i = \left(a^i x^* + b(1 + a + a^2 + \cdots + a^{i-1})\right) \bmod m =$$

$$= \begin{cases} (a^i x^* + ib) \bmod m, & \text{falls } a \equiv 1 \ (\text{mod } m) \text{ gilt,} \\ \left(a^i x^* + b\,\dfrac{a^i - 1}{a - 1} \right) \bmod m, & \text{falls } a \not\equiv 1 \ (\text{mod } m) \text{ gilt.} \end{cases}$$

(4) Gilt $\mathrm{ggT}(a, m) = 1$, so besitzt die Folge $(x_i)_{i \geq 0}$ keine Vorperiode, und für ihre Periodenlänge l gilt $l = \min(\{i \in \mathbb{N} \mid x_i = x_0\})$.

Beweis: Es gelte $\mathrm{ggT}(a, m) = 1$, und es seien $i, j \in \mathbb{N}$ mit $i < j$ und mit $x_i = x_j$. Es gilt

$$a^i \left((a^{j-i} - 1)x^* + b(1 + a + a^2 + \cdots + a^{j-i-1}) \right) =$$
$$= \left(a^j x^* + b(1 + a + \cdots + a^{j-1}) \right) - \left(a^i x^* + b(1 + a + \cdots + a^{i-1}) \right) \equiv$$
$$\equiv x_j - x_i = 0 \quad (\text{mod } m),$$

wegen $\mathrm{ggT}(a, m) = 1$ folgt daraus

$$(a^{j-i} - 1)x^* + b(1 + a + a^2 + \cdots + a^{j-i-1}) \equiv 0 \quad (\text{mod } m),$$

also

$$x_0 = x^* \bmod m = \left(a^{j-i} x^* + b(1 + a + a^2 + \cdots + a^{j-i-1}) \right) \bmod m = x_{j-i}.$$

Also gehört x_0 zur Periode der Folge $(x_i)_{i \geq 0}$. Daher besitzt diese Folge keine Vorperiode, und ihre Periodenlänge ist die kleinste natürliche Zahl i, für die $x_i = x_0$ ist.

(8.4) Bemerkung: D. H. Lehmer hat in [62] das folgende Verfahren zur Erzeugung von Zufallszahlen im Intervall $[0, 1[$ vorgeschlagen: Man wähle Zahlen $m \in \mathbb{N}$ und a, b, x^* in $\mathbb{Z}$, berechne die Terme der durch (m, a, b, x^*) definierte L-Folge $(x_i)_{i \geq 0}$ und setze $u_i := x_i/m$ für jedes $i \in \mathbb{N}_0$. Dann ist $(u_i)_{i \geq 0}$ eine Folge im Intervall $[0, 1[$, die man statistischen Tests unterzieht und, falls deren Ergebnisse es erlauben, als Folge von Zufallszahlen verwenden kann.

Der Vorteil dieses Verfahrens besteht darin, daß man sehr schnell viele Terme einer L-Folge berechnen kann. Ein offensichtlicher Nachteil besteht darin, daß L-Folgen und daher auch die aus ihnen gewonnenen Folgen in $[0, 1[$ periodisch sind. Es kommt daher darauf an, Bedingungen für die Zahlen m, a, b und x^* zu finden, die sicherstellen, daß die durch (m, a, b, x^*) definierte L-Folge eine möglichst lange Periode und wenn möglich sogar eine Periode der Länge m besitzt. Von solchen Bedingungen wird in den nächsten Abschnitten die Rede sein. G. Marsaglia hat in [66] Sätze über die "Feinstruktur" von L-Folgen bewiesen und gezeigt, wie man mit deren Hilfe L-Folgen finden kann, die zur Herstellung von Zufallszahlen geeignet sind. Auf [66] stützen sich die folgende beiden Hilfssätze.

(8.5) Hilfssatz: *Es seien* $m \in \mathbb{N}$ *und* a, b, $x^* \in \mathbb{Z}$, *es sei* $(x_i)_{i\geq 0}$ *die durch* (m, a, b, x^*) *definierte L-Folge, und es sei* $(y_i)_{i\geq 0}$ *die durch* $(m, a, 1, 0)$ *definierte L-Folge; es sei* $v := ((a-1)x^* + b) \bmod m$.
(1) Für jedes $i \in \mathbb{N}_0$ *ist* $x_i = (vy_i + x^*) \bmod m$.
(2) Es gelte $\mathrm{ggT}(a, m) = 1$, *und es sei* $s := \mathrm{ggT}(v, m)$. *Die Folge* $(x_i)_{i\geq 0}$ *hat dieselbe Periodenlänge wie die durch* $(m/s, a, 1, 0)$ *definierte L-Folge.*

Beweis: (1) folgt durch Induktion nach i, und (2) folgt so: Nach (8.3)(4) besitzt die Folge $(x_i)_{i\geq 0}$ keine Vorperiode, und ihre Periodenlänge l ist die kleinste natürliche Zahl i mit $x_i = x_0$. Für $i \in \mathbb{N}$ gilt: Nach (1) ist $x_i = x_0$, genau wenn $vy_i + x^* \equiv x^* \pmod{m}$ gilt, also genau wenn $vy_i \equiv 0 \pmod{m}$ ist, und vy_i ist durch m teilbar, genau wenn $(v/s)y_i$ durch m/s teilbar ist, also wegen $\mathrm{ggT}(v/s, m/s) = 1$ genau wenn y_i durch m/s teilbar ist. Also ist l die kleinste natürliche Zahl i, für die y_i durch m/s teilbar ist. Die durch $(m/s, a, 1, 0)$ definierte L-Folge ist $(y_i \bmod (m/s))_{i\geq 0}$, und wegen $\mathrm{ggT}(a, m/s) = 1$ hat nach (8.3)(4) diese Folge keine Vorperiode, und ihre Periodenlänge ist wegen $y_0 = 0$

$$\min(\{i \in \mathbb{N} \mid y_i \bmod (m/s) = y_0 \bmod (m/s)\}) =$$
$$= \min(\{i \in \mathbb{N} \mid y_i \equiv 0 \pmod{(m/s)}\}) = l.$$

(8.6) Hilfssatz: *Es sei* m *eine natürliche Zahl, es sei* a *eine ganze Zahl mit* $\mathrm{ggT}(a, m) = 1$, *es sei* d *die Ordnung von* $[a]_m$ *in der Gruppe* $E(\mathbb{Z}/m\mathbb{Z})$, *und es seien*

$$c := (1 + a + a^2 + \cdots + a^{d-1}) \bmod m \quad \text{und} \quad t := \frac{m}{\mathrm{ggT}(c, m)}.$$

Die durch $(m, a, 1, 0)$ *definierte L-Folge* $(y_i)_{i\geq 0}$ *hat die Periodenlänge* dt, *und für jedes* $i \in \{0, 1, \ldots, d-1\}$ *und jedes* $j \in \{0, 1, \ldots, t-1\}$ *gilt*

$$y_{i+jd} = (y_i + jc) \bmod m,$$

d.h. die Periode von $(y_i)_{i\geq 0}$ *besteht der Reihe nach aus den* dt *Zahlen*

$0,$	$y_1,$	$\cdots$	$y_{d-1},$
$c,$	$(y_1 + c) \bmod m,$	$\cdots$	$(y_{d-1} + c) \bmod m,$
$(2c) \bmod m,$	$(y_1 + 2c) \bmod m,$	$\cdots$	$(y_{d-1} + 2c) \bmod m,$
$\vdots$	$\vdots$		$\vdots$
$((t-1)c) \bmod m,$	$(y_1 + (t-1)c) \bmod m,$	$\cdots$	$(y_{d-1} + (t-1)c) \bmod m.$

Beweis: Wegen $\mathrm{ggT}(a, m) = 1$ hat die Folge $(y_i)_{i\geq 0}$ keine Vorperiode, und für ihre Periodenlänge l gilt $l = \min(\{i \in \mathbb{N} \mid y_i = 0\})$. Es gilt

$$a^l - 1 = (a-1)(1 + a + a^2 + \cdots + a^{l-1}) \equiv (a-1)y_l = 0 \pmod{m},$$

also $[a]_m^l = [1]_m$, und daher ist l durch die Ordnung $d = \mathrm{ord}([a]_m)$ von $[a]_m$ in der Gruppe $E(\mathbb{Z}/m\mathbb{Z})$ teilbar (vgl. (3.5)(3)). Insbesondere ist somit $d \leq l$, und daher sind $y_0 = 0, y_1, \ldots, y_{d-1}$ paarweise verschieden. Für jedes $i \in \mathbb{N}_0$ gilt wegen $a^d \equiv 1 \pmod{m}$

$$(*) \qquad y_{i+d} \;\equiv\; \sum_{j=0}^{i+d-1} a^j \;\equiv\; a^d \cdot \sum_{j=0}^{i-1} a^j + c \;=\; a^d y_i + c \;\equiv\; y_i + c \pmod{m}.$$

Hieraus folgt insbesondere: Es ist

$$0 \;=\; y_0 \;=\; y_l \;=\; y_{(l/d)\cdot d} \;\equiv\; y_0 + \frac{l}{d}c \;=\; \frac{l}{d}c \pmod{m},$$

und für jedes $k \in \{1, 2, \ldots, l/d - 1\}$ gilt $kd < l$, also $kc \equiv y_{kd} \not\equiv 0 \pmod{m}$. Daher ist l/d die kleinste natürliche Zahl k mit $m \mid kc$, und diese ist, wie man sogleich sieht, gerade $m/\gcd(c, m)$. Also ist $l = dm/\gcd(c, m) = dt$. Außerdem folgt aus $(*)$, daß die Periode von $(y_i)_{i\geq 0}$ die angegebene Gestalt besitzt.

(8.7) Hilfssatz: *Es seien m_1 und m_2 teilerfremde natürliche Zahlen, es seien $a, b, x^* \in \mathbb{Z}$, und es sei $m := m_1 m_2$; es seien l_1 die Periodenlänge der durch (m_1, a, b, x^*) definierten L-Folge und l_2 die Periodenlänge der durch (m_2, a, b, x^*) definierten L-Folge. Dann gilt für die Länge der durch (m, a, b, x^*) definierten L-Folge $(x_i)_{i\geq 0}$: Es ist $l = \mathrm{kgV}(l_1, l_2)$.*

Beweis: Die durch (m_1, a, b, x^*) definierte L-Folge ist $(x_i \bmod m_1)_{i\geq 0}$, und die durch (m_2, a, b, x^*) definierte L-Folge ist $(x_i \bmod m_2)_{i\geq 0}$. Es sei $i \in \mathbb{N}$ größer als die Längen der Vorperioden der Folgen $(x_i)_{i\geq 0}$, $(x_i \bmod m_1)_{i\geq 0}$ und $(x_i \bmod m_2)_{i\geq 0}$. Wegen $x_i = x_{i+l}$ gilt $x_i \bmod m_1 = x_{i+l} \bmod m_1$ und $x_i \bmod m_2 = x_{i+l} \bmod m_2$, und nach (8.3)(2) ist daher l durch l_1 und durch l_2 teilbar. Also ist l durch $l' := \mathrm{kgV}(l_1, l_2)$ teilbar. Wegen $l_1 \mid l'$ und $l_2 \mid l'$ gilt andererseits $x_{i+l'} \bmod m_1 = x_i \bmod m_1$ und $x_{i+l'} \bmod m_2 = x_i \bmod m_2$, und daher ist $x_{i+l'} - x_i$ durch $\mathrm{kgV}(m_1, m_2) = m_1 m_2 = m$ teilbar. Also ist $x_{i+l'} = x_i$, und nach (8.3)(2) folgt $l \mid l'$. Damit ist gezeigt: Es ist $l = l' = \mathrm{kgV}(l_1, l_2)$.

(8.8) Bemerkung: (1) Es sei p eine Primzahl, es sei $\beta \in \mathbb{N}$, es sei $z \in \mathbb{Z}$, und es gelte $p^\beta > 2$, d.h. es gelte $\beta > 1$, falls $p = 2$ ist. Dann sind

$$x \;:=\; \sum_{j=2}^{p} \binom{p}{j} z^{j-1} p^{(j-1)\beta - 2} \;=\; \binom{p}{2} z\, p^{\beta - 2} + \sum_{j=3}^{p} \binom{p}{j} z^{j-1} p^{(j-1)\beta - 2} \;=$$

$$=\; z \cdot \frac{(p-1)p^{\beta-1}}{2} + \sum_{j=3}^{p} \binom{p}{j} z^{j-1} p^{(j-1)\beta - 2}$$

und $z_1 := (1 + px)z$ ganze Zahlen, und es gilt

$$(1 + zp^\beta)^p = \sum_{j=0}^{p} \binom{p}{j} z^j p^{j\beta} = 1 + \binom{p}{1} zp^\beta + \sum_{j=2}^{p} \binom{p}{j} z^j p^{j\beta} =$$

$$= 1 + (1 + px)zp^{\beta+1} = 1 + z_1 p^{\beta+1}.$$

Wenn z nicht durch p teilbar ist, ist auch z_1 nicht durch p teilbar.
(2) Es sei p eine Primzahl, es seien $\beta, \gamma \in \mathbb{N}$, es sei $z \in \mathbb{Z}$, und es gelte $p^\beta > 2$. Durch Induktion nach γ folgt mittels (1): Es ist

$$(1 + zp^\beta)^{p^\gamma} = 1 + z_\gamma p^{\beta+\gamma}$$

mit einer ganzen Zahl z_γ, die nicht durch p teilbar ist, falls z nicht durch p teilbar ist.

(8.9) Satz: *Es sei $m \in \mathbb{N}$, es seien a, b, $x^* \in \mathbb{Z}$, und es gelte:*
(a) b und m sind teilerfremd.
(b) Für jeden Primteiler p von m gilt $a \equiv 1 \pmod{p}$.
(c) Ist m durch 4 teilbar, so gilt $a \equiv 1 \pmod 4$.
Dann hat die Periode der durch (m, a, b, x^*) definierten L-Folge $(x_i)_{i\geq 0}$ die Länge m.

Beweis: (1) Es sei p ein Primteiler von m, und es sei $\alpha := v_p(m)$ der Exponent von p in der Primzerlegung von m. Es sei $d := \operatorname{ord}([a]_{p^\alpha})$, und es seien $c := (1 + a + a^2 + \cdots + a^{d-1}) \bmod p^\alpha$ und $t := p^\alpha / \operatorname{ggT}(c, p^\alpha)$. Nach (8.6) hat die durch $(p^\alpha, a, 1, 0)$ definierte L-Folge die Periodenlänge dt.
(a) Es gelte $a \equiv 1 \pmod{p^\alpha}$, also $[a]_{p^\alpha} = [1]_{p^\alpha}$. Dann ist $d = 1$ und daher $c = 1$, und es folgt $t = p^\alpha / \operatorname{ggT}(1, p^\alpha) = p^\alpha$. Also ist $dt = p^\alpha$. (Dies erledigt insbesondere den Fall $p = 2$ und $v_2(m) = \alpha = 1$).
(b) Es gelte $a \not\equiv 1 \pmod{p^\alpha}$. Dann gilt $1 \leq \beta := v_p(a-1) < \alpha$, und es ist $p^\beta > 2$, denn es gilt $\alpha > 1$, also ist m im Fall $p = 2$ durch 4 teilbar, und nach Voraussetzung ist daher $\beta \geq 2$. Es gilt $a = 1 + zp^\beta$ mit einem $z \in \mathbb{Z} \setminus p\mathbb{Z}$, und nach (8.8)(2) gibt es ein $z_0 \in \mathbb{Z} \setminus p\mathbb{Z}$ mit

$$a^{p^{\alpha-\beta}} = (1 + zp^\beta)^{p^{\alpha-\beta}} = 1 + z_0 p^\alpha \equiv 1 \pmod{p^\alpha},$$

also ist $d = \operatorname{ord}([a]_{p^\alpha})$ ein Teiler von $p^{\alpha-\beta}$. Ebenfalls nach (8.8)(2) gibt es ein $z_1 \in \mathbb{Z} \setminus p\mathbb{Z}$ mit

$$a^{p^{\alpha-\beta-1}} = (1 + zp^\beta)^{p^{\alpha-\beta-1}} = 1 + z_1 p^{\alpha-1} \not\equiv 1 \pmod{p^\alpha}.$$

Damit ist gezeigt, daß $d = p^{\alpha-\beta}$ ist. Es gilt

$$zp^\beta c \equiv (a-1)(1 + a + a^2 + \cdots + a^{d-1}) = a^d - 1 =$$

$$\equiv (1 + zp^\beta)^d - 1 = (1 + zp^\beta)^{p^{\alpha-\beta}} - 1 = z_0 p^\alpha \equiv 0 \pmod{p^\alpha},$$

und weil z und z_0 nicht durch p teilbar sind, folgt $v_p(c) = \alpha - \beta$. Also ist $t = p^\alpha / \mathrm{ggT}(c, p^\alpha) = p^\alpha / p^{\alpha-\beta} = p^\beta$. Damit ist gezeigt, daß auch in diesem zweiten Fall $dt = p^\alpha$ gilt.

(2) Es sei $m = p_1^{\alpha_1} p_2^{\alpha_2} \cdots p_r^{\alpha_r}$ die Primzerlegung von m. Nach (1) besitzt für jedes $j \in \{1, 2, \ldots, r\}$ die durch $(p_j^{\alpha_j}, a, 1, 0)$ definierte L-Folge die Periodenlänge $p_j^{\alpha_j}$. Nach (8.7) hat daher die durch $(m, a, 1, 0)$ definierte L-Folge die Periodenlänge $\mathrm{kgV}(p_1^{\alpha_1}, p_2^{\alpha_2}, \ldots, p_r^{\alpha_r}) = m$.

(3) Die durch (m, a, b, x^*) definierte L-Folge $(x_i)_{i \geq 0}$ hat nach (8.5)(2) dieselbe Periodenlänge wie die durch

$$\left(\frac{m}{\mathrm{ggT}\big((a-1)x^* + b, m\big)}, a, 1, 0 \right)$$

definierte L-Folge. Aus den Voraussetzungen (a) und (b) folgt, daß

$$\mathrm{ggT}\big((a-1)x^* + b, m\big) = 1$$

ist. Somit ist die Periodenlänge von $(x_i)_{i \geq 0}$ gleich der Periodenlänge der durch $(m, a, 1, 0)$ definierten L-Folge, also nach (2) gleich m.

(8.10) Bemerkung: Man kann beweisen, daß die in (8.9) angegebenen Bedingungen (a), (b) und (c) die L-Folgen mit maximaler Periodenlänge charakterisieren; man vergleiche dazu Kiyek-Schwarz [54], Kap. XI, § 7, oder Knuth [55], Abschnitt 3.2.1.2. In der Praxis begegnet man auch L-Folgen, die der folgende Satz behandelt; darin ist $\lambda : \mathbb{N} \to \mathbb{N}$ die Carmichael-Funktion (vgl. dazu Abschnitt (5.21)).

(8.11) Satz: *Es sei $m \in \mathbb{N}$, es seien $a, x^* \in \mathbb{Z}$, und es gelte:*
(a) *x^* und m sind teilerfremd.*
(b) *Für jeden ungeraden Primteiler p von m ist a eine Primitivwurzel modulo $p^{v_p(m)}$.*
(c) *Ist m gerade, so gilt*

$$\begin{cases} a \equiv 1 \pmod{2}, & \textit{falls } v_2(m) = 1 \textit{ ist,} \\ a \equiv 3 \pmod{4}, & \textit{falls } v_2(m) = 2 \textit{ ist,} \\ a \equiv 3 \textit{ oder } 5 \textit{ oder } 7 \pmod{8}, & \textit{falls } v_2(m) = 3 \textit{ ist,} \\ a \equiv 3 \textit{ oder } 5 \pmod{8}, & \textit{falls } v_2(m) \geq 4 \textit{ ist.} \end{cases}$$

Dann besitzt die durch $(m, a, 0, x^*)$ definierte L-Folge (x_i) keine Vorperiode, und ihre Periode hat die Länge $\lambda(m)$.

Beweis: Wegen (b) und (c) ist $\mathrm{ggT}(a, m) = 1$, und daher hat $(x_i)_{i \geq 0}$ keine Vorperiode.

(1) Es sei p ein Primteiler von m, und es sei $\alpha := v_p(m)$. Ist p ungerade, so ist a nach (b) eine Primitivwurzel modulo p^α, und dies bedeutet, daß

$$\operatorname{ord}([\,a\,]_{p^\alpha}) \;=\; \varphi(p^\alpha) \;=\; p^{\alpha-1}(p-1) \;=\; \lambda(p^\alpha)$$

ist. Es gilt

$$\operatorname{ord}([\,1\,]_2) \;=\; 1 \;=\; \lambda(2), \quad \operatorname{ord}([\,3\,]_4) \;=\; 2 \;=\; \lambda(4),$$
$$\operatorname{ord}([\,3\,]_8) \;=\; \operatorname{ord}([\,5\,]_8) \;=\; \operatorname{ord}([\,7\,]_8) \;=\; 4 \;=\; \lambda(8)$$

und für jedes $\beta \in \mathbb{N}$ mit $\beta \geq 4$

$$\operatorname{ord}([\,3\,]_{2^\beta}) \;=\; \operatorname{ord}([\,5\,]_{2^\beta}) \;=\; 2^{\beta-2} \;=\; \lambda(2^\beta)$$

(vgl. (5.20)). Also gilt wegen der Voraussetzung (c) auch im Fall $p = 2$: Es ist $\operatorname{ord}([\,a\,]_{p^\alpha}) = \lambda(p^\alpha)$.

Wegen $p \nmid a$ hat die durch $(p^\alpha, a, 0, x^*)$ definierte L-Folge $(x_i \bmod p^\alpha)_{i \geq 0}$ keine Vorperiode, und ihre Periode hat die Länge

$$l_p \;=\; \min(\{i \in \mathbb{N} \mid x_i \bmod p^\alpha = x_0 \bmod p^\alpha\}) \;=$$
$$=\; \min(\{i \in \mathbb{N} \mid x_i \equiv x_0 \ (\operatorname{mod} p^\alpha)\}).$$

Für $i \in \mathbb{N}$ gilt $x_i = (a^i x^*) \bmod m$, und daher gilt: Es ist $x_i \equiv x_0 \ (\operatorname{mod} p^\alpha)$, genau wenn $a^i x^* \equiv x^* \ (\operatorname{mod} p^\alpha)$ ist, also genau wenn $a^i \equiv 1 \ (\operatorname{mod} p^\alpha)$ ist (wegen $p \nmid x^*$), also nach (4.23) genau wenn i durch $\operatorname{ord}([\,a\,]_{p^\alpha})$ teilbar ist. Also ist $l_p = \operatorname{ord}([\,a\,]_{p^\alpha}) = \lambda(p^\alpha)$.

(2) Es sei $m = p_1^{\alpha_1} p_2^{\alpha_2} \cdots p_r^{\alpha_r}$ die Primzerlegung von m. Nach (1) hat für jedes $j \in \{1, 2, \ldots, r\}$ die durch $(p_j^{\alpha_j}, a, 0, x^*)$ definierte L-Folge die Periodenlänge $\lambda(p_j^{\alpha_j})$. Nach (8.7) gilt daher für die Periodenlänge l von $(x_i)_{i \geq 0}$: Es ist

$$l \;=\; \operatorname{kgV}\bigl(\lambda(p_1^{\alpha_1}), \lambda(p_2^{\alpha_2}), \ldots, \lambda(p_r^{\alpha_r})\bigr) \;\overset{(5.22)}{=}\; \lambda(m).$$

(8.12) Beispiele: (1) Die erste von D. H. Lehmer in [62] zur Erzeugung von Zufallszahlen vorgeschlagene L-Folge war die durch $(10^8 + 1, 23, 0, 47\,594\,118)$ definierte L-Folge $(x_i)_{i \geq 0}$. $10^8 + 1$ ist das Produkt der Primzahlen 17 und $5\,882\,353$, und 23 ist eine Primitivwurzel modulo 17 und modulo $5\,882\,353$. Nach (8.11) hat daher die Folge $(x_i)_{i \geq 0}$ keine Vorperiode, und die Länge ihrer Periode ist

$$\lambda(10^8 + 1) \;=\; \operatorname{kgV}\bigl(\lambda(17), \lambda(5\,882\,353)\bigr) \;=\; \operatorname{kgV}(16, 5\,882\,352) \;=\; 5\,882\,352.$$

Statistische Tests zeigen, daß diese Folge zur Erzeugung von Zufallszahlen gemäß (8.4) geeignet ist; die im folgenden Abschnitt erwähnten theoretischen Tests ergeben allerdings, daß sie nur mäßig brauchbar ist, da ihr Multiplikator 23 zu klein ist.

(2) Es sei $\beta \in \mathbb{N}$ mit $2 \le \beta < 35$, es seien b, $x^* \in \mathbb{Z}$, und dabei sei b ungerade. Die durch $(2^{35}, 2^\beta + 1, b, x^*)$ definierte L-Folge hat nach (8.9) eine Periode der Länge 2^{35}. L-Folgen, bei denen der Modul m eine Potenz von 2 ist, wurden 1960 von A. Rotenberg in [94] zur Erzeugung von Zufallszahlen vorgeschlagen und getestet.

(3) Das "Standard Apple Numeric Environment (SANE)" der Macintosh-Rechner der Firma Apple stellt zur Erzeugung von Zufallszahlen die L-Folge bereit, die durch $(2^{31} - 1, 7^5, 0, x^*)$ definiert ist, wobei x^* eine nicht durch $2^{31} - 1$ teilbare ganze Zahl ist. Da $2^{31} - 1$ eine Primzahl und 7^5 eine Primitivwurzel modulo $2^{31} - 1$ ist, besitzt diese Folge nach (8.11) eine Periode der Länge $2^{31} - 2$. (Diese Periode besteht aus den natürlichen Zahlen $\le 2^{31} - 2$, da 0 darin nicht vorkommen kann).

(4) Die NAG-Bibliothek, eine umfangreiche Sammlung von Routinen zur Numerischen Mathematik, verwendet zur Erzeugung von Zufallszahlen die durch $(2^{59}, 13^{13}, 0, (2^{32} + 1) \cdot 123456789)$ erzeugte L-Folge (Routine G05CAF). Wegen $13^{13} \bmod 8 = 5$ besitzt diese Folge nach (8.11) keine Vorperiode, und ihre Periode hat die Länge 2^{57}.

(8.13) MuPAD: MuPAD benützt zur Herstellung von Zufallszahlen die durch

$$(999\,999\,999\,989,\ 427\,419\,669\,081,\ 0,\ 1)$$

definierte L-Folge $(x_i)_{i \ge 0}$. $m := 999\,999\,999\,989$ ist die größte Primzahl, die kleiner als 10^{12} ist. Da $427\,419\,669\,081$ eine Primitivwurzel modulo m ist, besitzt nach (8.11) die Folge $(x_i)_{i \ge 0}$ keine Vorperiode, und ihre Periode hat die Länge $m - 1$. Die Terme dieser Folge werden von der MuPAD-Funktion `random` berechnet: Jeder Aufruf `random()` liefert einen Term der Folge $(x_i)_{i \ge 1}$. Man kann innerhalb einer MuPAD-Sitzung jederzeit einen neuen Startwert für diese Folge erklären, und zwar durch eine Anweisung `SEED := s`, wobei s eine von Null verschiedene ganze Zahl ist. (Zu Beginn einer MuPAD-Sitzung hat `SEED` stets den Wert 1).

Mit Hilfe der MuPAD-Funktion `random` kann man für jedes $q \in \mathbb{N}$ Zufallszahlen aus der Menge $\{0, 1, \ldots, q - 1\}$ erzeugen. Ist q eine natürliche Zahl, so definiert `X := random(0..q-1)` oder kürzer `X := random(q)` eine MuPAD-Funktion X, für die gilt: Jeder Aufruf `X()` liefert einen Term einer Folge $(y_i)_{i \ge 1}$ aus Elementen der Menge $\{0, 1, \ldots, q - 1\}$. Ist $q \le m$, so ist dabei $y_i = x_i \bmod q$; ist $q > m$, so ist mit

$$k := \max(\{j \in \mathbb{N} \mid m^j < q\})$$

für jedes $i \in \mathbb{N}$

$$y_i = \Big(x_{i+(i-1)k} \cdot 10^{12k} + x_{i+(i-1)k+1} \cdot 10^{12(k-1)} + $$

$$+ \cdots + x_{i+ik-1} \cdot 10^{12} + x_{i+ik}\Big) \bmod q.$$

(8.14) Es seien $m \in \mathbb{N}$ und $a, b, x^* \in \mathbb{Z}$, und es sei $(x_i)_{i \geq 0}$ die durch (m, a, b, x^*) definierte L-Folge. Wenn man die Terme der Folge $(x_i/m)_{i \geq 0}$ als Zufallszahlen im Intervall $[0, 1[$ verwenden will, so muß man zuerst sicherstellen, daß die Folge $(x_i)_{i \geq 0}$ eine möglichst lange Periode besitzt. Dies ist eine Aufgabe der Zahlentheorie, und diese Aufgabe wurde in den vorangehenden Abschnitten erledigt. Dann muß man, wie schon erwähnt, die Folge $(x_i/m)_{i \geq 0}$ einer Reihe statistischer Tests unterziehen; von solchen Tests ist in Kiyek-Schwarz [54], Kap. XI, §7, und ausführlicher in Knuth [55], Abschnitt 3.3, die Rede. Bemerkenswert ist, daß man mit weiteren, nicht statistischen Tests untersuchen kann, ob die Folge $(x_i/m)_{i \geq 0}$ als Folge von Zufallszahlen geeignet ist. Ein wichtiger solcher Test ist der sogenannte Spektraltest, der in Knuth [55], Abschnitt 3.3.4, behandelt ist (man vgl. dazu (8.15), Aufgabe 5); andere Möglichkeiten, mit deren Hilfe man untersuchen kann, ob eine L-Folge zur Erzeugung von Zufallszahlen geeignet ist, beschreibt U. Dieter in [25].

Die mit Hilfe von L-Folgen gewonnenen Zufallszahlen sind für manche Aufgaben, bei denen Zufallszahlen benötigt werden, nicht so recht geeignet, da sie doch ziemlich viele Regelmäßigkeiten besitzen (vgl. (8.6)) und außerdem, jedenfalls bei den in (8.12) und (8.13) aufgeführten Beispielen, die Periodenlänge für manche Anwendungen doch zu klein ist. Es gibt eine Reihe anderer Methoden, Zufallszahlen herzustellen; solche Methoden, von denen viele aus der Zahlentheorie stammen, findet man in Dieter [25], in Kranakis [58], Kap. 4, in Marsaglia [67] und in Niederreiter [74] beschrieben.

(8.15) Aufgaben:

Aufgabe 1: Es sei $m := 2000$, es seien a, b und x^* ganze Zahlen, und es gelte $a \equiv 1 \pmod{20}$ und $\mathrm{ggT}(b, 10) = 1$. Nach (8.9) hat die Periode der durch (m, a, b, x^*) definierte L-Folge $(x_i)_{i \geq 0}$ die Länge 2000. Man sehe sich für verschiedene Werte von a mittels der MuPAD-Funktion `plot2d` die Punktmenge

$$\{(x_i, x_{i+1}) \mid 0 \leq i \leq 1999\}$$

in der Ebene an (etwa für $a = 81$, 181, 281, 381, 1001 und 1021; auf b kommt es nicht weiter an, auf x^* überhaupt nicht).

Aufgabe 2: Die durch $(2^{31}, 2^{16} + 3, 0, 1)$ definierte L-Folge $(x_i)_{i \geq 0}$ besitzt nach (8.11) keine Vorperiode, und ihre Periode hat die Länge 2^{29}. Diese Folge wurde vor Jahren zur Herstellung von Zufallszahlen verwendet, obwohl sie, wie diese Aufgabe zeigt, dafür wenig geeignet ist.

(a) Man zeige: Für jedes $i \in \mathbb{N}_0$ gilt $9x_i - 6x_{i+1} + x_{i+2} \equiv 0 \pmod{2^{31}}$.

(b) Man beweise: Die Punkte der Menge

$$\mathcal{M} \; := \; \left\{ (x_i, x_{i+1}, x_{i+2}) \mid 0 \leq i \leq 2^{29} - 1 \right\} \; \subset \; \mathbb{R}^3$$

liegen auf 15 parallelen Ebenen. Man veranschauliche sich $\mathcal{M}$ mit Hilfe der MuPAD-Funktion `plot3d`.

Aufgabe 3: Diese Aufgabe zeigt an einem einfachen Beispiel eines Monte-Carlo-Verfahrens, wie man mit Hilfe von Zufallszahlen Näherungswerte für Flächen- und Rauminhalte und allgemeiner für bestimmte Integrale ermitteln kann.

(a) Man wähle im Quadrat

$$Q \; = \; \left\{ (x, y) \in \mathbb{R}^2 \mid 0 \leq x, y \leq 1 \right\}$$

"aufs Geradewohl" viele Punkte und zähle ab, wieviele davon im Viertelkreis

$$\left\{ (x, y) \in Q \mid x^2 + y^2 \leq 1 \right\}$$

liegen. Man gewinne auf diese Weise eine Näherung für die Zahl π.

(b) Man wähle im Würfel

$$W \; = \; \left\{ (x, y, z) \in \mathbb{R}^3 \mid 0 \leq x, y, z \leq 1 \right\}$$

"aufs Geradewohl" viele Punkte und zähle ab, wieviele davon in der Achtel-kugel

$$\left\{ (x, y, z) \in W \mid x^2 + y^2 + z^2 \leq 1 \right\}$$

liegen. Man gewinne auf diese Weise eine Näherung für die Zahl π.

Aufgabe 4 (G. L. L. de Buffon 1777): Man zeichne in der Ebene ein recht-winkliges Koordinatenkreuz und für jede ganze Zahl i die Parallele

$$g_i \; := \; \left\{ (x, i) \mid x \in \mathbb{R} \right\}$$

zur waagrechten Achse, werfe immer wieder "aufs Geradewohl" eine Nadel der Länge $a < 1$ auf die Ebene und zähle ab, wie oft sie bei einer größeren Anzahl von Würfen eine der Parallelen g_i, $i \in \mathbb{Z}$, trifft. Ist nach einem Wurf $(x, y) \in \mathbb{R}^2$ das Koordinatenpaar des Mittelpunkts der Nadel, so ist $d := y - \lfloor y \rfloor$ der Abstand des Mittelpunkts der Nadel von der ersten unter ihm liegenden Parallelen, und man kann als Ergebnis des Wurfs das Paar (d, α) betrachten, wo $\alpha \in [-\pi/2, \pi/2[$ der Winkel ist, den die Richtung der Nadel mit der Richtung der senkrechten Koordinatenachse einschließt; dabei trifft die Nadel die erste unter (x, y) liegende Parallele, genau wenn $d \leq (a/2) \cdot \cos\alpha$ ist, und die erste über (x, y) liegende Parallele, genau wenn $1 - d \leq (a/2) \cdot \cos\alpha$ ist. Die Würfe lassen sich also durch Paare (d, α) repräsentieren, wobei d in $[0, 1[$ und α in $[-\pi/2, \pi/2[$ unabhängig voneinander zufällig gewählt sind. Wie man mittels einer einfachen geometrischen Überlegung zeigt, trifft die Nadel bei einem Wurf eine der Parallelen mit der Wahrscheinlichkeit $2a/\pi$.

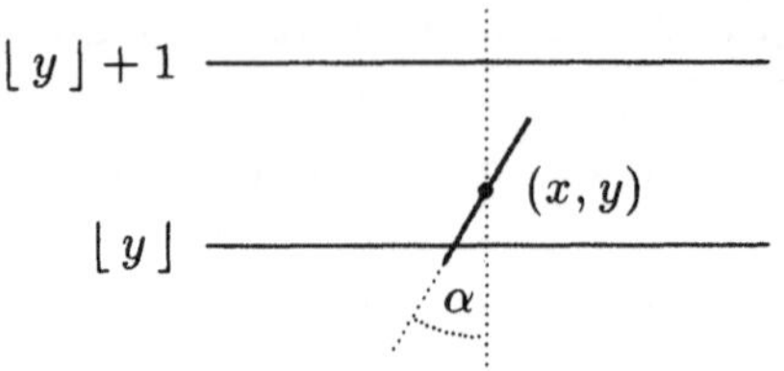

(a) Man simuliere mittels Zufallszahlen das Buffonsche Nadelwerfen und gewinne so Schätzwerte für die Zahl π.

(b) Man lese in dem Buch [78] von J. Pfanzagl den Abschnitt 5.1, in dem das Buffonsche Nadelproblem ausführlich behandelt wird.

Aufgabe 5: Man informiere sich in Knuth [55], Abschnitt 3.3.4, über den Spektraltest und programmiere ihn in MuPAD. Man wende diesen Test auf die in (8.12), in (8.13) und in Aufgabe 2 angegebenen L-Folgen an.

9 Ein wenig Kryptologie

(9.1) Der Wunsch, eine Information so zu verschlüsseln, daß sie nur von denen gelesen und verstanden werden kann, die dazu berechtigt sind, ist wohl uralt. Wie der römische Schriftsteller Sueton schreibt, verschlüsselte schon Gaius Julius Caesar Briefe, indem er für einen jeden Buchstaben einen anderen schrieb, etwa A statt D, B statt E und so fort (vgl. [107], Divus Julius 56). Von diesen und anderen in der Antike verwendeten Methoden, militärische und politische Informationen vor den Augen Unbefugter zu verbergen, erzählt auch Aulus Gellius in [41], XVII, 9. Man sieht daran, daß die Kryptologie, also die Lehre vom Verschlüsseln und Entschlüsseln von Informationen, schon in der Antike in militärischen und in politischen Belangen wichtig war. Heute ist die Kryptologie auch im alltäglichen Leben von großer Bedeutung; kein Mensch möchte, daß seine e-mail oder die vielen Informationen, die in allerlei Datenbanken über sein Leben, seine Finanzverhältnisse, seine Krankheiten stehen, von Leuten gelesen werden, die dazu nicht berechtigt sind.

Von den vielen Methoden der Kryptologie soll hier nicht die Rede sein; vielleicht darf an Stelle von Beispielen auf einige berühmte Kriminalgeschichten hingewiesen werden: Arthur Conan Doyle in [27] und [28] und Dorothy Sayers in [98] beschreiben jeweils eine klassische kryptographische Methode. In den folgenden Abschnitten werden nur einige neuere Verfahren behandelt, die sich mit Hilfe der Zahlentheorie beschreiben und diskutieren lassen.

(**9.2**) Die klassischen Verfahren der Kryptologie sind, wie man sagt, symmetrische Verfahren: Sender und Empfänger einer Nachricht haben einen Schlüssel verabredet, der sowohl bei der Chiffrierung des Klartexts wie auch bei der Dechiffrierung des Geheimtexts verwendet wird. Dieser Schlüssel muß geheimgehalten werden, denn die Kenntnis des Schlüssels ermöglicht die Entschlüsselung. Auch der Data Encryption Standard (DES), der 1977 in den USA für "unclassified computer data" eingeführt wurde, ist ein symmetrisches Verfahren. Die Schwierigkeit beim Einsatz solcher Verfahren war immer, daß zwei Partner vor dem ersten Austausch einer verschlüsselten Nachricht einen geheimen Schlüssel verabreden müssen, was nicht möglich ist, wenn sie nur über ein öffentliches Kommunikationssystem, wie eine Telephonleitung oder ein Computernetz, miteinander Verbindung haben. Einen Ausweg aus einer solchen Situation bietet ein Verfahren, das W. Diffie und M. E. Hellman 1976 in der auch heute noch lesenswerten Arbeit [26] beschrieben haben. Dieses Verfahren macht es möglich, daß zwei Partner, die ein symmetrisches kryptologisches Verfahren, wie zum Beispiel DES, einsetzen wollen, gewissermaßen in aller Öffentlichkeit einen gemeinsamen Schlüssel für dieses Verfahren verabreden.

(**9.3**) **Schlüssel-Austausch nach Diffie und Hellman:** Zwei Benutzer A und B eines öffentlichen Kommunikationssystems möchten über dieses System einen Schlüssel für ein symmetrisches kryptographisches Verfahren verabreden. Sie einigen sich auf eine große Primzahl p und eine Primitivwurzel $g \in \mathbb{Z}$ modulo p. A wählt eine Zufallszahl $k_A \in \{0, 1, \ldots, p-2\}$, die er geheimhält, und teilt B die Zahl $m_A := g^{k_A} \bmod p$ mit; B wählt eine Zufallszahl $k_B \in \{0, 1, \ldots, p-2\}$, die er geheimhält, und teilt A die Zahl $m_B := g^{k_B} \bmod p$ mit. A berechnet $s := m_B^{k_A} \bmod p = g^{k_A k_B} \bmod p$, und B berechnet $m_A^{k_B} \bmod p = g^{k_A k_B} \bmod p = s$. Diese Zahl s wird nun von A und von B als gemeinsamer Schlüssel für das verabredete symmetrische Verfahren verwendet.

Die Sicherheit des Systems ist gewährleistet, solange nicht ein Dritter aus der Kenntnis von p, g und m_A und m_B eine der Zahlen k_A und k_B berechnen kann. Könnte man für jedes $a \in \{1, 2, \ldots, p-1\}$ schnell den Index $\mathrm{ind}(a)$ von a zur Primzahl p und zur Primitivwurzel g berechnen (vgl. (5.7)), so wäre das Verfahren unbrauchbar: Es ist $k_A = \mathrm{ind}(m_A)$ und $k_B = \mathrm{ind}(m_B)$.

(**9.4**) Neben die klassischen, symmetrischen Verfahren der Kryptologie sind in den letzten zwanzig Jahren verschiedene Verfahren getreten, bei denen die Methode und der Schlüssel zur Chiffrierung von Nachrichten an einen Empfänger A öffentlich bekannt sind, nicht aber der Schlüssel, den A zur Dechiffrierung verwendet, und bei denen zwischen Sender und Empfänger einer Nachricht keine geheime Absprache erforderlich ist. Diese Verfahren werden als asymmetrisch bezeichnet oder, weil bei ihnen die (zur Chiffrierung verwendeten) Schlüssel öffentlich bekannt sind, als public-key-Verfahren. Diese Verfahren sind für die Kommunikation in Rechnernetzen besonders geeignet und wurden daher ausführlich untersucht.

(9.5) Hilfssatz: *Es seien p und q verschiedene Primzahlen; es sei $m := pq$, und es sei r eine natürliche Zahl mit $r \equiv 1 \pmod{\varphi(m)}$. Für jede ganze Zahl a ist $a^r \equiv a \pmod{m}$.*

Beweis: Es sei a eine ganze Zahl.
(a) Es gibt ein $k \in \mathbb{N}_0$ mit $r = 1 + k\varphi(m) = 1 + k\varphi(pq) = 1 + k\varphi(p)\varphi(q) = 1 + k(p-1)(q-1)$. Gilt $p \nmid a$, so gilt $a^{p-1} \equiv 1 \pmod{p}$ (vgl. (4.21)), und es folgt $a^r = a \cdot (a^{p-1})^{k(q-1)} \equiv a \pmod{p}$. Gilt $p \mid a$, so gilt $a^r \equiv 0 \equiv a \pmod{p}$.
(b) Nach (a) gilt $a^r \equiv a \pmod{p}$, und ebenso ergibt sich $a^r \equiv a \pmod{q}$. Da p und q teilerfremd sind, folgt $a^r \equiv a \pmod{m}$.

(9.6) Das public-key-Verfahren von Rivest, Shamir und Adleman: Die Benutzer eines öffentlichen Kommunikationssystems wollen über dieses System verschlüsselte Botschaften austauschen. Für den Klartext wird ein Alphabet mit N Zeichen (Buchstaben, Ziffern und Sonderzeichen) verwendet. Diese Zeichen werden numeriert: $b_0, b_1, \ldots, b_{N-1}$, und diese Reihenfolge wird stets beibehalten. Es werden natürliche Zahlen k und l mit $k < l$ gewählt, für die N^k und N^l 300 bis 400 Dezimalstellen besitzen. Das Alphabet, die Reihenfolge der Zeichen und die Zahlen k und l werden (im "Telephonbuch" des Systems) veröffentlicht.
(1) Jeder Benutzer A des Kommunikationssystems wählt zwei verschiedene Primzahlen p_A und q_A, jede mit 150 bis 200 Dezimalstellen und so, daß für $m_A := p_A q_A$ gilt: Es ist $N^k < m_A < N^l$. Er berechnet $\varphi(m_A) = \varphi(p_A)\varphi(q_A) = (p_A - 1)(q_A - 1)$, wählt ein $d_A \in \{1, 2, \ldots, \varphi(m_A) - 1\}$ mit $\mathrm{ggT}(d_A, \varphi(m_A)) = 1$ und berechnet die Zahl $e_A \in \{1, 2, \ldots, \varphi(m_A) - 1\}$ mit $d_A e_A \equiv 1 \pmod{\varphi(m)}$ (vgl. (4.6)). Die Zahlen m_A und e_A werden im "Telephonbuch" veröffentlicht, die Zahlen p_A, q_A und d_A werden von A geheimgehalten. Bei der Wahl von p_A, q_A und d_A ist ein Zufallszahlengenerator zu verwenden: Um eine geeignete Primzahl p_A zu finden, wähle man eine hinreichend große Zufallszahl x und suche dann – mit Hilfe eines Primzahltests – die kleinste Primzahl $p \geq x$. (Wenn man dabei einen stochastischen Primzahltest wie den von Rabin verwendet, so muß man darauf gefaßt sein, daß die gelieferte Zahl p unter Umständen keine Primzahl ist).
(2) Ein Benutzer B des Kommunikationssystems möchte an A eine Botschaft schicken. Er teilt den Klartext in Blöcke aus je k Zeichen ein, wobei er am Ende

der Nachricht eventuell noch einige ergänzende Zeichen anfügt, und ersetzt jedes Zeichen durch sein numerisches Äquivalent, d.h. er ersetzt für jedes $i \in \{0, 1, \ldots, N-1\}$ das Zeichen b_i durch seinen Index i. So entstehen k-tupel aus Zahlen in $\{0, 1, \ldots, N-1\}$; jedes solche k-tupel wird nun für sich verschlüsselt.
(a) Die Verschlüsselung: Es sei $(\alpha_0, \alpha_1, \ldots, \alpha_{k-1})$ ein k-tupel aus Zahlen in $\{0, 1, \ldots, N-1\}$. B entnimmt dem "Telephonbuch" die unter dem Eintrag von A stehenden Zahlen m_A und e_A und berechnet

$$x \; := \; \sum_{j=0}^{k-1} \alpha_j \, N^j \quad \in \{0, 1, \ldots, N^k - 1\} \; \subset \; \{0, 1, \ldots, m_A - 1\},$$

$$x^* \; := \; x^{e_A} \bmod m_A \; \in \{0, 1, \ldots, m_A - 1\} \; \subset \; \{0, 1, \ldots, N^l - 1\}$$

und schließlich die Zahlen $\beta_0, \beta_1, \ldots, \beta_{l-1} \in \{0, 1, \ldots, N-1\}$ mit

$$x^* \; = \; \sum_{j=0}^{l-1} \beta_j \, N^j.$$

Dann schickt B das l-tupel $(b_{\beta_0}, b_{\beta_1}, \ldots, b_{\beta_{l-1}})$ über das öffentliche Kommunikationssytem an A.
(b) Die Entschlüsselung: A gewinnt aus $(b_{\beta_0}, b_{\beta_1}, \ldots, b_{\beta_{l-1}})$ zuerst die Zahlen $\beta_0, \beta_1, \ldots, \beta_{l-1}$ und berechnet wieder

$$x^* \; = \; \sum_{j=0}^{l-1} \beta_j \, N^j$$

und daraus

$$x^{**} \; := \; (x^*)^{d_A} \bmod m_A.$$

Nach (9.5) gilt $x^{**} \equiv (x^*)^{d_A} \equiv x^{d_A e_A} \equiv x \pmod{m_A}$, und daher ist $x^{**} = x$. A berechnet die Zahlen $\alpha_0, \alpha_1, \ldots, \alpha_{k-1} \in \{0, 1, \ldots, N-1\}$ mit

$$x \; = \; x^{**} \; = \; \sum_{j=0}^{k-1} \alpha_j \, N^j$$

und hat damit das k-tupel $(\alpha_0, \alpha_1, \ldots, \alpha_{k-1})$ gewonnen, aus dem er den zugehörigen Block $b_{\alpha_0}, b_{\alpha_1}, \ldots, b_{\alpha_{k-1}}$ des Klartexts herstellen kann.
(c) B kann mit seiner Nachricht an A eine "Unterschrift" mitschicken, die beweist, daß die Nachricht von ihm kommt. Er codiert seinen Namen, eine Angabe über den Zeitpunkt des Abschickens und eventuell andere Angaben, die sich aus dem Klartext seiner Nachricht berechnen lassen, durch ein k-tupel

$(\alpha_0, \alpha_1, \ldots, \alpha_{k-1}) \in \{0, 1, \ldots, N-1\}^k$ (oder eventuell durch mehrere solche k-tupel) auf dieselbe Weise, wie er das für den Klartext selbst getan hat, und berechnet damit zuerst

$$y := \sum_{j=0}^{k-1} \alpha_j \, N^j \in \{0, 1, \ldots, N^k - 1\}$$

und dann mit den von ihm gewählten Zahlen m_B und d_B

$$y^* := \begin{cases} \left(y^{d_B} \bmod m_B\right)^{e_A} \bmod m_A, & \text{falls } m_B < m_A \text{ ist,} \\ \left(y^{e_A} \bmod m_A\right)^{d_B} \bmod m_B, & \text{falls } m_A < m_B \text{ ist,} \end{cases}$$

codiert y^* wie auch bei der Verschlüsselung des Klartextes durch ein l-tupel $(\beta_0, \beta_1, \ldots, \beta_{l-1}) \in \{0, 1, \ldots, N-1\}^l$ und schickt die so gewonnene Zeichenkette $(b_{\beta_0}, b_{\beta_1}, \ldots, b_{\beta_{l-1}})$ mit seiner Nachricht an A. A entnimmt dem "Telephonbuch" die unter dem Eintrag von B stehenden Zahlen m_B und e_B und berechnet zuerst

$$y^* = \sum_{j=0}^{l-1} \beta_j \, N^j.$$

Ist $m_B < m_A$, so berechnet er dann

$$y^{**} := (y^*)^{d_A} \bmod m_A \quad \text{und} \quad y^{***} := (y^{**})^{e_B} \bmod m_B,$$

und wie in (b) folgt mit Hilfe von (9.5)

$$y^{**} = y^{d_B} \bmod m_B \quad \text{und} \quad y^{***} = y.$$

Ist aber $m_A < m_B$, so berechnet er

$$y^{**} := (y^*)^{e_B} \bmod m_B \quad \text{und} \quad y^{***} := (y^{**})^{d_A} \bmod m_A,$$

und wie in (b) folgt mit Hilfe von (9.5)

$$y^{**} = y^{e_A} \bmod m_A \quad \text{und} \quad y^{***} = y.$$

Aus y gewinnt A das k-tupel $(\alpha_0, \alpha_1, \ldots, \alpha_{k-1})$ und daraus schließlich die "Unterschrift" von B.

(3) Das Verfahren kann nicht mehr verwendet werden, wenn ein Benutzer C einen schnellen Faktorisierungsalgorithmus für große natürliche Zahlen kennt. Wenn C aus m_A die Primzahlen p_A und q_A berechnen kann, so kann er $\varphi(m_A) = (p_A - 1)(q_A - 1)$ berechnen und damit aus der öffentlich bekannten Zahl e_A die Zahl d_A, mit deren Hilfe er jede an A gerichtete Botschaft entschlüsseln kann.

Es ist nicht bekannt, ob es einen effizienten Algorithmus zur Entschlüsselung gibt, der ohne die Kenntnis der Primfaktoren von m_A auskommt.

(4) Die Primzahlen p_A und q_A, sowie die Zahl d_A muß A mit Sorgfalt wählen. Einer genaueren Diskussion des Verfahrens (vgl. etwa Bauer [11]) entnimmt man, daß $|p_A - q_A|$ nicht zu klein sein sollte und daß für p_A und q_A "sichere" Primzahlen zu wählen sind; eine Primzahl p heißt sicher, wenn auch $(p-1)/2$ eine Primzahl ist. Auch d_A und e_A dürfen nicht zu klein sein.

(9.7) Bemerkung: Das in (9.6) beschriebene Verschlüsselungsverfahren haben R. L. Rivest, A. Shamir und L. M. Adleman im Jahr 1978 in [91] angegeben; man findet es in der Literatur unter dem Namen "RSA-Verfahren". Das RSA-Verfahren ist für die Verschlüsselung großer Datenmengen zu langsam. Es ist aber gut geeignet, Schlüssel für ein symmetrisches Verfahren wie DES zwischen den Benutzern eines öffentlichen Kommunikationsnetzes zu tauschen, und wird bereits in verschiedenen Programmen, etwa in PGP (Pretty Good Privacy) oder in ssh (Secure Shell), die zur Verschlüsselung von e-mail und anderen über ein Computernetz verschickten Daten und zur Authentifikation in einem Computernetz dienen, dazu verwendet.

Im nächsten Abschnitt wird ein public-key-Verfahren beschrieben, das 1985 von T. ElGamal in [31] angegeben wurde.

(9.8) Das public-key-Verfahren von ElGamal: Die Benutzer eines öffentlichen Kommunikationssystems wollen über dieses System verschlüsselte Botschaften austauschen. Sie einigen sich auf eine große Primzahl p und auf eine Primitivwurzel g modulo p. Als Klartext werden Zahlen $x \in \{1, 2, \ldots, p-1\}$ verwendet. Jeder Benutzer A wählt eine Zufallszahl $d_A \in \{0, 1, \ldots, p-2\}$, die er geheimhält, berechnet $e_A := g^{d_A} \bmod p$ und veröffentlicht e_A im "Telephonbuch" des Systems.

(1) (a) Die Verschlüsselung: Ein Benutzer B will an einen Benutzer A eine Nachricht $x \in \{1, 2, \ldots, p-1\}$ schicken. Er entnimmt dem "Telephonbuch" des Systems die unter dem Eintrag von A stehende Zahl e_A, wählt eine Zufallszahl $k \in \{0, 1, \ldots, p-2\}$, berechnet $y := g^k \bmod p$ und $z := (x \cdot e_A^k) \bmod p$ und schickt das Paar (y, z) an A.

(b) Die Entschlüsselung: Wegen $p \nmid g$ und $y \equiv g^k \pmod{p}$ gilt $p \nmid y$, also kann A mit Hilfe des erweiterten Euklidischen Algorithmus aus (1.18) ein $v \in \mathbb{Z}$ mit $yv \equiv 1 \pmod{p}$ berechnen. Es gilt

$$zv^{d_A} \equiv xe_A^k v^{d_A} \equiv xg^{d_A k}v^{d_A} = x(g^k v)^{d_A} \equiv x(yv)^{d_A} \equiv x \pmod{p},$$

und daher ist $x = (zv^{d_A}) \bmod p$.

(c) B kann einer Nachricht $x \in \{1, 2, \ldots, p-1\}$ an A eine Unterschrift mitgeben, die nur von jemandem stammen kann, der seinen geheimen Schlüssel d_B

kennt. Er wählt eine Zufallszahl $k \in \{0, 1, \ldots, p - 2\}$ mit $\mathrm{ggT}(k, p - 1) = 1$ und berechnet damit $r := g^k \bmod p$ und die eindeutig bestimmte Zahl $s \in \{0, 1, \ldots, p - 2\}$ mit

$$ks \equiv x - rd_B \pmod{(p - 1)}$$

(vgl. (4.9)(2)). Hierfür gilt

$$r^s e_B^r \equiv g^{ks} g^{rd_B} = g^{ks + rd_B} \equiv g^x \pmod{p}.$$

B schickt das Paar (r, s) zusammen mit der Verschlüsselung von x an A. A berechnet zuerst den Klartext x, entnimmt dem "Telephonbuch" die unter dem Eintrag von B stehende Zahl e_B und überprüft dann, ob

$$g^x \bmod p = r^s e_B^r \bmod p$$

gilt.

(3) Ein Benutzer C, der einen schnellen Algorithmus zur Berechnung von Indizes kennt und eine an A gerichtete chiffrierte Nachricht abgefangen hat, berechnet aus der öffentlich bekannten Zahl e_A den Index $\mathrm{ind}(e_A) = \mathrm{ind}(g^{d_A}) = d_A$ von e_A zur Primzahl p und zur Primitivwurzel g und kann die Nachricht an A ebenso dechiffrieren wie A selbst. Offensichtlich kann C auch Unterschriften fälschen. Das public-key-Verfahren von ElGamal kann also nicht mehr verwendet werden, sobald ein schneller Algorithmus zur Berechnung von Indizes gefunden ist.

(9.9) Bemerkung: Die Literatur zur Kryptologie ist recht umfangreich. In Koblitz [57] findet man weitere Verschlüsselungsverfahren, die man mit Hilfe der Zahlentheorie beschreiben und diskutieren kann, eine allgemeinere Einführung in die Kryptologie ist das Buch [11] von F. L. Bauer, und eine umfassende Darstellung der heute wichtigen kryptologischen Methoden und der dazu nötigen Hilfsmittel aus Algebra und Zahlentheorie ist das Handbuch [69] von A. J. Menezes, P. C. van Oorschot und S. A. Vanstone. Eine sehr ausführliche Darstellung der Geschichte der Kryptologie bietet das Buch [51] von D. Kahn; darin werden viele klassische kryptologische Verfahren beschrieben.

(9.10) Aufgaben:

Aufgabe 1: Man schreibe MuPAD-Funktionen zum Verschlüsseln und Entschlüsseln nach dem RSA-Verfahren. Wie man dabei einen Klartext in eine Folge von Zahlen verwandelt, ist nicht weiter wichtig. Benötigt man nur Kleinbuchstaben und als Sonderzeichen nur einen Worttrenner, so kann man etwa diesen durch 0, a durch 1, b durch 2 und schließlich z durch 26 ersetzen. Man kann aber auch jedes Zeichen durch seinen ASCII-Code ersetzen, also durch eine ganze Zahl zwischen 0 und 127. (Dazu kann man sich die Definition der MuPAD-Funktionen `numlib::toAscii` und `numlib::fromAscii` ansehen, indem man entweder die Textfiles ansieht, in denen diese Funktionen erklärt sind, oder indem man innerhalb einer MuPAD-Sitzung die Anweisungen `numlib::fromAscii;` und `numlib::toAscii;` eingibt).

Aufgabe 2: Man schreibe eine MuPAD-Funktion, die zu einer natürlichen Zahl a die kleinste sichere Primzahl $\geq a$ berechnet (vgl. (9.7)(4)).

Aufgabe 3: Man schreibe MuPAD-Funktionen zum Verschlüsseln und Entschlüsseln nach dem Verfahren von ElGamal.

Aufgabe 4: Zum public-key-Verfahren von ElGamal: Ein Benutzer schickt an den Benutzer A zwei Nachrichten x_1, $x_2 \in \{1, 2, \ldots, p - 1\}$ und verschlüsselt beide wie in (9.8)(1) beschrieben, wobei er bei beiden dieselbe Zufallszahl $k \in \{0, 1, \ldots, p - 2\}$ verwendet. Man überlege sich, daß dann ein unbefugter Dritter, der die beiden verschlüsselten Nachrichten abgefangen hat, x_2 ohne Schwierigkeit berechnen kann, falls er x_1 kennt.

Aufgabe 5: Das folgende kryptographische Verfahren wurde im Jahr 1985 von J. L. Massey und J. K. Omura angegeben:
Die Benutzer eines öffentlichen Kommunikationssystems verabreden eine große Primzahl p. Jeder Teilnehmer A wählt Zahlen d_A, $e_A \in \{1, 2, \ldots, p - 1\}$ mit $d_A e_A \equiv 1 \pmod{p}$, die er beide geheimhält. Als Klartext werden Zahlen aus $\{1, 2, \ldots, p - 1\}$ verwendet.
Ein Benutzer B, der an den Benutzer A eine Nachricht $x \in \{1, 2, \ldots, p - 1\}$ schicken will, berechnet die Zahl $x^* := x^{d_B} \bmod p$ und sendet sie an A, A berechnet $y := (x^*)^{d_A} \bmod p$ und schickt y an B, B berechnet die Zahl $y^* := (y^{e_B}) \bmod p$ und schickt sie an A. Dann berechnet A die Zahl $(y^*)^{e_A} \bmod p$ und hat damit den Klartext x gewonnen.
(a) Worauf beruht die Sicherheit dieses Verfahrens? Warum erhält A am Ende den Klartext x?
(b) Dieses Verfahren erfordert eine Authentifikation. Wie kann ein dritter Benutzer C, der sich in die Kommunikation zwischen A und B einschalten kann, den Klartext einer von B an A geschickten Nachricht gewinnen?
(c) Man überlege sich, daß dieses Verfahren nicht mehr verwendet werden darf, wenn ein Benutzer einen schnellen Algorithmus zur Berechnung von Indizes kennt.

IV Quadratische Reste

10 Quadratische Reste

(10.1) Die Theorie der quadratischen Reste, die in diesem Paragraphen beginnt, ist ein Spezialfall der in §6 dargestellten Theorie der Potenzreste.

(10.2) Definition: Es sei m eine natürliche Zahl.
(1) $a \in \mathbb{Z}$ heißt ein quadratischer Rest modulo m, wenn a ein zweiter Potenzrest modulo m ist, also wenn a und m teilerfremd sind und es ein $x \in \mathbb{Z}$ mit $x^2 \equiv a \pmod{m}$ gibt.
(2) $a \in \mathbb{Z}$ heißt ein quadratischer Nichtrest modulo m, wenn a und m teilerfremd sind und für jedes $x \in \mathbb{Z}$ gilt: Es ist $x^2 \not\equiv a \pmod{m}$.

(10.3) Bemerkung: Es sei $m \in \mathbb{N}$, und es sei $m = p_1^{\alpha_1} p_2^{\alpha_2} \cdots p_r^{\alpha_r}$ die Primzerlegung von m; es sei $a \in \mathbb{Z}$. Nach (6.14) ist a genau dann ein quadratischer Rest modulo m, wenn a für jedes $i \in \{1, 2, \ldots, r\}$ ein quadratischer Rest modulo $p_i^{\alpha_i}$ ist; für die Anzahl $N_2(a, m)$ der Lösungen $x \in \{0, 1, \ldots, m - 1\}$ von $X^2 \equiv a \pmod{m}$ gilt $N_2(a, m) = N_2(a, p_1^{\alpha_1}) N_2(a, p_2^{\alpha_2}) \cdots N_2(a, p_r^{\alpha_r})$. Der Beweis in (6.3) zeigt, daß man eine Lösung $x \in \{0, 1, \ldots, m - 1\}$ der Kongruenz $X^2 \equiv a \pmod{m}$ folgendermaßen erhält, wenn man für jedes $i \in \{1, 2, \ldots, r\}$ eine Lösung $x_i \in \mathbb{Z}$ von $X^2 \equiv a \pmod{p_i^{\alpha_i}}$ kennt: Man berechnet nach dem Chinesische Restsatz (vgl. (4.14)) das $x \in \{0, 1, \ldots, m - 1\}$ mit $x \equiv x_i \pmod{p_i^{\alpha_i}}$ für jedes $i \in \{1, 2, \ldots, r\}$. Wie der Beweis in (6.3) zeigt, erhält man auf diese Weise alle Lösungen von $X^2 \equiv a \pmod{m}$, wenn man für jedes $i \in \{1, 2, \ldots, r\}$ alle Lösungen von $X^2 \equiv a \pmod{p_i^{\alpha_i}}$ kennt.

(10.4) Bemerkung: Es sei p eine ungerade Primzahl, und es sei $\alpha \in \mathbb{N}$.
(1) Eine ganze Zahl a ist genau dann ein quadratischer Rest modulo p^α, wenn gilt: Es ist

$$a^{p^{\alpha-1}(p-1)/2} \equiv 1 \pmod{p^\alpha}.$$

(2) Wenn $a \in \mathbb{Z}$ ein quadratischer Rest modulo p^α ist, so hat die Kongruenz $X^2 \equiv a \pmod{p^\alpha}$ genau zwei Lösungen $x_1, x_2 \in \{0, 1, \ldots, p^\alpha - 1\}$, und damit gilt

$$\{x \in \mathbb{Z} \mid x^2 \equiv a \pmod{p^\alpha}\} =$$
$$= \{x \in \mathbb{Z} \mid x \equiv x_1 \pmod{p^\alpha} \text{ oder } x \equiv x_2 \pmod{p^\alpha}\}.$$

(3) In der Menge $\{0, 1, \ldots, p^\alpha - 1\}$ gibt es $\varphi(p^\alpha)/2 = p^{\alpha-1}(p-1)/2$ quadratische Reste und ebensoviele quadratische Nichtreste modulo p^α.

Beweis: Es ist $\mathrm{ggT}(2, \varphi(p^\alpha)) = 2$, und daher folgen alle drei Aussagen aus dem Satz in (6.16).

(10.5) Bemerkung: Es sei p eine ungerade Primzahl.

(1) Aus (6.16)(1) ergibt sich das Kriterium von Euler: $a \in \mathbb{Z} \smallsetminus p\mathbb{Z}$ ist genau dann ein quadratischer Rest modulo p, wenn $a^{(p-1)/2} \equiv 1 \pmod{p}$ gilt, und genau dann ein quadratischer Nichtrest modulo p, wenn $a^{(p-1)/2} \equiv -1 \pmod{p}$ gilt.

(2) Die $\varphi(p)/2 = (p-1)/2$ quadratischen Reste modulo p in $\{0, 1, \ldots, p-1\}$ sind die Zahlen $k^2 \bmod p$ mit $k \in \{1, 2, \ldots, (p-1)/2\}$.

Beweis: Daß (2) gilt, ist klar, und (1) folgt so: Für jedes $a \in \mathbb{Z} \smallsetminus p\mathbb{Z}$ gilt im Körper $\mathbb{F}_p$

$$[0]_p = [a]_p^{p-1} - [1]_p = ([a]_p^{(p-1)/2} - [1]_p) \cdot ([a]_p^{(p-1)/2} + [1]_p)$$

(vgl. (4.21)), also $[a]_p^{(p-1)/2} = [1]_p$ oder $[a]_p^{(p-1)/2} = -[1]_p$, und somit gilt $a^{(p-1)/2} \equiv 1 \pmod{p}$ oder $a^{(p-1)/2} \equiv -1 \pmod{p}$. Die Behauptung folgt daher aus (10.4)(1).

(10.6) Satz: *Es sei p eine ungerade Primzahl, und es sei $a \in \mathbb{Z} \smallsetminus p\mathbb{Z}$. Folgende Aussagen sind äquivalent:*

(1) a ist ein quadratischer Rest modulo p.

(2) Es gibt ein $\alpha \in \mathbb{N}$ mit: a ist ein quadratischer Rest modulo p^α.

(3) Für jedes $\alpha \in \mathbb{N}$ ist a ein quadratischer Rest modulo p^α.

Beweis: Man vergleiche (6.19).

(10.7) Bemerkung: Es sei p eine ungerade Primzahl, es sei α eine natürliche Zahl mit $\alpha \geq 2$, und es sei $a \in \mathbb{Z}$ ein quadratischer Rest modulo p^α. Nach (10.4)(2) hat die Kongruenz $X^2 \equiv a \pmod{p^\alpha}$ zwei verschiedene Lösungen $x_1, x_2 \in \{0, 1, \ldots, p^\alpha - 1\}$. Wegen $(-x_1)^2 = x_1^2 \equiv a \pmod{p^\alpha}$ und $-x_1 \not\equiv x_1 \pmod{p^\alpha}$ ist $x_2 \equiv -x_1 \pmod{p^\alpha}$. Man kann also alle Lösungen von $X^2 \equiv a \pmod{p^\alpha}$ angeben, wenn man eine kennt. Da a auch ein quadratischer Rest modulo $p^{\alpha-1}$ ist, gibt es ein $y \in \mathbb{Z}$ mit $y^2 \equiv a \pmod{p^{\alpha-1}}$, und das Rechenverfahren aus dem Beweis von (6.5)(1) liefert, angewandt auf das Polynom $f := X^2 - a \in \mathbb{Z}[X]$, zu y ein $x \in \mathbb{Z}$ mit $x^2 \equiv a \pmod{p^\alpha}$: Man ermittelt ein $v \in \mathbb{Z}$ mit

$$2y \cdot v = f'(y) \cdot v \equiv -\frac{f(y)}{p^{\alpha-1}} = -\frac{y^2 - a}{p^{\alpha-1}} \pmod{p}$$

und setzt $x := y + vp^{\alpha-1}$.

Man kann also alle Lösungen von $X^2 \equiv a \pmod{p^\alpha}$ finden, wenn man eine Lösung der Kongruenz $X^2 \equiv a \pmod{p}$ kennt oder, was auf dasselbe herauskommt, eine Nullstelle des Polynoms $X^2 - [a]_p \in \mathbb{F}_p[X]$. Eine solche Nullstelle kann man dadurch finden, daß man die Primzerlegung von $X^2 - [a]_p$ im Polynomring $\mathbb{F}_p[X]$ mit Hilfe eines Faktorisierungsalgorithmus berechnet. In Mu-PAD verwendet man dazu die Funktion `factor` (vgl. (6.7)). Es gibt spezielle Algorithmen zur Berechnung einer Lösung von $X^2 \equiv a \pmod{p}$. Ein solcher Algorithmus wird in (12.5) behandelt werden.

(10.8) Bemerkung: (1) $a \in \mathbb{Z}$ ist dann und nur dann ein quadratischer Rest modulo 2, wenn a ungerade ist; ist dies der Fall, so hat die Kongruenz $X^2 \equiv a \pmod{2}$ in $\{0, 1\}$ die eine Lösung $x = 1$.

(2) $a \in \mathbb{Z}$ ist dann und nur dann ein quadratischer Rest modulo 4, wenn $a \equiv 1 \pmod{4}$ gilt; ist dies der Fall, so hat die Kongruenz $X^2 \equiv a \pmod{4}$ in $\{0, 1, 2, 3\}$ die zwei Lösungen $x = 1$ und $x = 3$.

(10.9) Satz: *Es sei $\alpha \in \mathbb{N}$ mit $\alpha \geq 3$.*

(1) $a \in \mathbb{Z}$ ist dann und nur dann ein quadratischer Rest modulo 2^α, wenn $a \equiv 1 \pmod{8}$ gilt; ist dies der Fall, so hat die Kongruenz $X^2 \equiv a \pmod{2^\alpha}$ in der Menge $\{0, 1, \ldots, 2^\alpha - 1\}$ genau 4 verschiedene Lösungen.

(2) In der Menge $\{0, 1, \ldots, 2^\alpha - 1\}$ gibt es genau $2^{\alpha-3}$ quadratische Reste und $3 \cdot 2^{\alpha-3}$ quadratische Nichtreste modulo 2^α.

Beweis: (1) Es sei $a \in \mathbb{Z}$ ungerade.

(a) Aus (6.18)(3) folgt: a ist genau dann ein quadratischer Rest modulo 2^α, wenn $a \equiv 1 \pmod{8}$ ist.

(b) Es gelte: a ist ein quadratischer Rest modulo 2^α. Dann ist a ungerade, und nach (5.19)(2) existieren eindeutig bestimmte Zahlen $i \in \{0, 1\}$ und $j \in \{0, 1, \ldots, 2^{\alpha-2} - 1\}$ mit $a \equiv (-1)^i 5^j \pmod{2^\alpha}$. Es gilt

$$
a \equiv (-1)^i 5^j \equiv \begin{cases} 1 \pmod{8}, & \text{falls } i = 0 \text{ und } j \text{ gerade ist,} \\ 7 \pmod{8}, & \text{falls } i = 1 \text{ und } j \text{ gerade ist,} \\ 5 \pmod{8}, & \text{falls } i = 0 \text{ und } j \text{ ungerade ist,} \\ 3 \pmod{8}, & \text{falls } i = 1 \text{ und } j \text{ ungerade ist.} \end{cases}
$$

Wegen $a \equiv 1 \pmod{8}$ gilt daher: Es ist $i = 0$, und j ist gerade. Es sei $x \in \mathbb{Z}$ ungerade, und es seien $k \in \{0, 1\}$ und $l \in \{0, 1, \ldots, 2^{\alpha-2} - 1\}$ die Zahlen mit $x \equiv (-1)^k 5^l \pmod{2^\alpha}$. Es gilt $x^2 \equiv a \pmod{2^\alpha}$, genau wenn $5^{2l} \equiv 5^j \pmod{2^\alpha}$ gilt, also genau wenn $2l \equiv j \pmod{2^{\alpha-2}}$ gilt (denn nach (5.19)(1) ist $\mathrm{ord}([5]_{2^\alpha}) = 2^{\alpha-2}$), also genau wenn $l = j/2$ oder $l = j/2 + 2^{\alpha-3}$ gilt. Die Kongruenz $X^2 \equiv a \pmod{2^\alpha}$ hat also in $\{0, 1, \ldots, 2^{\alpha-1}\}$ die vier verschiedenen Lösungen

$$5^{j/2} \bmod 2^\alpha, \quad (-5^{j/2}) \bmod 2^\alpha, \quad 5^{j/2} \cdot 5^{2^{\alpha-3}} \bmod 2^\alpha \text{ und } (-5^{j/2} \cdot 5^{2^{\alpha-3}}) \bmod 2^\alpha.$$

(2) Die Überlegung in (1)(b) zeigt: In der Menge $\{0, 1, \ldots, 2^\alpha - 1\}$ gibt es $2^{\alpha-3}$ quadratische Reste modulo 2^α und $3 \cdot 2^{\alpha-3}$ quadratische Nichtreste modulo 2^α; die quadratischen Reste sind die $2^{\alpha-3}$ Zahlen $5^k \bmod 2^\alpha$ mit $k \in \{0, 1, \ldots, 2^{\alpha-3} - 1\}$, die quadratischen Nichtreste sind die übrigen ungeraden Zahlen in dieser Menge.

(10.10) Bemerkung: (1) Es sei $a \in \mathbb{Z}$ mit $a \equiv 1 \pmod 8$, und es sei $v \in \mathbb{Z}$ eine Lösung der Kongruenz $X^2 \equiv a \pmod 8$. Zu jedem $\alpha \in \mathbb{Z}$ mit $\alpha \geq 3$ gibt es eine Lösung $y_\alpha \in \{0, 1, \ldots, 2^\alpha - 1\}$ von $X^2 \equiv a \pmod{2^\alpha}$ mit $y_\alpha \equiv v \pmod 4$. Beweis: Für $\alpha = 3$ ist nicht zu beweisen. Ist $\alpha \geq 4$ und ist bereits eine Zahl $y_{\alpha-1} \in \{0, 1, \ldots, 2^{\alpha-1} - 1\}$ mit $y_{\alpha-1}^2 \equiv a \pmod{2^{\alpha-1}}$ gefunden, so setzt man

$$t_\alpha := \left(\frac{y_{\alpha-1}^2 - a}{2^{\alpha-1}} \right) \bmod 2 \quad \text{und} \quad y_\alpha := y_{\alpha-1} + 2^{\alpha-2} t_\alpha$$

und erhält $0 \leq y_\alpha \leq 2^\alpha - 1$ und $y_\alpha \equiv y_{\alpha-1} \equiv v \pmod 4$ und

$$y_\alpha^2 = y_{\alpha-1}^2 + 2^{\alpha-1} t_\alpha y_{\alpha-1} + 2^{2\alpha-4} t_\alpha^2 \equiv a + 2^{\alpha-1} t_\alpha (1 + y_{\alpha-1}) \equiv a \pmod{2^\alpha},$$

da $y_{\alpha-1}$ ungerade ist.

(2) Es sei $\alpha \in \mathbb{N}$ mit $\alpha \geq 3$, und es sei $a \in \mathbb{Z}$ ein quadratischer Rest modulo 2^α, d.h. es gelte $a \equiv 1 \pmod 8$. Der Beweis in (1) liefert ein Verfahren, Lösungen x_1, $x_2 \in \{0, 1, \ldots, 2^\alpha - 1\}$ der Kongruenz $X^2 \equiv a \pmod{2^\alpha}$ mit $x_1 \equiv 1 \pmod 4$ und $x_2 \equiv 3 \pmod 4$ zu berechnen. Wie man sieht, sind x_1, x_2, $(-x_1) \bmod 2^\alpha$ und $(-x_2) \bmod 2^\alpha$ die vier Lösungen der Kongruenz $X^2 \equiv a \pmod{2^\alpha}$ in $\{0, 1, \ldots, p^\alpha - 1\}$.

(10.11) Bemerkung: Aus (10.3), (10.7), (10.8) und (10.10) ergibt sich: Man kann für jedes $m \in \mathbb{N}$ und jeden quadratischen Rest a modulo m alle Lösungen der Kongruenz $X^2 \equiv a \pmod m$ berechnen, wenn man für jede ungerade Primzahl p und jeden quadratischen Rest a modulo p eine Lösung der Kongruenz $X^2 \equiv a \pmod p$, also im Körper $\mathbb{F}_p$ eine Quadratwurzel aus $[a]_p$ berechnen kann. Ein Algorithmus, der dieses leistet und nicht die Primzerlegung des Polynoms $X^2 - [a]_p$ im Polynomring $\mathbb{F}_p[X]$ verwendet, wird in (12.5) behandelt werden. – Aus (10.3), (10.7) und (10.9) ergibt sich noch der folgenden Satz, der zu einem $m \in \mathbb{N}$ und einem quadratischen Rest a modulo m die Anzahl der Lösungen $x \in \{0, 1, \ldots, m - 1\}$ der Kongruenz $X^2 \equiv a \pmod m$ liefert.

(10.12) Satz: *Es sei $m \in \mathbb{N}$, und es sei s die Anzahl der ungeraden Primteiler von m; es sei $a \in \mathbb{Z}$.*
(1) a ist genau dann ein quadratischer Rest modulo m, wenn a für jeden ungeraden Primteiler p von m ein quadratischer Rest modulo p ist und wenn gilt:

Ist $v_2(m) = 1$, so ist $a \equiv 1 \pmod 2$, ist $v_2(m) = 2$, so ist $a \equiv 1 \pmod 4$, und ist $v_2(m) \geq 3$, so ist $a \equiv 1 \pmod 8$.
(2) Ist a ein quadratischer Rest modulo m, so gilt für die Anzahl $N_2(a, m)$ der Lösungen $x \in \{0, 1, \ldots, m - 1\}$ der Kongruenz $X^2 \equiv a \pmod m$: Es ist

$$N_2(a, m) = \begin{cases} 2^s, & \text{falls } v_2(m) \leq 1 \text{ ist,} \\ 2^{s+1}, & \text{falls } v_2(m) = 2 \text{ ist,} \\ 2^{s+2}, & \text{falls } v_2(m) \geq 3 \text{ ist.} \end{cases}$$

11 Legendre-Symbol und Jacobi-Symbol

(11.1) Die in dieses Paragraphen behandelte Theorie des Legendre-Symbols und des Jacobi-Symbols gehört seit Gauß zu den Höhepunkten der Elementaren Zahlentheorie. Das Kriterium von Euler (vgl. (10.5)(1)) erlaubt es zu entscheiden, ob eine ganze Zahl a ein quadratischer Rest modulo einer ungeraden Primzahl p ist. In den folgenden Abschnitten wird gezeigt, wie man diese Entscheidung auf ganz andere Weise treffen kann.

(11.2) Definition: Es sei p eine ungerade Primzahl. Für $a \in \mathbb{Z}$ setzt man

$$(a \mid p) = \left(\frac{a}{p}\right) := \begin{cases} 1, & \text{falls } a \text{ ein quadratischer Rest modulo } p \text{ ist,} \\ -1, & \text{falls } a \text{ ein quadratischer Nichtrest modulo } p \text{ ist,} \\ 0, & \text{falls } a \text{ durch } p \text{ teilbar ist,} \end{cases}$$

und liest dies als "a über p". Die Abbildung

$$a \mapsto \left(\frac{a}{p}\right) : \mathbb{Z} \to \mathbb{C}$$

heißt das Legendre-Symbol modulo p (nach A. M. Legendre, 1752 – 1833).

(11.3) Satz: *Es sei p eine ungerade Primzahl. Für jedes $a \in \mathbb{Z}$ gilt*

$$\left(\frac{a}{p}\right) \equiv a^{(p-1)/2} \pmod p.$$

Beweis: Für jedes $a \in p\mathbb{Z}$ gilt $(a \mid p) = 0 \equiv a^{(p-1)/2} \pmod p$, und aus (10.5)(1) folgt für jedes $a \in \mathbb{Z} \setminus p\mathbb{Z}$: Es ist $(a \mid p) \equiv a^{(p-1)/2} \pmod p$.

(11.4) Satz: *Es sei p eine ungerade Primzahl.*
(1) Für $a, b \in \mathbb{Z}$ mit $a \equiv b \pmod p$ gilt

$$\left(\frac{a}{p}\right) = \left(\frac{b}{p}\right).$$

(2) *Für alle $a, b \in \mathbb{Z}$ gilt*

$$\left(\frac{ab}{p}\right) = \left(\frac{a}{p}\right)\left(\frac{b}{p}\right).$$

(3) *Für jedes $a \in \mathbb{Z}$ und jedes $b \in \mathbb{Z} \setminus p\mathbb{Z}$ gilt*

$$\left(\frac{ab^2}{p}\right) = \left(\frac{a}{p}\right).$$

(4) *Es gilt*

$$\left(\frac{-1}{p}\right) = (-1)^{(p-1)/2} = \begin{cases} 1, & \text{falls } p \equiv 1 \pmod 4 \text{ gilt,} \\ -1, & \text{falls } p \equiv 3 \pmod 4 \text{ gilt.} \end{cases}$$

(5) *Es gilt*

$$\left(\frac{2}{p}\right) = (-1)^{(p^2-1)/8} = \begin{cases} 1, & \text{falls } p \equiv 1 \text{ oder } 7 \pmod 8 \text{ gilt,} \\ -1, & \text{falls } p \equiv 3 \text{ oder } 5 \pmod 8 \text{ gilt.} \end{cases}$$

Beweis: (1) ist klar, (2) und (4) folgen aus (11.3), und (3) folgt aus (2).
(5) Für jedes ungerade $k \in \{1, 2, \ldots, (p-1)/2\}$ gilt $p - k \equiv (-1)^k k \pmod p$,
und für jedes gerade $k \in \{1, 2, \ldots, (p-1)/2\}$ gilt $k = (-1)^k k$; außerdem ist
$\{p-k \mid 1 \leq k \leq (p-1)/2; k \text{ ungerade}\} = \{j \mid (p+1)/2 \leq j \leq p-1; j \text{ gerade}\}$.
Also gilt

$$2 \cdot 4 \cdot 6 \cdots (p-3) \cdot (p-1) = \left(\prod_{\substack{k=1 \\ k \equiv 0 \,(\mathrm{mod}\, 2)}}^{(p-1)/2} k\right) \cdot \left(\prod_{\substack{j=(p+1)/2 \\ j \equiv 0 \,(\mathrm{mod}\, 2)}}^{p-1} j\right) =$$

$$= \left(\prod_{\substack{k=1 \\ k \equiv 0 \,(\mathrm{mod}\, 2)}}^{(p-1)/2} k\right) \cdot \left(\prod_{\substack{k=1 \\ k \equiv 1 \,(\mathrm{mod}\, 2)}}^{(p-1)/2} (p-k)\right) \equiv \prod_{k=1}^{(p-1)/2} (-1)^k k =$$

$$= (-1)^{1+2+\cdots+(p-1)/2} \left(\frac{p-1}{2}\right)! = (-1)^{(p^2-1)/8} \left(\frac{p-1}{2}\right)! \pmod p,$$

denn es gilt

$$1 + 2 + \cdots + \frac{p-1}{2} = \frac{1}{2} \cdot \frac{p-1}{2}\left(\frac{p-1}{2} + 1\right) = \frac{1}{8}(p^2 - 1).$$

Wegen $2 \cdot 4 \cdot 6 \cdots (p-3) \cdot (p-1) = 2^{(p-1)/2}((p-1)/2)!$ gilt daher

$$2^{(p-1)/2} \left(\frac{p-1}{2}\right)! \equiv (-1)^{(p^2-1)/8} \left(\frac{p-1}{2}\right)! \pmod p.$$

Da $((p-1)/2)!$ nicht durch p teilbar ist, folgt

$$\left(\frac{2}{p}\right) \overset{(11.3)}{\equiv} 2^{(p-1)/2} \equiv (-1)^{(p^2-1)/8} \pmod{p},$$

und weil p ungerade ist, gilt daher

$$\left(\frac{2}{p}\right) = (-1)^{(p^2-1)/8}.$$

(11.5) Hilfssatz: *Es sei p eine ungerade Primzahl.*
(1) (J. Wilson, 1741 – 1793): *Es gilt*

$$(p-1)! \equiv -1 \pmod{p}.$$

(2) *Es gilt*

$$\left(\left(\frac{p-1}{2}\right)!\right)^2 \equiv -(-1)^{(p-1)/2} \pmod{p}.$$

Beweis: (1) Es sei g eine Primitivwurzel modulo p. Es ist $\{1,2,\ldots,p-1\} = \{g^i \bmod p \mid 0 \le i \le p-2\}$, und daher gilt

$$(p-1)! = \prod_{i=0}^{p-2}(g^i \bmod p) \equiv \prod_{i=0}^{p-2} g^i = g^{1+2+\cdots+(p-2)} =$$

$$= g^{(p-2)(p-1)/2} = \left(g^{(p-1)/2}\right)^{p-2} \equiv (-1)^{p-2} = -1 \pmod{p},$$

denn im Körper $\mathbb{F}_p$ ist

$$\left([g]_p^{(p-1)/2} - [1]_p\right)\left([g]_p^{(p-1)/2} + [1]_p\right) = [g]_p^{p-1} - [1]_p = [0]_p,$$

und wegen $\mathrm{ord}([g]_p) = p-1$ folgt $[g]_p^{(p-1)/2} = -[1]_p$.
(2) Es gilt

$$\left\{j \,\Big|\, \frac{p+1}{2} \le j \le p-1\right\} = \left\{p-k \,\Big|\, 1 \le k \le \frac{p-1}{2}\right\}$$

und daher

$$-1 \overset{(1)}{\equiv} (p-1)! = \left(\prod_{j=1}^{(p-1)/2} j\right) \cdot \left(\prod_{j=(p+1)/2}^{p-1} j\right) =$$

$$= \left(\prod_{j=1}^{(p-1)/2} j\right) \cdot \left(\prod_{k=1}^{(p-1)/2} (p-k)\right) \equiv$$

$$\equiv (-1)^{(p-1)/2} \left(\prod_{j=1}^{(p-1)/2} j \right) \cdot \left(\prod_{k=1}^{(p-1)/2} k \right) =$$

$$= (-1)^{(p-1)/2} \left(\left(\frac{p-1}{2} \right)! \right)^2 \quad (\mathrm{mod}\ p).$$

Hieraus folgt

$$\left(\left(\frac{p-1}{2} \right)! \right)^2 \equiv -(-1)^{(p-1)/2} \quad (\mathrm{mod}\ p).$$

(11.6) Satz: *Es seien p und q verschiedene ungerade Primzahlen. Dann gilt*

$$\left(\frac{p}{q} \right) = (-1)^{(p-1)(q-1)/4} \left(\frac{q}{p} \right).$$

Beweis: (1) Es sei

$$G := \mathbb{F}_p^\times \times \mathbb{F}_q^\times = \{ (\alpha, \beta) \mid \alpha \in \mathbb{F}_p^\times,\ \beta \in \mathbb{F}_q^\times \}.$$

Mit der Verknüpfung

$$((\alpha, \beta), (\alpha', \beta')) \mapsto (\alpha\alpha', \beta\beta') : G \times G \to G$$

ist G eine endliche abelsche Gruppe. Neutrales Element in G ist $(1_{\mathbb{F}_p}, 1_{\mathbb{F}_q}) = ([1]_p, [1]_q)$, und für jedes $(\alpha, \beta) \in G$ gilt: Invers zu (α, β) in der Gruppe G ist $(\alpha^{-1}, \beta^{-1})$.

$$U := \{ ([1]_p, [1]_q), (-[1]_p, -[1]_q) \} = \{ ([1]_p, [1]_q), ([-1]_p, [-1]_q) \}$$

ist eine Untergruppe der Ordnung 2 von G. Die Faktorgruppe G/U ist eine abelsche Gruppe der Ordnung $\#(G)/\#(U) = (p-1)(q-1)/2$. Für alle (α, β), $(\alpha', \beta') \in G$ gilt $[(\alpha, \beta)]_U = [(\alpha', \beta')]_U$, genau wenn entweder $(\alpha, \beta) = (\alpha', \beta')$ oder $(\alpha, \beta) = (-\alpha', -\beta')$ gilt, also genau wenn entweder $\alpha = \alpha'$ und $\beta = \beta'$ oder $\alpha = -\alpha'$ und $\beta = -\beta'$ gilt.

Setzt man für jedes $a \in \mathbb{Z} \setminus p\mathbb{Z}$ und jedes $b \in \mathbb{Z} \setminus q\mathbb{Z}$ zur Abkürzung

$$[a, b] := \left[([a]_p, [b]_q) \right]_U,$$

so ist

$$G/U = \{ [a, b] \mid a \in \mathbb{Z} \setminus p\mathbb{Z};\ b \in \mathbb{Z} \setminus q\mathbb{Z} \} =$$
$$= \{ [a, b] \mid 1 \le a \le p-1;\ 1 \le b \le q-1 \},$$

und für alle a, $a' \in \mathbb{Z} \setminus p\mathbb{Z}$ und alle b, $b' \in \mathbb{Z} \setminus q\mathbb{Z}$ gilt: Es ist $[a,b] \cdot [a',b'] = [aa',bb']$, und es gilt $[a,b] = [a',b']$, genau wenn entweder $a \equiv a' \pmod{p}$ und $b \equiv b' \pmod{q}$ oder $a \equiv -a' \pmod{p}$ und $b \equiv -b' \pmod{q}$ gilt.

Der Beweis des Satzes erfolgt nun dadurch, daß man auf zwei verschiedene Weisen das Produkt π aller Elemente der abelschen Gruppe G/U berechnet.

(2) (a) Es seien a, $a' \in \{1,2,\ldots,p-1\}$ und b, $b' \in \{1,2,\ldots,(q-1)/2\}$ mit $a \neq a'$ oder $b \neq b'$. In der Gruppe G/U gilt dann $[a,b] \neq [a',b']$, denn wäre $[a,b] = [a',b']$, so wäre $b \equiv -b' \pmod{q}$, also wäre $b + b'$ durch q teilbar, im Widerspruch zu $2 \leq b + b' \leq q-1$.

(b) Es ist $\#(G/U) = (p-1)(q-1)/2$, und daher folgt aus (a): Die Elemente von G/U sind die $(p-1)(q-1)/2$ Äquivalenzklassen $[a,b] \in G/U$ mit $a \in \{1,2,\ldots,p-1\}$ und mit $b \in \{1,2,\ldots,(q-1)/2\}$. Für das Produkt π aller Elemente von G/U gilt daher: Es ist

$$
\pi = \left[((p-1)!)^{(q-1)/2}, \left(\left(\tfrac{q-1}{2} \right)! \right)^{p-1} \right] =
$$

$$
= \left[((p-1)!)^{(q-1)/2}, \left(\left(\left(\tfrac{q-1}{2} \right)! \right)^2 \right)^{(p-1)/2} \right] =
$$

$$
\overset{(11.5)}{=} \left[(-1)^{(q-1)/2}, (-1)^{(p-1)/2} \cdot (-1)^{(p-1)(q-1)/4} \right].
$$

(3) Es sei $\mathcal{M} := \{ c \in \mathbb{N} \mid 1 \leq c \leq (pq-1)/2; \ \mathrm{ggT}(c,pq) = 1 \}$. Es gilt

$$
\mathcal{M} := \left(\left\{ i + jp \,\middle|\, 1 \leq i \leq p-1; \ 0 \leq j \leq \frac{q-1}{2} - 1 \right\} \cup \right.
$$

$$
\left. \cup \left\{ i + \frac{q-1}{2}p \,\middle|\, 1 \leq i \leq \frac{p-1}{2} \right\} \right) \setminus \left\{ kq \,\middle|\, 1 \leq k \leq \frac{p-1}{2} \right\}
$$

und

$$
\#(\mathcal{M}) = (p-1) \cdot \frac{q-1}{2} + \frac{p-1}{2} - \frac{p-1}{2} = \frac{(p-1)(q-1)}{2} = \#(G/U).
$$

Die Abbildung $c \mapsto [c,c] = [([c]_p, [c]_q)]_U : \mathcal{M} \to G/U$ ist injektiv, denn sind c, $c' \in \mathcal{M}$ und ist $[c,c] = [c',c']$, so gilt entweder $c \equiv c' \pmod{p}$ und $c \equiv c' \pmod{q}$ oder $c \equiv -c' \pmod{p}$ und $c \equiv -c' \pmod{q}$, also entweder $c \equiv c' \pmod{pq}$ oder $c \equiv -c' \pmod{pq}$, und wegen $2 \leq c + c' \leq pq - 1$ folgt $c \equiv c' \pmod{pq}$, also $c = c'$. Wegen $\#(\mathcal{M}) = \#(G/U)$ ist daher die Abbildung $c \mapsto [c,c] : \mathcal{M} \to G/U$ bijektiv, also ist $G/U = \{[c,c] \mid c \in \mathcal{M}\}$. Es gilt

$$
\prod_{c \in \mathcal{M}} c = \left(\prod_{j=0}^{(q-1)/2-1} \left(\prod_{i=1}^{p-1} (i + jp) \right) \right) \cdot \left(\prod_{i=1}^{(p-1)/2} \left(i + \frac{q-1}{2}p \right) \right) \Bigg/ \left(\prod_{k=1}^{(p-1)/2} kq \right),
$$

und wegen

$$\prod_{k=1}^{(p-1)/2} kq = q^{(p-1)/2}\left(\frac{p-1}{2}\right)!$$

und

$$\prod_{j=0}^{(q-1)/2-1}\left(\prod_{i=1}^{p-1}(i+jp)\right) \equiv \prod_{j=0}^{(q-1)/2-1}\left(\prod_{i=1}^{p-1} i\right) =$$

$$= \prod_{j=0}^{(q-1)/2-1}(p-1)! = \left((p-1)!\right)^{(q-1)/2} \equiv (-1)^{(q-1)/2} \pmod p$$

folgt

$$q^{(p-1)/2}\left(\frac{p-1}{2}\right)!\cdot\prod_{c\in\mathcal{M}} c \equiv \left(\prod_{k=1}^{(p-1)/2} kq\right)\cdot\left(\prod_{c\in\mathcal{M}} c\right) =$$

$$= \left(\prod_{j=0}^{(q-1)/2-1}\left(\prod_{i=1}^{p-1}(i+jp)\right)\right)\cdot\left(\prod_{i=1}^{(p-1)/2}\left(i+\frac{q-1}{2}p\right)\right) \equiv$$

$$\equiv (-1)^{(q-1)/2}\left(\frac{p-1}{2}\right)! \pmod p.$$

Weil $((p-1)/2)!$ nicht durch p teilbar ist, folgt

$$q^{(p-1)/2}\prod_{c\in\mathcal{M}} c \equiv (-1)^{(q-1)/2} \pmod p,$$

also

$$\prod_{c\in\mathcal{M}} c \stackrel{(4.21)(1)}{\equiv} q^{p-1}\prod_{c\in\mathcal{M}} c = q^{(p-1)/2}\cdot q^{(p-1)/2}\prod_{c\in\mathcal{M}} c \equiv$$

$$\equiv q^{(p-1)/2}\cdot(-1)^{(q-1)/2} \stackrel{(11.3)}{\equiv} (-1)^{(q-1)/2}\left(\frac{q}{p}\right) \pmod p.$$

Auf dieselbe Weise ergibt sich: Es ist

$$\prod_{c\in\mathcal{M}} c \equiv (-1)^{(p-1)/2}\left(\frac{p}{q}\right) \pmod q.$$

Also gilt für das Produkt π aller Elemente von G/U: Es ist

$$\pi = \left[\prod_{c\in\mathcal{M}} c, \prod_{c\in\mathcal{M}} c\right] = \left[(-1)^{(q-1)/2}\left(\frac{q}{p}\right), (-1)^{(p-1)/2}\left(\frac{p}{q}\right)\right] =$$

$$= \left[(-1)^{(q-1)/2}, (-1)^{(p-1)/2}\left(\frac{p}{q}\right)\left(\frac{q}{p}\right)\right],$$

denn es gilt $(q \mid p) = 1$ oder $(q \mid p) = -1$, und in der Gruppe G/U gilt für alle $a \in \mathbb{Z} \setminus p\mathbb{Z}$ und $b \in \mathbb{Z} \setminus q\mathbb{Z}$: Es ist $[a, b] = [-a, -b]$.

(4) Nach (2) und (3) gilt

$$\left[(-1)^{(q-1)/2}, (-1)^{(p-1)/2} \cdot (-1)^{(p-1)(q-1)/4} \right] \; = \; \pi \; =$$

$$= \; \left[(-1)^{(q-1)/2}, (-1)^{(p-1)/2} \left(\frac{p}{q} \right) \left(\frac{q}{p} \right) \right],$$

und daraus folgt

$$(-1)^{(p-1)/2} \cdot (-1)^{(p-1)(q-1)/4} \; = \; (-1)^{(p-1)/2} \left(\frac{p}{q} \right) \left(\frac{q}{p} \right),$$

also

$$\left(\frac{p}{q} \right) \; = \; (-1)^{(p-1)(q-1)/4} \left(\frac{q}{p} \right).$$

(11.7) Bemerkung: (1) Die Aussage in (11.6) ist das berühmte quadratische Reziprozitätsgesetz, das von L. Euler und von A. M. Legendre gefunden und zuerst von C. F. Gauß bewiesen wurde (vgl. [37], Artikel 131 und 262). Die Aussagen (4) und (5) in (11.4) nennt man die Ergänzungssätze dazu; sie wurden wohl von P. de Fermat gefunden und von L. Euler und J. L. Lagrange erstmals bewiesen. Für das quadratische Reziprozitätsgesetz gibt es sicher über hundert verschiedene Beweise; Gauß hat dafür sieben Beweise angegeben. Der Beweis in (11.6) stammt von G. Rousseau [95]; fünfzehn andere Beweise findet man in Piper [80].

(2) Mit Hilfe des quadratischen Reziprozitätsgesetzes und der Ergänzungssätze dazu kann man entscheiden, ob eine ganze Zahl ein quadratischer Rest modulo einer gegebenen ungeraden Primzahl p ist oder nicht; man damit auch untersuchen, für welche Primzahlen p eine gegebene ganze Zahl quadratischer Rest ist.

(11.8) Beispiele: (1) Es gilt

$$\left(\frac{219}{383} \right) \; = \; \left(\frac{3 \cdot 73}{383} \right) \; \overset{(11.4)(2)}{=} \; \left(\frac{3}{383} \right) \cdot \left(\frac{73}{383} \right),$$

$$\left(\frac{3}{383} \right) \; \overset{(11.6)}{=} \; (-1)^{(3-1)(383-1)/4} \left(\frac{383}{3} \right) \; \overset{(11.4)(1)}{=} \; -\left(\frac{2}{3} \right) \; =$$

$$\overset{(11.4)(5)}{=} \; -(-1)^{(3^2-1)/8} \; = \; 1 \quad \text{und}$$

$$\left(\frac{73}{383} \right) \; \overset{(11.6)}{=} \; (-1)^{(73-1)(383-1)/4} \left(\frac{383}{73} \right) \; = \; \left(\frac{383}{73} \right) \; \overset{(11.4)(1)}{=} \; \left(\frac{18}{73} \right) \; =$$

$$\overset{(11.4)(2)}{=} \; \left(\frac{2}{73} \right) \cdot \left(\frac{3}{73} \right)^2 \; = \; \left(\frac{2}{73} \right) \; \overset{(11.4)(5)}{=} \; (-1)^{(73^2-1)/8} \; = \; 1.$$

Also gilt

$$\left(\frac{219}{383}\right) = 1,$$

und somit ist 219 ein quadratischer Rest modulo 383.

(2) Es sei $p \geq 5$ eine Primzahl. Dann gilt nach (11.6)

$$\left(\frac{3}{p}\right) = (-1)^{(3-1)(p-1)/4}\left(\frac{p}{3}\right) = (-1)^{(p-1)/2}\left(\frac{p}{3}\right).$$

Es gilt

$$(-1)^{(p-1)/2} = \begin{cases} 1, & \text{falls } p \equiv 1 \pmod 4 \text{ gilt,} \\ -1, & \text{falls } p \equiv 3 \pmod 4 \text{ gilt,} \end{cases}$$

und

$$\left(\frac{p}{3}\right) = \begin{cases} \left(\frac{1}{3}\right) = 1, & \text{falls } p \equiv 1 \pmod 3 \text{ gilt,} \\ \left(\frac{2}{3}\right) = -1, & \text{falls } p \equiv 2 \pmod 3 \text{ gilt.} \end{cases}$$

Somit ist 3 quadratischer Rest modulo p, genau wenn entweder $p \equiv 1 \pmod 4$ und $p \equiv 1 \pmod 3$ gilt oder $p \equiv 3 \pmod 4$ und $p \equiv 2 \pmod 3$, also genau wenn $p \equiv 1 \pmod{12}$ oder $p \equiv 11 \pmod{12}$ gilt.

(11.9) **Bemerkung:** Das erste Beispiel in (11.8) zeigt, daß man mit Hilfe des quadratischen Reziprozitätsgesetzes Legendre-Symbole berechnen kann, aber auch, daß man dabei unter Umständen Primzerlegungen ermitteln muß. Die im folgenden Abschnitt definierte Verallgemeinerung des Legendre-Symbols erlaubt die Berechnung von Legendre-Symbolen, ohne daß dabei Primzerlegungen zu berechnen sind.

(11.10) **Definition:** Es sei $m \in \mathbb{N}$ ungerade, und es sei $m = p_1^{\alpha_1} p_2^{\alpha_2} \cdots p_r^{\alpha_r}$ die Primzerlegung von m. Für $a \in \mathbb{Z}$ setzt man

$$(a \mid m) = \left(\frac{a}{m}\right) := \prod_{i=1}^{r}\left(\frac{a}{p_i}\right)^{\alpha_i},$$

wobei in dem Produkt rechts Legendre-Symbole stehen. Die Abbildung

$$a \mapsto \left(\frac{a}{m}\right) : \mathbb{Z} \to \mathbb{C}$$

heißt das Jacobi-Symbol modulo m (nach C. G. J. Jacobi, 1804 – 1851).

(11.11) Bemerkung: (1) Ist p eine ungerade Primzahl, so ist das Jacobi-Symbol modulo p genau das Legendre-Symbol modulo p.
(2) Für jedes $a \in \mathbb{Z}$ ist $(a \mid 1) = 1$.
(3) Es sei $m \in \mathbb{N}$ ungerade, und es sei $a \in \mathbb{Z}$. Auch wenn $(a \mid m) = 1$ ist, kann a ein quadratischer Nichtrest modulo m sein: Es ist $(5 \mid 9) = (5 \mid 3)^2 = 1$, aber 5 ist nicht quadratischer Rest modulo 9.

(11.12) Satz: *Es seien $m_1, m_2 \in \mathbb{N}$ ungerade. Für jedes $a \in \mathbb{Z}$ gilt*

$$\left(\frac{a}{m_1 m_2}\right) = \left(\frac{a}{m_1}\right)\left(\frac{a}{m_2}\right).$$

Beweis: Die Behauptung folgt unmittelbar aus der Definition in (11.10).

(11.13) Satz: *Es sei $m \in \mathbb{N}$ ungerade.*
(1) *Für alle $a, b \in \mathbb{Z}$ mit $a \equiv b \pmod{m}$ gilt*

$$\left(\frac{a}{m}\right) = \left(\frac{b}{m}\right).$$

(2) *Für $a \in \mathbb{Z}$ gilt $(a \mid m) = 0$, genau wenn $\mathrm{ggT}(a, m) > 1$ ist.*
(3) *Für alle $a, b \in \mathbb{Z}$ gilt*

$$\left(\frac{ab}{m}\right) = \left(\frac{a}{m}\right)\left(\frac{b}{m}\right).$$

(4) *Sind $a, b \in \mathbb{Z}$ und ist $\mathrm{ggT}(b, m) = 1$, so gilt*

$$\left(\frac{ab^2}{m}\right) = \left(\frac{a}{m}\right).$$

Beweis: Die Behauptungen folgen unmittelbar aus der Definition des Jacobi-Symbols und aus den entsprechenden Eigenschaften des Legendre-Symbols (vgl. dazu (11.4)).

(11.14) Satz (Die Ergänzungssätze für das Jacobi-Symbol): *Es sei $m \in \mathbb{N}$ ungerade. Dann gilt*

$$\left(\frac{-1}{m}\right) = (-1)^{(m-1)/2} \quad \text{und} \quad \left(\frac{2}{m}\right) = (-1)^{(m^2-1)/8}.$$

Beweis: Es gilt $m = p_1 p_2 \cdots p_r$ mit nicht notwendig verschiedenen ungeraden Primzahlen $p_1, p_2, \ldots, p_r$. Dann gilt für jedes $a \in \mathbb{Z}$

$$\left(\frac{a}{m}\right) = \prod_{i=1}^{r}\left(\frac{a}{p_i}\right).$$

(1) Es gilt

$$m = \prod_{i=1}^{r}(1 + (p_i - 1)) \equiv 1 + \sum_{i=1}^{r}(p_i - 1) \pmod 4$$

und daher

$$\frac{1}{2}(m - 1) \equiv \sum_{i=1}^{r}\frac{1}{2}(p_i - 1) \pmod 2.$$

Also gilt wegen (11.4)(4)

$$\left(\frac{-1}{m}\right) = \prod_{i=1}^{r}\left(\frac{-1}{p_i}\right) = \prod_{i=1}^{r}(-1)^{(p_i-1)/2} = (-1)^{\sum_{i=1}^{r}(p_i-1)/2} = (-1)^{(m-1)/2}.$$

(2) Für jedes ungerade $x \in \mathbb{Z}$ gilt: Die Zahlen $x - 1$ und $x + 1$ sind beide gerade, und eine von ihnen ist durch 4 teilbar, und daher ist $x^2 - 1$ durch 8 teilbar. Es folgt

$$m^2 = \prod_{i=1}^{r}(1 + (p_i^2 - 1)) \equiv 1 + \sum_{i=1}^{r}(p_i^2 - 1) \pmod{64},$$

also

$$\frac{1}{8}(m^2 - 1) \equiv \sum_{i=1}^{r}\frac{1}{8}(p_i^2 - 1) \pmod 8$$

und daher wegen (11.4)(5)

$$\left(\frac{2}{m}\right) = \prod_{i=1}^{r}\left(\frac{2}{p_i}\right) = \prod_{i=1}^{r}(-1)^{(p_i^2-1)/8} = (-1)^{\sum_{i=1}^{r}(p_i^2-1)/8} = (-1)^{(m^2-1)/8}.$$

(11.15) Satz (Quadratisches Reziprozitätsgesetz für das Jacobi-Symbol): *Es seien m eine ungerade natürliche Zahl und a eine ungerade ganze Zahl. Dann gilt*

$$\left(\frac{a}{m}\right) = (-1)^{(a-1)(m-1)/4}\left(\frac{m}{|a|}\right).$$

Beweis: (a) Ist $\mathrm{ggT}(a, m) > 1$, so gilt

$$\left(\frac{a}{m}\right) = 0 \quad \text{und} \quad \left(\frac{m}{|a|}\right) = 0.$$

(b) Es gelte $\mathrm{ggT}(a,m) = 1$ und $a > 0$. Dann gilt mit nicht notwendig verschiedenen ungeraden Primzahlen $p_1, p_2, \ldots, p_r$ und $q_1, q_2, \ldots, q_s$

$$m = p_1 p_2 \cdots p_r \quad \text{und} \quad a = q_1 q_2 \cdots q_s,$$

und wegen $\mathrm{ggT}(a,m) = 1$ ist $\{p_1, p_2, \ldots, p_r\} \cap \{q_1, q_2, \ldots, q_s\} = \varnothing$. Es gilt

$$\left(\frac{a}{m}\right) \;=\; \prod_{i=1}^{s}\left(\frac{a}{p_i}\right) \;=$$

$$\overset{(11.13)(3)}{=} \prod_{i=1}^{r}\prod_{j=1}^{s}\left(\frac{q_j}{p_i}\right) \overset{(11.6)}{=} \prod_{i=1}^{r}\prod_{j=1}^{s}(-1)^{(p_i-1)(q_j-1)/4}\left(\frac{p_i}{q_j}\right) \;=$$

$$=\quad (-1)^t \prod_{i=1}^{r}\prod_{j=1}^{s}\left(\frac{p_i}{q_j}\right) \;=\; (-1)^t \prod_{i=1}^{r}\left(\frac{p_i}{a}\right) \overset{(11.13)(3)}{=} (-1)^t \left(\frac{m}{a}\right)$$

mit

$$t \;=\; \sum_{i=1}^{r}\sum_{j=1}^{s} \frac{1}{2}(p_i - 1)\cdot\frac{1}{2}(q_j - 1) \;=\; \left(\sum_{i=1}^{r}\frac{1}{2}(p_i-1)\right)\left(\sum_{j=1}^{s}\frac{1}{2}(q_j-1)\right) \equiv$$

$$\overset{(*)}{\equiv} \frac{1}{2}(m-1)\cdot\frac{1}{2}(a-1) \;=\; \frac{(a-1)(m-1)}{4} \quad (\mathrm{mod}\ 2).$$

(Zu $(*)$ vergleiche man die Überlegung im ersten Teil des Beweises in (11.14)).
(c) Es gelte $\mathrm{ggT}(a,m) = 1$ und $a < 0$. Dann gilt

$$\left(\frac{a}{m}\right) = \left(\frac{-|a|}{m}\right) \overset{(11.13)(3)}{=} \left(\frac{-1}{m}\right)\left(\frac{|a|}{m}\right) \overset{(11.14)}{=} (-1)^{(m-1)/2}\left(\frac{|a|}{m}\right) =$$

$$\overset{(b)}{=} (-1)^{(m-1)/2}\cdot(-1)^{(|a|-1)(m-1)/4}\left(\frac{m}{|a|}\right) =$$

$$= (-1)^{(|a|+1)(m-1)/4}\left(\frac{m}{|a|}\right) = (-1)^{(-a+1)(m-1)/4}\left(\frac{m}{|a|}\right) =$$

$$= (-1)^{(a-1)(m-1)/4}\left(\frac{m}{|a|}\right).$$

(11.16) Bemerkung: Die folgenden Beispiele zeigen, wie man mit Hilfe von Jacobi-Symbolen Legendre-Symbole berechnen kann. Sie zeigen auch, wie die Ergebnisse aus (11.13), aus (11.14) und insbesondere aus (11.15) einen Algorithmus zur Berechnung von Legendre-Symbolen und Jacobi-Symbolen liefern. Ein solcher Algorithmus wird in (11.18) angegeben.

(11.17) Beispiele: (1) 317 ist eine Primzahl, und es ist

$$\left(\frac{105}{317}\right) \overset{(11.15)}{=} (-1)^{(105-1)(317-1)/4}\left(\frac{317}{105}\right) = \left(\frac{317}{105}\right) =$$

$$= \left(\frac{3\cdot 105 + 2}{105}\right) \overset{(11.13)(1)}{=} \left(\frac{2}{105}\right) =$$

$$\overset{(11.14)}{=} (-1)^{(105^2-1)/8} = 1.$$

Also ist 105 ein quadratischer Rest modulo 317.

(2) 1999 ist eine Primzahl, und es gilt

$$\left(\frac{888}{1999}\right) = \left(\frac{2^3\cdot 111}{1999}\right) = \left(\frac{2}{1999}\right)^3\left(\frac{111}{1999}\right) =$$

$$= (-1)^{(1999^2-1)/8}\cdot(-1)^{(111-1)(1999-1)/4}\left(\frac{1999}{111}\right) =$$

$$= -\left(\frac{18\cdot 111 + 1}{111}\right) = -\left(\frac{1}{111}\right) = -1,$$

und daher ist 888 ein quadratischer Nichtrest modulo 1999.

(11.18) Ein Algorithmus zur Berechnung von Jacobi-Symbolen:
(1) Es seien m eine ungerade natürliche Zahl, und es sei a eine ganze Zahl. Der folgende Algorithmus berechnet das Jacobi-Symbol $(a \mid m)$:

(JS1) Ist $m = 1$, so gibt man 1 aus und bricht ab.
(JS2) Ist $\mathrm{ggT}(a, m) > 1$, so gibt man 0 aus und bricht ab.
(JS3) Man setzt $\varepsilon := 1$, $x := a \bmod m$ und $y := m$.
(JS4) Ist x ungerade, so geht man zu (JS6).
(JS5) Man ermittelt $\alpha := v_2(x)$ und setzt $x := x/2^\alpha$. Ist α ungerade und gilt entweder $y \equiv 3 \pmod 8$ oder $y \equiv 5 \pmod 8$, so setzt man $\varepsilon := -\varepsilon$.
(JS6) Ist $x = 1$, so gibt man ε aus und bricht ab.
(JS7) Gilt $x \equiv 3 \pmod 4$ und $y \equiv 3 \pmod 4$, so setzt man $\varepsilon := -\varepsilon$.
(JS8) Man setzt $z := y \bmod x$, $y := x$ und $x := z$.
(JS9) Ist $x = 1$, so gibt man ε aus und bricht ab. Ist $x > 1$, so geht man zu Schritt (JS4).

(2) Der Algorithmus bricht nach endlich vielen Schritten ab, denn jedesmal, wenn (JS8) durchlaufen wird, nimmt die natürliche Zahl x mindestens um 1 ab. Er berechnet wirklich das Jacobi-Symbol $(a \mid m)$, denn wenn $m > 1$ ist und a und m teilerfremd sind, so gilt von (JS3) an zu jedem Zeitpunkt $(a \mid m) = \varepsilon \cdot (x \mid y)$.

(11.19) Bemerkung: Es sei m eine ungerade natürliche Zahl, und es sei a eine ganze Zahl.

(1) Der Algorithmus in (11.18) ist für MuPAD formuliert. Man könnte ihn auch so formulieren, daß er nicht gleich zu Beginn $\mathrm{ggT}(a,m)$ berechnet, sondern erst am Ende erkennt, ob a und m teilerfremd sind oder nicht. Da `igcd` eine Funktion des MuPAD-Kerns und daher sehr schnell ist, spielt in einem MuPAD-Programm für diesen Algorithmus ein Aufruf von `igcd` keine wesentliche Rolle.

(2) Sieht man von der Berechnung von $\mathrm{ggT}(a,m)$ in (JS2) ab, so kann man den Aufwand des Algorithmus in (11.18) zur Berechnung von $(a \mid m)$ an der Anzahl der Anwendungen des quadratischen Reziprozitätsgesetzes im Schritt (JS8) messen. Diese Anzahl ist, wenn a und m teilerfremd sind, höchstens gleich

$$\left\lfloor 1.32 \cdot \log\big((a \bmod m) + m\big) - 0.72 \right\rfloor,$$

wie J. Shallit in [102] in einer lesenswerten Diskussion verschiedener Verfahren zur Berechnung von Jacobi-Symbolen gezeigt hat.

(11.20) MuPAD: Den in (11.18) beschriebenen Algorithmus JS verwenden die Funktionen `numlib::legendre` und `numlib::jacobi` zur Berechnung von Legendre-Symbolen und Jacobi-Symbolen. Zu einer natürlichen Zahl m und einer ganzen Zahl a liefert die Anweisung `numlib::isquadres(a,m)` die Ausgabe `TRUE`, falls a ein quadratischer Rest modulo m ist, bzw. die Ausgabe `FALSE`, falls a ein quadratischer Nichtrest modulo m ist; sind m und a nicht teilerfremd, wird eine Fehlermeldung ausgegeben.

(11.21) Bemerkung: Zum Abschluß dieses Paragraphen wird der bereits in (2.9)(3) angegebene Satz von Lucas und Lehmer bewiesen. Dieser Beweis, wie auch der des Satzes von Pepin in (11.24), Aufgabe 3, zeigt, welche nützlichen Beweismethoden die Theorie der quadratischen Reste dem Zahlentheoretiker zu Verfügung stellt.

(11.22) Satz (E. Lucas 1878, D. H. Lehmer 1930/35): *Es sei $(a_n)_{n \geq 1}$ die Folge mit $a_1 := 4$ und mit $a_{n+1} := a_n^2 - 2$ für jedes $n \in \mathbb{N}$, und es sei p eine ungerade Primzahl. Die Mersenne-Zahl $M(p) = 2^p - 1$ ist dann und nur dann eine Primzahl, wenn a_{p-1} durch $M(p)$ teilbar ist.*

Beweis: (0) Für

$$\omega := 2 + \sqrt{3}, \quad \overline{\omega} := 2 - \sqrt{3} \quad \text{und} \quad \tau := \frac{1}{\sqrt{2}}\left(1 + \sqrt{3}\right)$$

gilt $\omega \cdot \overline{\omega} = 1$ und $\tau^2 = \omega$. Für jedes $n \in \mathbb{N}$ ist, wie man leicht durch Induktion beweist,

$$a_n = \omega^{2^{n-1}} + \overline{\omega}^{2^{n-1}}.$$

(1) Es gelte: $M(p)$ teilt a_{p-1}. Dann gibt es ein $v \in \mathbb{N}$ mit

$$\omega^{2^{p-2}} + \overline{\omega}^{2^{p-2}} = a_{p-1} = v M(p),$$

und damit gilt

$$\omega^{2^{p-1}} = \omega^{2^{p-2}} \omega^{2^{p-2}} = \left(v M(p) - \overline{\omega}^{2^{p-2}}\right) \omega^{2^{p-2}} = v M(p)\, \omega^{2^{p-2}} - 1.$$

(a) Es sei q ein Primteiler von $M(p)$. Auf $R := \mathbb{Z}/q\mathbb{Z} \times \mathbb{Z}/q\mathbb{Z}$ werden folgendermaßen eine Addition $+$ und eine Multiplikation $\cdot$ definiert: Für alle a, b, c, $d \in \mathbb{Z}$ setzt man

$$([a]_q, [b]_q) + ([c]_q, [d]_q) := ([a+c]_q, [b+d]_q) =$$
$$= ([a]_q + [c]_q, [b]_q + [d]_q) \qquad \text{und}$$

$$([a]_q, [b]_q) \cdot ([c]_q, [d]_q) := ([ac+3bd]_q, [ad+bc]_q) =$$
$$= ([a]_q [c]_q + [3]_q [b]_q [d]_q, [a]_q [d]_q + [b]_q [c]_q).$$

Wie man ohne Schwierigkeit nachrechnet, ist R ein kommutativer Ring mit dem Nullelement $0_R := ([0]_q, [0]_q)$ und dem Einselement $1_R := ([1]_q, [0]_q)$.
(b) $\mathbb{Z}[\sqrt{3}] := \{a + b\sqrt{3} \mid a, b \in \mathbb{Z}\}$ ist ein Unterring des Körpers $\mathbb{R}$, und weil $\sqrt{3}$ eine irrationale Zahl ist, gibt es zu jedem $x \in \mathbb{Z}[\sqrt{3}]$ eindeutig bestimmte $a, b \in \mathbb{Z}$ mit $x = a + b\sqrt{3}$. Die Abbildung

$$\psi : \mathbb{Z}[\sqrt{3}] \to R \quad \text{mit} \quad \psi(a + b\sqrt{3}) := ([a]_q, [b]_q) \quad \text{für alle } a, b \in \mathbb{Z}$$

ist ein Homomorphismus von Ringen, d.h. es ist $f(1) = 1_R$, und für alle x, $y \in \mathbb{Z}[\sqrt{3}]$ gilt $\psi(x+y) = \psi(x) + \psi(y)$ und $\psi(x \cdot y) = \psi(x) \cdot \psi(y)$. ω und $\overline{\omega}$ sind Elemente von $\mathbb{Z}[\sqrt{3}]$, und es gilt $\psi(\omega) \cdot \psi(\overline{\omega}) = \psi(\omega \overline{\omega}) = \psi(1) = 1_R$. Also ist $\psi(\omega)$ ein Element der Einheitengruppe $E(R)$ des Rings R. Wegen $q \mid M(p)$ ist $\psi(M(p)) = ([M(p)]_q, [0]_q) = ([0]_q, [0]_q) = 0_R$, und daher gilt

$$\psi(\omega)^{2^{p-1}} = \psi\left(\omega^{2^{p-1}}\right) \overset{(1)}{=} \psi\left(v M(p) \cdot \omega^{2^{p-2}} - 1\right) =$$

$$= \psi(v) \cdot \psi(M(p)) \cdot \psi(\omega)^{2^{p-2}} + \psi(-1) = ([-1]_q, [0]_q) = -1_R.$$

Hieraus folgt $\psi(\omega)^{2^p} = (-1_R)^2 = 1_R$, und daher ist die Ordnung von $\psi(\omega)$ in der Gruppe $E(R)$ ein Teiler von 2^p (vgl. (3.5)(3)). Da q ungerade ist, gilt $\psi(\omega)^{2^{p-1}} = -1_R \neq 1_R$, und somit ist die Ordnung von $\psi(\omega)$ gleich 2^p. In $E(R)$ gibt es also mindestens 2^p verschiedene Elemente, und wegen $E(R) \subset R \setminus \{0_R\}$ folgt $q^2 - 1 = \#(R) - 1 \geq 2^p$. Also gilt $q^2 \geq 2^p + 1 > 2^p - 1 = M(p)$.
(c) Für jeden Primteiler q von $M(p)$ gilt nach (c): Es ist $q > \sqrt{M(p)}$. Also ist $M(p)$ eine Primzahl.

(2) Es gelte: $M := M(p) = 2^p - 1$ ist eine Primzahl.
(a) Für jedes $j \in \{1, 2, \ldots, M - 1\}$ ist die ganze Zahl

$$\binom{M}{j} = \frac{M(M-1)\cdots(M-j+1)}{j!}$$

durch M teilbar, weil auf der rechten Seite der Zähler durch die Primzahl M teilbar ist, aber nicht der Nenner. Also gilt

$$2^{(M-1)/2}\sqrt{2}\cdot\tau^M = \left(\sqrt{2}\cdot\tau\right)^M = \left(1+\sqrt{3}\right)^M = \sum_{j=0}^{M}\binom{M}{j}\sqrt{3}^{\,j} =$$

$$= \sum_{i=0}^{(M-1)/2}\binom{M}{2i}3^i + \sum_{i=0}^{(M-1)/2}\binom{M}{2i+1}3^i\sqrt{3} =$$

$$= 1 + aM + bM\sqrt{3} + 3^{(M-1)/2}\sqrt{3}$$

mit den ganzen Zahlen

$$a := \frac{1}{M}\sum_{i=1}^{(M-1)/2}\binom{M}{2i}3^i \quad\text{und}\quad b := \frac{1}{M}\sum_{i=0}^{(M-3)/2}\binom{M}{2i+1}3^i.$$

(b) Wegen $p \geq 3$ gilt $8\,|\,2^p$ und daher $M = 2^p - 1 \equiv -1 \equiv 7 \pmod{8}$. Nach (11.4)(5) ist daher 2 ein quadratischer Rest modulo M, und somit liefert das Kriterium von Euler in (10.5)(1): Es gilt $2^{(M-1)/2} \equiv 1 \pmod{M}$. Weil p ungerade ist, gilt $M = 2^p - 1 \equiv (-1)^p - 1 \equiv -1 - 1 \equiv 1 \pmod{3}$, und daher folgt mit Hilfe des quadratischen Reziprozitätsgesetzes (vgl. (11.6))

$$\left(\frac{3}{M}\right) = (-1)^{(3-1)(M-1)/4}\left(\frac{M}{3}\right) = (-1)^{2^{p-1}-1}\left(\frac{M}{3}\right) =$$

$$= -\left(\frac{M}{3}\right) \overset{(11.4)(1)}{=} -\left(\frac{1}{3}\right) = -1.$$

Also ist 3 ein quadratischer Nichtrest modulo M, und daher liefert das Kriterium von Euler: Es ist $3^{(M-1)/2} \equiv -1 \pmod{M}$.
(c) Nach (b) gibt es ganze Zahlen c und d mit $2^{(M-1)/2} = 1 + cM$ und mit $3^{(M-1)/2} = -1 + dM$. Damit gilt nach (a)

$$(1+cM)\sqrt{2}\cdot\tau^M = 1 + aM + bM\sqrt{3} + (-1+dM)\sqrt{3},$$

und daraus ergibt sich

$$(1+cM)\cdot\tau^{M+1} = \frac{\tau}{\sqrt{2}}\cdot\left(1 + aM + bM\sqrt{3} + (-1+dM)\sqrt{3}\right) =$$

$$= \frac{(1+\sqrt{3})(1-\sqrt{3})}{2} + \frac{1+\sqrt{3}}{2} \cdot M \cdot \left(a + (b+d)\sqrt{3}\right) \;=$$

$$= -1 + \frac{M}{2}\left(e + f\sqrt{3}\right)$$

mit

$$e := a + 3b + 3d \;\in\; \mathbb{Z} \quad \text{und} \quad f := a + b + d \;\in\; \mathbb{Z}.$$

Wegen $\tau^2 = \omega$ gilt somit

$$(1+cM)\cdot\omega^{2^{p-1}} \;=\; (1+cM)\cdot\tau^{2^p} \;=\; (1+cM)\cdot\tau^{M+1} \;=\; -1 + \frac{M}{2}\left(e + f\sqrt{3}\right),$$

und wegen $\omega \cdot \overline{\omega} = 1$ folgt daraus

$$2\,(1+cM)\cdot\omega^{2^{p-2}} \;=\; \left((1+cM)\cdot\omega^{2^{p-1}}\right)\cdot\left(2\overline{\omega}^{2^{p-2}}\right) \;=$$

$$= \left(-1 + \frac{M}{2}\left(e + f\sqrt{3}\right)\right)\cdot 2\overline{\omega}^{2^{p-2}} \;=\; -2\overline{\omega}^{2^{p-2}} + M\left(e + f\sqrt{3}\right)\cdot\overline{\omega}^{2^{p-2}}.$$

Also gilt

$$2a_{p-1} \;\overset{(0)}{=}\; 2\omega^{2^{p-2}} + 2\overline{\omega}^{2^{p-2}} \;=\; -2cM\cdot\omega^{2^{p-2}} + M\left(e + f\sqrt{3}\right)\cdot\overline{\omega}^{2^{p-2}} \;=\; xM$$

mit

$$x := -c\cdot\omega^{2^{p-2}} + \left(e + f\sqrt{3}\right)\cdot\overline{\omega}^{2^{p-2}} \;\in\; \mathbb{Z}[\sqrt{3}].$$

Es existieren ganze Zahlen g und h mit $x = g + h\sqrt{3}$, und damit gilt

$$2a_{p-1} \;=\; gM + hM\sqrt{3}.$$

Da $\sqrt{3}$ irrational ist, ist darin $h = 0$, also gilt $2a_{p-1} = gM$. Damit ist gezeigt, daß a_{p-1} durch $M = M(p)$ teilbar ist.

(11.23) Bemerkung: Der erste Teil des Beweises in (11.22) stammt aus Bruce [16]; der zweite Teil läßt sich kürzer formulieren, wenn man einige einfache Tatsachen aus der Algebraischen Zahlentheorie ausnützt (vgl. Rosen [93]). Es gibt noch andere Beweise des Satzes von Lucas und Lehmer: Der Beweis in Sierpiński [104], Kap. X, § 2, ist im wesentlichen der Beweis von Lehmer in [61]; lesenswert ist auch der Beweis in Kranakis [58], Abschnitt 2.9.

(11.24) Aufgaben:

Aufgabe 1: Man schreibe eine MuPAD-Funktion zur Berechnung von Jacobi-Symbolen mit dem in (11.18) beschriebenen Algorithmus, die außerdem noch abzählt, wie oft im Schritt (JS8) das quadratische Reziprozitätsgesetz verwendet wird, und vergleiche mit der in (11.19)(2) angegebenen Abschätzung.

Aufgabe 2: (1) Es sei $a \in \mathbb{Z}$, und es sei $m \in \mathbb{N}$ ungerade. G. Eisenstein gab 1844 in [30] das folgende Verfahren zur Berechnung des Jacobi-Symbols $(a \mid m)$ an:

Man setzt $x_0 := a$ und $x_1 := m$ und ermittelt Zahlen $q_0, q_1, \ldots, q_{n-1} \in \mathbb{N}_0$, x_2, $x_3, \ldots, x_n \in \mathbb{N}$ und $\varepsilon_2, \varepsilon_3, \ldots, \varepsilon_n \in \{1, -1\}$ mit

$$
\begin{aligned}
x_0 &= q_0 x_1 + \varepsilon_2 x_2, \\
x_1 &= q_1 x_2 + \varepsilon_3 x_3, \\
&\ \vdots \qquad \vdots \\
x_{n-2} &= q_{n-2} x_{n-1} + \varepsilon_n x_n, \\
x_{n-1} &= q_{n-1} x_n,
\end{aligned}
$$

wobei $x_2, x_3, \ldots, x_n$ ungerade sind und $x_1 > x_2 > \cdots > x_{n-1} > x_n$ gilt. Wenn $x_n > 1$ ist, so ist $(q \mid m) = 0$. Wenn $x_n = 1$ ist, so setzt man für jedes $i \in \{0, 1, \ldots, n-2\}$

$$
\delta_i := \begin{cases} -1, & \text{falls } x_{i+1} \equiv 3 \ (\mathrm{mod}\ 4) \text{ und } \varepsilon_{i+2} x_{i+2} \equiv 3 \ (\mathrm{mod}\ 4) \text{ gilt,} \\ \ 1, & \text{falls } x_{i+1} \equiv 1 \ (\mathrm{mod}\ 4) \text{ oder } \varepsilon_{i+2} x_{i+2} \equiv 1 \ (\mathrm{mod}\ 4) \text{ gilt,} \end{cases}
$$

und erhält

$$
\left(\frac{a}{m} \right) = \prod_{i=0}^{n-2} \delta_i.
$$

(2) Man überlege sich, daß dieses Verfahren wirklich für jedes $a \in \mathbb{Z}$ und jedes ungerade $m \in \mathbb{N}$ das Jacobi-Symbol $(a \mid m)$ berechnet.

(3) Man schreibe eine MuPAD-Funktion, die zu ganzen Zahlen a und ungeraden natürlichen Zahlen m das Jacobi-Symbol $(a \mid m)$ berechnet und dabei das Verfahren aus (1) verwendet. Man schreibe diese Funktion so, daß darin auch gezählt wird, wie oft sie jeweils das quadratische Reziprozitätsgesetz verwendet, und vergleiche mit dem Verfahren aus (11.18) (vgl. Aufgabe 1).

Aufgabe 3 (T. Pepin 1878): Es sei n eine natürliche Zahl.
(1) Man beweise: Ist die n-te Fermat-Zahl $F(n) = 2^{2^n} + 1$ eine Primzahl, so ist 3 ein quadratischer Nichtrest modulo $F(n)$, und daher gilt

$$
3^{(F(n)-1)/2} \equiv -1 \ (\mathrm{mod}\ F(n)).
$$

(2) Man beweise: Gilt $3^{(F(n)-1)/2} \equiv -1 \ (\mathrm{mod}\ F(n))$, so ist $F(n)$ eine Primzahl. (Dazu ermittle man die Ordnung der Restklasse $[3]_{F(n)}$ in der Gruppe $E(\mathbb{Z}/F(n)\mathbb{Z})$).

Aufgabe 4: In (5.5) wurde erwähnt, daß es zu jeder positiven reellen Zahl M eine Primzahl p gibt, für die gilt: Die kleinste positive Primitivwurzel $g(p)$ modulo p ist größer als M. Der in dieser Aufgabe angedeutete Beweis stammt von K. Kearns (vgl. [52]); darin wird der Primzahlsatz von P. G. L. Dirichlet (1811 bis 1871) verwendet: Zu jeder natürlichen Zahl m und jeder ganzen Zahl a mit $\mathrm{ggT}(a,m) = 1$ gibt es unendlich viele Primzahlen p mit $p \equiv a \pmod{m}$. (Zum Beweis vergleiche man etwa den Abschnitt 1.6 des Buchs [17] von J. Brüdern).

Es sei M eine positive reelle Zahl, es seien $q_1, q_2, \ldots, q_n$ die ungeraden Primzahlen $\leq M$. Aus dem Primzahlsatz von Dirichlet folgt: Es gibt eine natürliche Zahl k, für die $p := 1 + 8q_1 q_2 \cdots q_n \cdot k$ eine Primzahl ist. Man beweise der Reihe nach:

    (a) 2 und $q_1, q_2, \ldots, q_n$ sind quadratische Reste modulo p.

    (b) Jede natürliche Zahl $\leq M$ ist ein quadratischer Rest modulo p.

    (c) Für jede positive Primitivwurzel g modulo p gilt $g > M$.

Bemerkung: Man braucht hier übrigens nicht den Primzahlsatz von Dirichlet in seiner vollen Allgemeinheit. Hier benötigt man nur den Spezialfall: Zu jedem $m \in \mathbb{N}$ gibt es unendlich viele Primzahlen p mit $p \equiv 1 \pmod{m}$. Einfache Beweise hierfür oder besser Beweise, die einfacher als ein Beweis des vollen Primzahlsatzes von Dirichlet sind, findet man im zweiten Kapitel des Buchs [89] von P. Ribenboim und in der Arbeit [75] von I. Niven und B. Powell.

Aufgabe 5: Mit dem in Aufgabe 4 angegebenen Verfahren finde man Primzahlen p, für die die kleinste positive Primitivwurzel $g(p)$ modulo p größer als 50, größer als 100, größer als 200 ist.

Aufgabe 6: Das Kriterium von Euler in (10.5) führt direkt zu einem Primzahltest, der 1977 von R. Solovay und V. Strassen in [105] angegeben wurde. Von diesem Test handelt diese Aufgabe.

(1) Es sei $m \geq 3$ eine ungerade natürliche Zahl, und es seien

$$E(m) := \left\{ a \in \mathbb{Z} \mid 0 \leq a \leq m - 1; \ \mathrm{ggT}(a,m) = 1 \right\} \quad \text{und}$$

$$A(m) := \left\{ a \in E(m) \mid a^{(m-1)/2} \equiv \left(\frac{a}{m} \right) \pmod{m} \right\}.$$

Das Kriterium von Euler besagt: Ist m eine Primzahl, so ist $A(m) = E(m)$. Die nächsten beiden Aussagen zeigen: Ist m keine Primzahl, so ist $A(m)$ eine echte Teilmenge von $E(m)$. Man beweise:

(a) Wenn m durch das Quadrat einer Primzahl p teilbar ist, so ist

$$b := 1 + \frac{m}{p} \in E(m) \smallsetminus A(m).$$

(b) Ist $m = p_1 p_2 \cdots p_r$ mit $r \geq 2$ paarweise verschiedenen Primzahlen $p_1, p_2, \ldots, p_r$ und ist $z \in \mathbb{Z}$ ein quadratischer Nichtrest modulo p_1, so gibt es ein $b \in \{0, 1, \ldots, m - 1\}$ mit

$$b \equiv z \pmod{p_1} \quad \text{und} \quad b \equiv 1 \pmod{p_2 p_3 \cdots p_r},$$

und hierfür gilt $b \in E(m) \setminus A(m)$.

(2) Es sei $m \geq 3$ eine ungerade natürliche Zahl, die keine Primzahl ist. Dann ist nach (1) $A(m)$ eine echte Teilmenge von $E(m)$. Man zeige, daß

$$\{\, [\,a\,]_m \mid a \in A(m)\,\}$$

eine Untergruppe der Gruppe $E(\mathbb{Z}/m\mathbb{Z})$ ist, und folgere daraus: Es gilt

$$\#(A(m)) \;\leq\; \frac{1}{2}\,\#(E(m)).$$

(3) Man formuliere mit Hilfe von (1) und (2) einen stochastischen Primzahltest; dabei orientiere man sich an dem Algorithmus RABIN in (7.5). Man schreibe dazu eine MuPAD-Funktion.

Bemerkung: Leider ist der Primzahltest von Solovay und Strassen nicht dazu geeignet, den Primzahltest von Rabin zu ergänzen: Ist m eine starke Pseudoprimzahl zu einer Basis $b \in \mathbb{N}$, so liegt $b \bmod m$ in der Menge

$$A(m) \;=\; \Big\{a \in E(m) \,\Big|\, a^{(m-1)/2} \equiv \Big(\frac{a}{m}\Big) \ (\bmod\ m)\Big\}.$$

(Zum Beweis vergleiche man Koblitz [57], V, §1). Wenn also der Primzahltest von Rabin eine Nichtprimzahl m als Primzahl deklariert, so tut dies auch der Primzahltest von Solovay und Strassen, falls in beiden Tests dieselben Zufallszahlen verwendet werden.

12   Ein Rechenverfahren

(12.1) In diesem Paragraphen wird die Aufgabe gelöst, zu einer ungeraden Primzahl p und zu einem quadratischen Rest $a \in \mathbb{Z}$ modulo p eine ganze Zahl x mit $x^2 \equiv a \pmod{p}$ zu berechnen. Einen Algorithmus, der dieses leistet, gab D. Shanks 1972 in [103] an; er nannte ihn RESSOL (= RESidue SOLver). Einen Vorläufer dieses Algorithmus publizierte A. Tonelli bereits im Jahr 1891 in [108]. Der Algorithmus RESSOL benötigt einen quadratischen Nichtrest z modulo der Primzahl p, auf die er angewandt wird. Daher muß man sich zuerst überlegen, wie man ein solches z findet.

(12.2) **Satz:** *Es sei p eine ungerade Primzahl, und es sei $z(p)$ der kleinste positive quadratische Nichtrest modulo p. Es gilt*

$$z(p) \;<\; 1 + \sqrt{p}.$$

Beweis: Für $z := z(p)$ gilt $2 \leq z \leq p-1$. Für $k := \lceil\, p/z\,\rceil$ gilt $k-1 < p/z \leq k$, wegen $p/z > 1$ ist daher $k \geq 2$, und es ist $p/z < k$, denn sonst wäre $p = zk$.

Wegen $k - 1 < p/z < k$ gilt $1 \leq kz - p < z \leq p - 1$, und daher ist $kz - p$ ein quadratischer Rest modulo p. Es gilt also

$$1 = \left(\frac{kz - p}{p}\right) \stackrel{(11.4)(1)}{=} \left(\frac{kz}{p}\right) \stackrel{(11.4)(2)}{=} \left(\frac{k}{p}\right)\left(\frac{z}{p}\right) = -\left(\frac{k}{p}\right),$$

k ist somit ein quadratischer Nichtrest modulo p, und daher ist $z \leq k$. Also ist

$$(z - 1)^2 < (z - 1)z \leq (k - 1)z < p,$$

und daher gilt $z < 1 + \sqrt{p}$.

(12.3) Bemerkung: (1) Es sei für jede ungerade Primzahl p wie in (12.2) $z(p)$ der kleinste positive quadratische Nichtrest modulo p. Die Abschätzung in (12.2) ist sehr pessimistisch. In Wirklichkeit kann man viel mehr beweisen: D. Burgess zeigte in [18], daß es zu jedem reellen $\varepsilon > 0$ ein $N_0(\varepsilon) \in \mathbb{N}$ mit der folgenden Eigenschaft gibt: Für jede Primzahl $p > N_0(\varepsilon)$ gilt $z(p) < p^{a+\varepsilon}$, wobei $a = 1/(4\sqrt{e}) = 0.151\,632\ldots$ ist (vgl. Narkiewicz [73], Kap. II, §1). Unter der Voraussetzung, daß die verallgemeinerte Riemannsche Vermutung (vgl. (5.5) und (7.4)) richtig ist, ergibt sich auch hier ein besseres Ergebnis: Für jede ungerade Primzahl p gilt $z(p) < 2\,(\log p)^2$ (dazu vgl. man die Dissertation [8] von E. Bach). Auf der anderen Seite gibt es ein reelles $c > 0$ mit: Für unendlich viele Primzahlen p ist $z(p) > c \log p$ (vgl. dazu Salié [96]).
(2) Zur Berechnung des kleinsten positiven quadratischen Nichtrests $z(p)$ zu einer ungeraden Primzahl p kennt man keinen effizienten Algorithmus. Falls die verallgemeinerte Riemannsche Vermutung richtig ist, führt das folgende Verfahren in vernünftiger Zeit zum Ziel:

```
z := 2; while numlib::jacobi(z,p) = 1 do z := z + 1 end_for;
```

Dies zeigt auch die Praxis, jedenfalls für kleine Primzahlen, denn mit etwas Geduld kann man mittels MuPAD nachrechnen: Es gilt

$$\max(\{z(p) \mid p \text{ Primzahl}; p < 1\,000\,000\}) = z(366\,791) = 43,$$
$$\max(\{z(p) \mid p \text{ Primzahl}; p < 10\,000\,000\}) = z(9\,257\,329) = 53,$$
$$\max(\{z(p) \mid p \text{ Primzahl}; p < 100\,000\,000\}) = z(48\,473\,881) = 67,$$
$$\max(\{z(p) \mid p \text{ Primzahl}; p < 1\,000\,000\,000\}) = z(131\,486\,759) = 83.$$

(12.4) Hilfssatz: *Es sei p eine Primzahl, es seien $b, c \in \mathbb{Z} \setminus p\mathbb{Z}$, und es gelte* $\operatorname{ord}([b]_p) = 2^\beta = \operatorname{ord}([c]_p)$ *mit einem $\beta \in \mathbb{N}$. Es gibt ein $\gamma \in \{0, 1, \ldots, \beta - 1\}$ mit*

$$\operatorname{ord}([bc]_p) = 2^\gamma.$$

Beweis: Im Körper $\mathbb{F}_p$ gilt

$$[0]_p = [b]_p^{2^\beta} - [1]_p = \left([b]_p^{2^{\beta-1}} - [1]_p\right)\left([b]_p^{2^{\beta-1}} + [1]_p\right),$$

wegen $\operatorname{ord}([b]_p) = 2^\beta$ gilt $[b]_p^{2^{\beta-1}} \neq [1]_p$, und daher ist

$$[b]_p^{2^{\beta-1}} = -[1]_p = [-1]_p.$$

Ebenso ergibt sich $[c]_p^{2^{\beta-1}} = [-1]_p$. Also gilt

$$[bc]_p^{2^{\beta-1}} = [b]_p^{2^{\beta-1}} \cdot [c]_p^{2^{\beta-1}} = [-1]_p \cdot [-1]_p = [1]_p,$$

und daher ist die Ordnung von $[bc]_p$ in der Gruppe $\mathbb{F}_p^\times$ ein Teiler von $2^{\beta-1}$ [vgl. (3.5)(3)]. Also gibt es ein $\gamma \in \{0, 1, \ldots, \beta - 1\}$ mit $\operatorname{ord}([bc]_p) = 2^\gamma$.

(12.5) Der Algorithmus RESSOL: Es sei p eine ungerade Primzahl, und es sei $a \in \mathbb{Z}$ ein quadratischer Rest modulo p. Der Algorithmus berechnet ein $x \in \{0, 1, \ldots, p - 1\}$ mit $x^2 \equiv a \pmod{p}$.

(RESSOL 1) Ist $p \equiv 3 \pmod 4$, so setzt man

$$x := a^{(p+1)/4} \bmod p,$$

gibt x aus, und bricht ab.

Bemerkung: Ist $p \equiv 3 \pmod 4$, so ist $p + 1$ durch 4 teilbar, und es gilt

$$0 \leq x = a^{(p+1)/4} \bmod p \leq p - 1$$

und

$$x^2 \equiv a^{(p+1)/2} = a^{(p-1)/2} \cdot a \overset{(11.3)}{\equiv} 1 \cdot a = a \pmod{p}.$$

(RESSOL 2) Man ermittelt wie in (12.3)(2) einen quadratischen Nichtrest z modulo p.

(RESSOL 3) Man setzt

$$\alpha := v_2(p - 1) \quad \text{und} \quad m := (p - 1)/2^\alpha.$$

Bemerkung: Es gilt $\alpha \geq 2$, m ist ungerade, und es ist $p - 1 = 2^\alpha m$.

(RESSOL 4) Man setzt

$$w := z^m \bmod p, \quad x := a^{(m+1)/2} \bmod p, \quad y := a^m \bmod p.$$

Bemerkung: (a) Es gilt $x^2 \equiv a^{m+1} \equiv ay \pmod p$.
(b) Ist $y = 1$, so gilt $x^2 \equiv a \pmod p$.
(c) Es gelte $y \neq 1$. Es gilt $p \nmid w$, wegen

$$w^{2^\alpha} \equiv z^{2^\alpha m} = z^{p-1} \overset{(4.21)(1)}{\equiv} 1 \pmod p$$

ist $\operatorname{ord}([w]_p)$ ein Teiler von 2^α, und wegen

$$w^{2^{\alpha-1}} \equiv z^{2^{\alpha-1} m} = z^{(p-1)/2} \overset{(11.3)}{\equiv} -1 \not\equiv 1 \pmod p$$

gilt daher $\operatorname{ord}([w]_p) = 2^\alpha$. Es gilt $p \nmid y$ und $y \neq 1 \pmod p$ und

$$y^{2^{\alpha-1}} \equiv a^{2^{\alpha-1} m} = a^{(p-1)/2} \overset{(11.3)}{\equiv} 1 \pmod p,$$

und daher gibt es ein $\beta \in \{1, 2, \ldots, \alpha - 1\}$ mit $\operatorname{ord}([y]_p) = 2^\beta$.

(RESSOL 5) Ist $y = 1$, so gibt man x aus und bricht ab.

(RESSOL 6) Man bestimmt die Zahl β mit $\operatorname{ord}([y]_p) = 2^\beta$.

Bemerkung: β ermittelt man so:

```
beta := 1;
temp := y^2 mod p;
while temp <> 1 do
  beta := beta + 1;
  temp := temp^2 mod p
end_while;
```

(RESSOL 7) Man setzt

$$v := w^{2^{\alpha-\beta-1}} \bmod p, \quad w' := v^2 \bmod p,$$
$$x' := vx \bmod p, \quad y' := w'y \bmod p.$$

Bemerkung: (a) Es gilt $x'^2 \equiv v^2 x^2 \equiv w'ay \equiv ay' \pmod{p}$.

(b) Es gilt

$$\mathrm{ord}([\,w'\,]_p) \;=\; \mathrm{ord}([\,w^{2^{\alpha-\beta}}\,]_p) \;=\; \mathrm{ord}([\,w\,]_p^{2^{\alpha-\beta}}) \;=$$

$$\overset{(3.7)(2)}{=} \frac{\mathrm{ord}([\,w\,]_p)}{\mathrm{ggT}\left(2^{\alpha-\beta},\mathrm{ord}([\,w\,]_p)\right)} \;=\; \frac{2^\alpha}{\mathrm{ggT}(2^{\alpha-\beta},2^\alpha)} \;=$$

$$=\; \frac{2^\alpha}{2^{\alpha-\beta}} \;=\; 2^\beta \;=\; \mathrm{ord}([\,y\,]_p) \;>\; 1,$$

also gibt es nach (12.4) ein $\gamma \in \{0,1,\ldots,\beta-1\}$ mit

$$\mathrm{ord}([\,y'\,]_p) \;=\; \mathrm{ord}([\,w'\,]_p \cdot [\,y\,]_p) \;=\; 2^\gamma,$$

und daher ist $\mathrm{ord}([\,y'\,]_p) = 2^\gamma < 2^\beta = \mathrm{ord}([\,y\,]_p)$.

(RESSOL 8) Man setzt

$$w := w', \quad x := x', \quad y := y' \quad \text{und} \quad \alpha := \beta$$

und geht zu (RESSOL 5).

Bemerkung: (a) Vor dem Eintritt in (RESSOL 5) gilt stets

$$x^2 \equiv ay \pmod{p} \quad \text{und} \quad \mathrm{ord}([\,y\,]_p) < \mathrm{ord}([\,w\,]_p).$$

(b) Sind $y_1, y_2, y_3, \ldots$ die nacheinander berechneten Werte von y, so gilt

$$\mathrm{ord}([\,y_1\,]_p) \;>\; \mathrm{ord}([\,y_2\,]_p) \;>\; \mathrm{ord}([\,y_3\,]_p) \;>\; \cdots \;\geq\; 1$$

(vgl. die Bemerkung vor (RESSOL 8)), also nimmt y nach endlich vielen Schritten den Wert 1 an, und das Verfahren bricht in (RESSOL 5) ab. Damit ist gezeigt, daß der Algorithmus RESSOL das Verlangte leistet.

(12.6) MuPAD: Die Funktion `numlib::msqrts` liefert zu einer natürlichen Zahl m und einer ganzen Zahl a mit $\mathrm{ggT}(a,m) = 1$ die Liste der der Größe nach geordneten Zahlen $x \in \{0,1,\ldots,m-1\}$ mit $x^2 \equiv a \pmod{m}$, falls a ein quadratischer Rest modulo m ist, und andernfalls die Ausgabe `FAIL`.

```
>> p := 131486759: isprime(p);
                        TRUE
>> numlib::msqrts(1998,p);
                [17944220,113542539]
```

```
>> q := nextprime(19971997199719971997199719971997);
                  19971997199719971997199719972139
>> numlib::msqrts(1998,q);
   [9562778243243369354603690602362,
                    10409218956476602642596029369777]
>> numlib::msqrts(1998,p*q);
   [22973317995981794721376639430929209455,
        27071120538871690627158214054774638655,
          23553419771595379192109661142296381020942,
            23963200025884368782687818605348353129430]
```

(12.7) Aufgaben:

Aufgabe 1: Man schreibe eine MuPAD-Funktion `ressol` für den Algorithmus RESSOL aus (12.5).

Aufgabe 2: Man schreibe eine MuPAD-Funktion, die wie die Funktion `numlib::msqrts` zu einer natürlichen Zahl m und einer zu m teilerfremden ganzen Zahl a die Lösungen $x \in \{0, 1, \ldots, m - 1\}$ von $X^2 \equiv a \pmod{m}$ berechnet, falls a ein quadratischer Rest modulo m ist, und andernfalls die Ausgabe `FAIL` liefert. Diese Funktion sollte dabei die Funktion `ressol` aus Aufgabe 1 verwenden.

V Kettenbrüche

13 Endliche Kettenbrüche

(13.1) In diesem Kapitel ist von Kettenbrüchen die Rede, genauer von den regelmäßigen Kettenbrüchen. Hier werden zunächst die endlichen Kettenbrüche behandelt, also die Kettenbruchentwicklungen der rationalen Zahlen. Damit wird im nächsten Paragraphen ein Faktorisierungsalgorithmus für natürliche Zahlen begründet, der deutlich mehr leistet als das aus der Schule vertraute Verfahren (vgl. (2.20)). Unendliche Kettenbrüche werden später in diesem Kapitel betrachtet.

(13.2) Es sei $n \in \mathbb{N}_0$, und es seien $a_0, a_1, \ldots, a_n \in \mathbb{R}$ mit $a_i > 0$ für jedes $i \in \{1, 2, \ldots, n\}$.
(1) Man setzt $[\,a_0\,] := a_0$ und für jedes $j \in \{1, 2, \ldots, n\}$

$$[\,a_0, a_1, \ldots, a_{j-1}, a_j\,] \; := \; \left[\,a_0, a_1, \ldots, a_{j-2}, a_{j-1} + \frac{1}{a_j}\,\right].$$

Es gilt also

$$[\,a_0, a_1\,] \; = \; a_0 + \frac{1}{a_1}, \quad [\,a_0, a_1, a_2\,] \; = \; a_0 + \cfrac{1}{a_1 + \cfrac{1}{a_2}},$$

$$[\,a_0, a_1, a_2, a_3\,] \; = \; a_0 + \cfrac{1}{a_1 + \cfrac{1}{a_2 + \cfrac{1}{a_3}}} \quad \text{und so fort.}$$

Ist $n \geq 1$, so gilt $[\,a_1, a_2, \ldots, a_n\,] > 0$ und

$$[\,a_0, a_1, \ldots, a_n\,] \; = \; a_0 + \frac{1}{[\,a_1, a_2, \ldots, a_n\,]}.$$

(2) Man definiert rekursiv Zahlen $r_{-2}, r_{-1}, r_0, \ldots, r_n$ und $s_{-2}, s_{-1}, s_0, \ldots, s_n$ durch die folgenden Festsetzungen: Man setzt

$$r_{-2} \; := \; 0, \; r_{-1} \; := \; 1, \; s_{-2} \; := \; 1, \; s_{-1} \; := \; 0,$$

$$r_j \; := \; a_j r_{j-1} + r_{j-2}, \; s_j \; := \; a_j s_{j-1} + s_{j-2} \quad \text{für jedes } j \in \{0, 1, \ldots, n\}.$$

Man sieht: Für jedes $j \in \{0, 1, \ldots, n\}$ hängen r_j und s_j nur von den Zahlen $a_0, a_1, \ldots, a_j$ und nicht von $a_{j+1}, a_{j+2}, \ldots, a_n$ ab.

(3) Für jedes $j \in \{0, 1, \ldots, n\}$ ist $s_j > 0$, denn es gilt $s_0 = 1$ und $s_1 = a_1 > 0$, und ist für ein $j \in \{2, 3, \ldots, n\}$ bereits gezeigt, daß $s_0, s_1, \ldots, s_{j-1}$ positiv sind, so folgt $s_j = a_j s_{j-1} + s_{j-2} > 0$.

(4) Für jedes $j \in \{0, 1, \ldots, n\}$ gilt

$$[a_0, a_1, \ldots, a_j] = \frac{r_j}{s_j}.$$

Beweis: Es gilt $[a_0] = a_0 = a_0/1 = r_0/s_0$. Es sei $j \in \{1, 2, \ldots, n\}$, und es sei bereits bewiesen: Sind $a_0', a_1', \ldots, a_{j-1}' \in \mathbb{R}$ mit $a_1' > 0$, $a_2' > 0, \ldots, a_{j-1}' > 0$ und sind $r_{-2}', r_{-1}', r_0', \ldots, r_{j-1}'$ und $s_{-2}', s_{-1}', s_0', \ldots, s_{j-1}'$ die dazu gemäß (2) definierten Zahlen, so gilt $[a_0', a_1', \ldots, a_{j-1}'] = r_{j-1}'/s_{j-1}'$. Die zu $a_0' := a_0$, $a_1' := a_1, \ldots, a_{j-2}' := a_{j-2}$, $a_{j-1}' := a_{j-1} + 1/a_j$ gemäß (2) berechneten Zahlen sind $r_{-2}' = 0 = r_{-2}$, $r_{-1}' = 1 = r_{-1}$, $r_0' = r_0, \ldots, r_{j-2}' = r_{j-2}$,

$$r_{j-1}' = \left(a_{j-1} + \frac{1}{a_j}\right) r_{j-2}' + r_{j-3}' = (a_{j-1} r_{j-2} + r_{j-3}) + \frac{r_{j-2}}{a_j} =$$

$$= r_{j-1} + \frac{r_{j-2}}{a_j} = \frac{a_j r_{j-1} + r_{j-2}}{a_j} = \frac{r_j}{a_j},$$

und $s_{-2}' = 1 = s_{-2}$, $s_{-1}' = 0 = s_{-1}$, $s_0' = s_0, \ldots, s_{j-2}' = s_{j-2}$, $s_{j-1}' = s_j/a_j$. Also gilt auf Grund der Induktionsvoraussetzung

$$[a_0, a_1, \ldots, a_{j-1}, a_j] = \left[a_0, a_1, \ldots, a_{j-1} + \frac{1}{a_j}\right] = [a_0', a_1', \ldots, a_{j-1}'] =$$

$$= \frac{r_{j-1}'}{s_{j-1}'} = \frac{r_j/a_j}{s_j/a_j} = \frac{r_j}{s_j}.$$

(5) Für jedes $j \in \{0, 1, \ldots, n\}$ definiert man die Matrizen

$$A_j := \begin{pmatrix} a_j & 1 \\ 1 & 0 \end{pmatrix} \in M(2; \mathbb{R}) \quad \text{und} \quad B_j := A_0 A_1 \cdots A_{j-1} A_j \in M(2; \mathbb{R}).$$

Für jedes $j \in \{0, 1, \ldots, n\}$ gilt $\det(A_j) = -1$ und daher $\det(B_j) = (-1)^{j+1}$, und es ist

$$B_j = \begin{pmatrix} r_j & r_{j-1} \\ s_j & s_{j-1} \end{pmatrix}.$$

Beweis: Es gilt

$$B_0 = A_0 = \begin{pmatrix} a_0 & 1 \\ 1 & 0 \end{pmatrix} = \begin{pmatrix} r_0 & r_{-1} \\ s_0 & s_{-1} \end{pmatrix}.$$

Ist $j \in \{1, 2, \ldots, n\}$ und ist bereits gezeigt, daß

$$B_{j-1} = \begin{pmatrix} r_{j-1} & r_{j-2} \\ s_{j-1} & s_{j-2} \end{pmatrix}$$

ist, so gilt

$$B_j = B_{j-1} \cdot A_j = \begin{pmatrix} r_{j-1} & r_{j-2} \\ s_{j-1} & s_{j-2} \end{pmatrix} \cdot \begin{pmatrix} a_j & 1 \\ 1 & 0 \end{pmatrix} =$$

$$= \begin{pmatrix} a_j r_{j-1} + r_{j-2} & r_{j-1} \\ a_j s_{j-1} + s_{j-2} & s_{j-1} \end{pmatrix} = \begin{pmatrix} r_j & r_{j-1} \\ s_j & s_{j-1} \end{pmatrix}.$$

(13.3) Es sei $n \in \mathbb{N}_0$, es seien $a_0 \in \mathbb{Z}$ und $a_1, a_2, \ldots, a_n \in \mathbb{N}$, und es seien r_{-2}, $r_{-1}, r_0, \ldots, r_n$ und $s_{-2}, s_{-1}, s_0, \ldots, s_n$ die gemäß (13.2)(2) zu $a_0, a_1, \ldots, a_n$ berechneten Zahlen.

(1) Für jedes $j \in \{0, 1, \ldots, n\}$ gilt: Es ist $r_j \in \mathbb{Z}$ und $s_j \in \mathbb{N}$, nach (13.2)(5) ist

$$r_j s_{j-1} - r_{j-1} s_j = (-1)^{j+1},$$

und daher gilt $\mathrm{ggT}(r_j, s_j) = 1$.

(2) Es gilt

$$1 = s_0 \leq s_1 = a_1 < s_2 < \cdots < s_n.$$

(3) Für jedes $j \in \{0, 1, \ldots, n-1\}$ gilt wegen (13.2)(4) und (13.2)(5)

$$[a_0, a_1, \ldots, a_j, a_{j+1}] - [a_0, a_1, \ldots, a_{j-1}, a_j] =$$

$$= \frac{r_{j+1}}{s_{j+1}} - \frac{r_j}{s_j} = \frac{r_{j+1} s_j - r_j s_{j+1}}{s_j s_{j+1}} = \frac{(-1)^j}{s_j s_{j+1}}.$$

(13.4) Bemerkung: Es sei $n \in \mathbb{N}$, es seien $a_0 \in \mathbb{Z}$ und $a_1, a_2, \ldots, a_n \in \mathbb{N}$, und es gelte $a_n \geq 2$.

(1) Es gilt

$$a_0 < [a_0, a_1, \ldots, a_n] < a_0 + 1;$$

insbesondere ist $[a_0, a_1, \ldots, a_n] \notin \mathbb{Z}$.

(2) Für jedes $j \in \{0, 1, \ldots, n\}$ ist

$$a_j = \lfloor [a_j, a_{j+1}, \ldots, a_n] \rfloor.$$

Beweis: (1) Im Fall $n = 1$ gilt $a_0 < [a_0, a_1] = a_0 + 1/a_1 \leq a_0 + 1/2 < a_0 + 1$. Es gelte $n \geq 2$, und es sei bereits bewiesen: Sind $a_0' \in \mathbb{Z}$ und $a_1', a_2', \ldots, a_{n-1}' \in \mathbb{N}$

und ist $a'_{n-1} \geq 2$, so gilt $a'_0 < [\, a'_0, a'_1, \ldots, a'_{n-1}\,] < a'_0 + 1$. Dann gilt nach Induktionsvoraussetzung $a_1 < [\, a_1, a_2, \ldots, a_n\,] < a_1 + 1$ und daher

$$
a_0 \;<\; a_0 + \frac{1}{a_1 + 1} \;<\; a_0 + \frac{1}{[\, a_1, a_2, \ldots, a_n\,]} \;=\; [\, a_0, a_1, \ldots, a_n\,] \;=
$$
$$
<\; a_0 + \frac{1}{a_1} \;\leq\; a_0 + 1.
$$

(2) Es gilt $[\, a_n\,] = a_n$ und daher $\lfloor [\, a_n\,] \rfloor = a_n$. Für jedes $j \in \{0, 1, \ldots, n-1\}$ gilt nach (1) $a_j < [\, a_j, a_{j+1}, \ldots, a_n\,] < a_j + 1$, also $\lfloor [\, a_j, a_{j+1}, \ldots, a_n\,] \rfloor = a_j$.

(13.5) Satz: *Es seien $a \in \mathbb{Z}$ und $b \in \mathbb{N}$. Dann gibt es ein eindeutig bestimmtes $n \in \mathbb{N}_0$ und eindeutig bestimmte Zahlen $a_0 \in \mathbb{Z}$ und $a_1, a_2, \ldots, a_n \in \mathbb{N}$ mit $a_n \geq 2$, falls $n \geq 1$ ist, und mit*

$$
\frac{a}{b} \;=\; [\, a_0, a_1, \ldots, a_n\,].
$$

Beweis: (1) Zum Beweis der Existenz – und zur Berechnung – kann man die folgende Variante des Euklidischen Algorithmus verwenden: Zu a und zu $b_0 := b$ gibt ein $n \in \mathbb{N}_0$ und Zahlen $a_0 \in \mathbb{Z}$ und $a_1, a_2, \ldots, a_n, b_1, b_2, \ldots, b_n \in \mathbb{N}$ mit

$$
\begin{aligned}
a &= a_0 b_0 + b_1 &&\text{und} \quad b_1 < b_0, \\
b_0 &= a_1 b_1 + b_2 &&\text{und} \quad b_2 < b_1, \\
&\;\;\vdots && \quad\;\; \vdots \qquad \vdots \\
b_{n-2} &= a_{n-1} b_{n-1} + b_n &&\text{und} \quad b_n < b_{n-1}, \\
b_{n-1} &= a_n b_n.
\end{aligned}
$$

Es ist $b_n = \mathrm{ggT}(a, b)$. Ist $n \geq 1$, so gilt $a_n \geq 1$ und $b_n < b_{n-1} = a_n b_n$, und daher ist $a_n \geq 2$. Mit den so berechneten Zahlen $a_0, a_1, \ldots, a_n$ gilt

$$
\frac{a}{b} \;=\; [\, a_0, a_1, \ldots, a_n\,].
$$

Beweis: Ist $n = 0$, so gilt $a/b = a_0 = [\, a_0\,]$; ist $n = 1$, so ist

$$
a/b \;=\; a_0 + \frac{1}{b/b_1} \;=\; \left[\, a_0, \frac{b_0}{b_1}\,\right].
$$

Es sei $n \geq 2$, es sei $j \in \{0, 1, \ldots, n-2\}$, und es sei bereits gezeigt, daß $a/b = [\, a_0, a_1, \ldots, a_j, b_j/b_{j+1}\,]$ gilt. Wegen

$$
\frac{b_j}{b_{j+1}} \;=\; a_{j+1} + \frac{1}{b_{j+1}/b_{j+2}}
$$

gilt dann

$$\frac{a}{b} = \left[a_0, a_1, \ldots, a_j, a_{j+1} + \frac{1}{b_{j+1}/b_{j+2}} \right] = \left[a_0, a_1, \ldots, a_j, a_{j+1}, \frac{b_{j+1}}{b_{j+2}} \right].$$

Für jedes $j \in \{0, 1, \ldots, n-1\}$ gilt also

$$\frac{a}{b} = \left[a_0, a_1, \ldots, a_j, \frac{b_j}{b_{j+1}} \right],$$

und daher ist insbesondere

$$\frac{a}{b} = \left[a_0, a_1, \ldots, a_{n-1}, \frac{b_{n-1}}{b_n} \right] = [a_0, a_1, \ldots, a_{n-1}, a_n].$$

(2) Es seien r, $s \in \mathbb{N}_0$, es seien x_0, $y_0 \in \mathbb{Z}$ und x_1, $x_2, \ldots, x_r$, y_1, $y_2, \ldots,$ $y_s \in \mathbb{N}$, und es gelte $[x_0, x_1, \ldots, x_r] = [y_0, y_1, \ldots, y_s]$, sowie $x_r \geq 2$, falls $r \geq 1$ ist, und $y_s \geq 2$, falls $s \geq 1$ ist. Dann gilt $r = s$ und $x_j = y_j$ für jedes $j \in \{0, 1, \ldots, r\}$.

Beweis: Man braucht nur den Fall $r \leq s$ zu betrachten. Ist $r = 0$, so ist auch $s = 0$ [denn nach (13.4)(1) wäre sonst $x_0 = [x_0] = [y_0, y_1, \ldots, y_s] \notin \mathbb{Z}$], und es folgt $x_0 = [x_0] = [y_0] = y_0$. Ist $r \geq 1$, so gilt nach (13.4)(2)

$$x_0 = \lfloor [x_0, x_1, \ldots, x_r] \rfloor = \lfloor [y_0, y_1, \ldots, y_s] \rfloor = y_0,$$

wegen

$$x_0 + \frac{1}{[x_1, x_2, \ldots, x_r]} = [x_0, x_1, \ldots, x_r] =$$

$$= [y_0, y_1, \ldots, y_s] = y_0 + \frac{1}{[y_1, y_2, \ldots, y_s]}$$

folgt $[x_1, x_2, \ldots, x_r] = [y_1, y_2, \ldots, y_s]$, und Induktion liefert dann $r - 1 = s - 1$ und $x_j = y_j$ für jedes $j \in \{1, 2, \ldots, r\}$.

(13.6) Bemerkung: Es seien $a \in \mathbb{Z}$ und $b \in \mathbb{N}$. Nach (13.5) gibt es ein eindeutig bestimmtes $n \in \mathbb{N}_0$ und eindeutig bestimmte Zahlen $a_0 \in \mathbb{Z}$, $a_1, \ldots, a_n \in \mathbb{N}$ mit $a_n \geq 2$, falls $n \geq 1$ ist, und mit

$$(*) \qquad \frac{a}{b} = [a_0, a_1, \ldots, a_n] = a_0 + \cfrac{1}{a_1 + \cfrac{1}{a_2 + \cfrac{1}{\ddots \; a_{n-2} + \cfrac{1}{a_{n-1} + \cfrac{1}{a_n}}}}}$$

(1) Man nennt (∗) die Kettenbruchentwicklung von a/b oder den Kettenbruch für a/b, genauer den endlichen regelmäßigen Kettenbruch für a/b. Die Zahlen $a_0, a_1, \ldots, a_n$ heißen die Teilnenner dieses Kettenbruchs. Der Existenzbeweis in (13.5) zeigt, wie man diese Teilnenner mit Hilfe der im Euklidischen Algorithmus durchzuführenden Rechnung ermitteln kann. Die gemäß (13.2)(2) zu dem Kettenbruch (∗) berechneten rationalen Zahlen

$$\frac{r_0}{s_0}, \; \frac{r_1}{s_1}, \ldots, \; \frac{r_n}{s_n}$$

heißen die Näherungsbrüche, ihre Zähler die Näherungszähler und ihre Nenner die Näherungsnenner dieses Kettenbruchs.
Nach (13.2)(4) und nach (13.3)(1) gilt

$$\frac{r_n}{s_n} = [\,a_0, a_1, \ldots, a_n\,] = \frac{a}{b} \quad \text{und} \quad \operatorname{ggT}(r_n, s_n) = 1.$$

(2) Für jedes $j \in \{0, 1, \ldots, n-1\}$ gilt nach (13.3)(3): Es ist

$$\frac{r_{j+1}}{s_{j+1}} - \frac{r_j}{s_j} = \frac{(-1)^j}{s_j s_{j+1}} \quad \text{und}$$

$$\frac{a}{b} - \frac{r_j}{s_j} = \frac{r_n}{s_n} - \frac{r_j}{s_j} = \sum_{i=j}^{n-1} \left(\frac{r_{i+1}}{s_{i+1}} - \frac{r_i}{s_i} \right) = \sum_{i=j}^{n-1} \frac{(-1)^i}{s_i s_{i+1}} =$$

$$= (-1)^j \left(\frac{1}{s_j s_{j+1}} + \frac{-1}{s_{j+1} s_{j+2}} + \cdots + \frac{(-1)^{n-j-1}}{s_{n-1} s_n} \right).$$

Wegen $s_0 \leq s_1 < s_2 < \cdots < s_n$ folgt daraus: Es ist

$$\left| \frac{a}{b} - \frac{r_j}{s_j} \right| \leq \frac{1}{s_j s_{j+1}} \quad \text{für jedes } j \in \{0, 1, \ldots, n-1\}.$$

(13.7) Beispiel: Für $a = 225$ und $b = 157$ erhält man, wenn man wie im Beweis von (13.5) rechnet:

$$225 = 1 \cdot 157 + 68, \; 157 = 2 \cdot 68 + 21, \; 68 = 3 \cdot 21 + 5, \; 21 = 4 \cdot 5 + 1, \; 5 = 5 \cdot 1.$$

Also gilt

$$\frac{225}{157} = [\,1, 2, 3, 4, 5\,].$$

Die Näherungsbrüche dieses Kettenbruchs sind

$$\frac{1}{1}, \; \frac{3}{2}, \; \frac{10}{7}, \; \frac{43}{30}, \; \frac{225}{157}.$$

(13.8) Bemerkung: Das klassische Werk über Kettenbrüche ist das Buch [77] von O. Perron (1880 – 1975). Eine neuere Darstellung der Zahlentheorie der Kettenbrüche ist das Buch [92] von A. M. Rockett und P. Szüsz.

(13.9) Aufgaben:

Aufgabe 1: Man schreibe eine MuPAD-Funktion, die zu einer rationalen Zahl q mit Hilfe der im Beweis von (13.5) verwendeten Methode den Kettenbruch für die Zahl q berechnet.

Aufgabe 2: (a) Man schreibe eine MuPAD-Funktion, die zu einer Liste aus einer ganzen Zahl a_0, aus natürlichen Zahlen $a_1, \ldots, a_{n-1}$ und aus einer natürlichen Zahl $a_n \geq 2$ die Liste der Näherungsbrüche des Kettenbruchs $[a_0, a_1, \ldots, a_n]$ berechnet. Man richte diese Funktion so ein, daß sie bei Aufruf mit einem zweiten Argument $k \in \{0, 1, \ldots, n\}$ nur den k-ten Näherungsbruch dieses Kettenbruchs ausgibt.

(b) Man schreibe eine MuPAD-Funktion, die zu einer Liste aus einer ganzen Zahl a_0, aus natürlichen Zahlen $a_1, \ldots, a_{n-1}$ und aus einer natürlichen Zahl $a_n \geq 2$ nur den Wert des Kettenbruchs $[a_0, a_1, \ldots, a_n]$ berechnet.

14　Der Algorithmus von R. S. Lehman

(14.1) In diesem Paragraphen wird ein Faktorisierungsalgorithmus für natürliche Zahlen vorgestellt, der mehr leistet als das in (2.20) beschriebene naive Verfahren; zu seiner Begründung werden die im letzten Paragraphen behandelten Kettenbruchentwicklungen von rationalen Zahlen verwendet.

(14.2) Es seien a, $b \in \mathbb{N}$, und es gelte $b < a$ und $b \nmid a$.
(1) Es sei $a/b = [a_0, a_1, \ldots, a_n]$ die Kettenbruchentwicklung von a/b. Wegen $b < a$ ist $a_0 = \lfloor a/b \rfloor \in \mathbb{N}$, und wegen $b \nmid a$ gilt $n \geq 1$ und daher $a_n \geq 2$. Es gilt

$$\frac{b}{a} = 0 + \frac{1}{a/b} = \left\lfloor \frac{b}{a} \right\rfloor + \frac{1}{[a_0, a_1, \ldots, a_n]} = [0, a_0, a_1, \ldots, a_n].$$

Wegen $a_0, a_1, \ldots, a_n \in \mathbb{N}$ und wegen $a_n \geq 2$ ist dies der Kettenbruch für b/a.
(2) Es seien $r_0/s_0, r_1/s_1, \ldots, r_n/s_n$ die $n+1$ Näherungsbrüche des Kettenbruchs $a/b = [a_0, a_1, \ldots, a_n]$. Für jedes $j \in \{0, 1, \ldots, n\}$ gilt

$$\frac{r_j}{s_j} = [a_0, a_1, \ldots, a_j]$$

und

$$[0, a_0, a_1, \ldots, a_j] = 0 + \frac{1}{[a_0, a_1, \ldots, a_j]} = \frac{1}{r_j/s_j} = \frac{s_j}{r_j},$$

und somit sind $0/1$, s_0/r_0, $s_1/r_1, \ldots, s_n/r_n$ die $n+2$ Näherungsbrüche für den Kettenbruch $b/a = [\,0, a_0, a_1, \ldots, a_n\,]$. Aus (13.6)(2) folgt daher: Für jedes $j \in \{0, 1, \ldots, n-1\}$ gilt

$$\left| \frac{a}{b} - \frac{r_j}{s_j} \right| \leq \frac{1}{s_j s_{j+1}} \quad \text{und} \quad \left| \frac{b}{a} - \frac{s_j}{r_j} \right| \leq \frac{1}{r_j r_{j+1}}.$$

(14.3) Hilfssatz: *Es sei $m \in \mathbb{N}$, und es gelte: Es gibt Primzahlen p und q mit $m = pq$ und mit $m^{1/3} < p \leq q < m^{2/3}$. Dann gibt es natürliche Zahlen r und s, für die gilt: Es ist*

$$rs < m^{1/3} \quad \text{und} \quad |pr - qs| \leq m^{1/3}.$$

Beweis: (1) Gilt $p = q$, so kann man $r := 1$ und $s := 1$ setzen.
(2) Es gelte $p < q$. Es gibt ein $n \in \mathbb{N}$ und $a_0, a_1, \ldots, a_n \in \mathbb{N}$ mit $a_n \geq 2$ und mit $q/p = [\,a_0, a_1, \ldots, a_n\,]$. Es seien r_0/s_0, $r_1/s_1, \ldots, r_n/s_n$ die Näherungsbrüche für diesen Kettenbruch. Es gilt $r_0 = a_0$ und $s_0 = 1$ und daher

$$(*) \qquad r_0 s_0 = a_0 = \left\lfloor \frac{q}{p} \right\rfloor \leq \frac{q}{p} < \frac{m^{2/3}}{m^{1/3}} = m^{1/3}.$$

Es gilt $r_n/s_n = [\,a_0, a_1, \ldots, a_n\,] = q/p$ und daher $r_n = q$ und $s_n = p$, denn es gilt $\mathrm{ggT}(r_n, s_n) = 1$ und $\mathrm{ggT}(q, p) = 1$. Also gilt

$$(**) \qquad r_n s_n = pq = m > m^{1/3}.$$

Wegen $(*)$ und $(**)$ folgt: Es gibt ein $j \in \{0, 1, \ldots, n-1\}$ mit $r_j s_j < m^{1/3}$ und mit $r_{j+1} s_{j+1} \geq m^{1/3}$. Ist $q/p \geq r_{j+1}/s_{j+1}$, so gilt $p/s_{j+1} \leq q/r_{j+1}$ und daher

$$|pr_j - qs_j| = ps_j \left| \frac{r_j}{s_j} - \frac{q}{p} \right| \leq \frac{ps_j}{s_j s_{j+1}} = \frac{p}{s_{j+1}} = \sqrt{\frac{p}{s_{j+1}}} \sqrt{\frac{p}{s_{j+1}}} \leq$$

$$\leq \sqrt{\frac{p}{s_{j+1}}} \sqrt{\frac{q}{r_{j+1}}} = \frac{\sqrt{pq}}{\sqrt{r_{j+1} s_{j+1}}} = \frac{\sqrt{m}}{\sqrt{r_{j+1} s_{j+1}}} \leq \frac{m^{1/2}}{m^{1/6}} = m^{1/3}.$$

Ist $q/p < r_{j+1}/s_{j+1}$, so gilt $q/r_{j+1} < p/s_{j+1}$ und daher

$$|pr_j - qs_j| = qr_j \left| \frac{p}{q} - \frac{s_j}{r_j} \right| \leq \frac{qr_j}{r_j r_{j+1}} = \frac{q}{r_{j+1}} = \sqrt{\frac{q}{r_{j+1}}} \sqrt{\frac{q}{r_{j+1}}} \leq$$

$$\leq \sqrt{\frac{p}{s_{j+1}}} \sqrt{\frac{q}{r_{j+1}}} = \frac{\sqrt{pq}}{\sqrt{r_{j+1} s_{j+1}}} = \frac{\sqrt{m}}{\sqrt{r_{j+1} s_{j+1}}} \leq \frac{m^{1/2}}{m^{1/6}} = m^{1/3}.$$

Man kann also in jedem Fall $r := r_j$ und $s := s_j$ setzen.

(14.4) Hilfssatz: *Es sei $m \in \mathbb{N}$, und es gelte: Es gibt Primzahlen p und q mit $m = pq$ und mit $m^{1/3} < p < q < m^{2/3}$. Es gibt natürliche Zahlen k und d mit den folgenden Eigenschaften: Es gilt*

$$k \leq \lfloor m^{1/3} \rfloor \quad \text{und} \quad d \leq \left\lfloor \frac{m^{1/6}}{4\sqrt{k}} \right\rfloor + 1,$$

und die Zahl

$$\left(\lfloor \sqrt{4km} \rfloor + d \right)^2 - 4km$$

ist eine Quadratzahl.

Beweis: Nach (14.3) gibt es $r, s \in \mathbb{N}$ mit $rs < m^{1/3}$ und mit $|pr - qs| \leq m^{1/3}$. Für $k := rs$ und $d := pr + qs - \lfloor \sqrt{4km} \rfloor$ gilt $1 \leq k = rs \leq \lfloor m^{1/3} \rfloor$ und

$$(pr + qs)^2 \geq (pr + qs)^2 - (pr - qs)^2 \;=\; 4pqrs \;=\; 4km$$

und daher

$$d \;=\; pr + qs - \lfloor \sqrt{4km} \rfloor \;\geq\; \sqrt{4km} - \lfloor \sqrt{4km} \rfloor \;>\; 0,$$

denn wegen $k < m^{1/3} < m = pq$ ist $4km = 4kpq$ keine Quadratzahl, und daher ist $\lfloor \sqrt{4km} \rfloor < \sqrt{4km}$. Da d eine ganze Zahl ist, folgt $d \in \mathbb{N}$. Wegen

$$\begin{aligned}
m^{2/3} \geq (pr - qs)^2 \;=\; (pr + qs)^2 - 4km \;&=\; \\
= \left((pr + qs) - \sqrt{4km} \right)\left((pr + qs) + \sqrt{4km} \right) \;&\geq\; \\
\geq \left((pr + qs) - \sqrt{4km} \right) \cdot 2\sqrt{4km} \;&>\; \\
> 2\left((pr + qs) - (\lfloor \sqrt{4km} \rfloor + 1) \right) \cdot \sqrt{4km} \;&=\; 2\,(d - 1)\,\sqrt{4km}
\end{aligned}$$

folgt

$$d \;<\; \frac{m^{2/3}}{2\sqrt{4km}} + 1 \;=\; \frac{m^{1/6}}{4\sqrt{k}} + 1,$$

also

$$d \;\leq\; \left\lfloor \frac{m^{1/6}}{4\sqrt{k}} \right\rfloor + 1.$$

Außerdem ist $\left(\lfloor \sqrt{4km} \rfloor + d \right)^2 - 4km = (pr + qs)^2 - 4km = (pr - qs)^2$ eine Quadratzahl.

(14.5) Bemerkung: Für jede natürliche Zahl $m > 100$ gilt

$$2m^{2/3} + \frac{m^{1/6}}{4} + 1 \;<\; \frac{m}{2}.$$

Beweis: Es sei $f\colon \mathbb{R} \to \mathbb{R}$ die Funktion mit

$$f(t) := \frac{t^6}{2} - 2t^4 - \frac{t}{4} - 1 \quad \text{für jedes } t \in \mathbb{R}.$$

Für jedes $t \in \mathbb{R}$ gilt

$$f'(t) = 3t^5 - 8t^3 - \frac{1}{4} \quad \text{und} \quad f''(t) = 15t^4 - 24t^2 = 15t^2\left(t^2 - \frac{8}{5}\right).$$

Für jedes $t \in \mathbb{R}$ mit $t \geq 2$ gilt $f''(t) > 0$, und daher ist f' im Intervall $[2, \infty[$ streng monoton wachsend. Also gilt für jede reelle Zahl $t \geq 2$: Es ist $f'(t) \geq f'(2) = 31.75 > 0$, und daher ist f in $[2, \infty[$ streng monoton wachsend. Für jedes $m \in \mathbb{N}$ mit $m > 100$ gilt $m^{1/6} > 100^{1/6} = 2.154\ldots > 2.1$ und daher

$$\frac{m}{2} - 2m^{2/3} - \frac{m^{1/6}}{4} - 1 = f(m^{1/6}) > f(2.1) = 2.461\ldots > 0.$$

(14.6) Der Algorithmus von R. S. Lehman: (1) Es sei m eine natürliche Zahl mit $m > 100$. Der folgende Algorithmus findet entweder einen Primteiler $p < m$ von m oder stellt fest, daß m eine Primzahl ist.

(Lehman 1) Man stellt fest, ob m einen Primteiler $\leq \lfloor m^{1/3} \rfloor$ besitzt (wie im Algorithmus PZ in (2.20) mit Hilfe einer geeigneten Folge $(d_i)_{i \geq 1}$). Findet man dabei einen Primteiler p von m, so bricht man ab. Findet man dabei keinen Primteiler $\leq \lfloor m^{1/3} \rfloor$ von m, so ist m entweder eine Primzahl oder das Quadrat einer Primzahl, oder es gibt Primzahlen p und q mit $m = pq$ und mit $m^{1/3} < p < q < m^{2/3}$.

(Lehman 2) Ist m eine Quadratzahl, so bricht man ab: Es ist $p := \sqrt{m}$ ein Primteiler $< m$ von m.

(Lehman 3) Man sucht ein Paar (k, d) natürlicher Zahlen mit $k \leq \lfloor m^{1/3} \rfloor$ und mit $d \leq \lfloor m^{1/6}/(4\sqrt{k}) \rfloor + 1$, für das $(\lfloor \sqrt{4km} \rfloor + d)^2 - 4km$ eine Quadratzahl ist. Hat man ein solches Paar (k, d) gefunden, so setzt man

$$a := \lfloor \sqrt{4km} \rfloor + d \quad \text{und} \quad b := \sqrt{a^2 - 4km}$$

und hat mit $m_1 := \mathrm{ggT}(a + b, m)$ einen Primteiler $< m$ von m ermittelt. Wenn man in dem angegebenen Bereich kein Paar (k, d) findet, für das die Zahl $(\lfloor \sqrt{4km} \rfloor + d)^2 - 4km$ eine Quadratzahl ist, so ist m eine Primzahl.

(2) Der Algorithmus leistet das Verlangte.

Beweis: Es sei $m \in \mathbb{N}$ mit $m > 100$.

(a) Wenn der Algorithmus in (Lehman 1) einen Primteiler $p \leq \lfloor m^{1/3} \rfloor$ von m findet, so ist p ein Primteiler $< m$ von m.

(b) Wenn der Algorithmus in (Lehman 2) feststellt, daß m eine Quadratzahl ist, so ist $p := \sqrt{m}$ ein Primteiler $< m$ von m.

(c) Es gelte: m ist keine Quadratzahl, und der Algorithmus ermittelt in (Lehman 1) keinen Primteiler $p \le \lfloor m^{1/3} \rfloor$ von m und findet in (Lehman 3) ein Paar $(k, d) \in \mathbb{N} \times \mathbb{N}$ mit $k \le \lfloor m^{1/3} \rfloor$ und $d \le \lfloor m^{1/6}/(4\sqrt{k}) \rfloor + 1$, für das $(\lfloor \sqrt{4km} \rfloor + d)^2 - 4km$ eine Quadratzahl ist. Dann gilt $a := \lfloor \sqrt{4km} \rfloor + d \in \mathbb{N}$, $b := \sqrt{a^2 - 4km} \in \mathbb{N}_0$ und $b < a$ und daher $1 \le a - b \le a \le a + b < 2a$, und es ist

$$
a \;=\; \lfloor \sqrt{4km} \rfloor + d \;\le\; \sqrt{4km} + d \;\le\; \sqrt{4 \lfloor m^{1/3} \rfloor \cdot m} + \left\lfloor \frac{m^{1/6}}{4\sqrt{k}} \right\rfloor + 1 \;\le
$$

$$
\le\; \sqrt{4\, m^{1/3} \cdot m} + \frac{m^{1/6}}{4\sqrt{k}} + 1 \;\le\; 2m^{2/3} + \frac{m^{1/6}}{4} + 1 \;\le\; \frac{1}{2} m
$$

(nach (14.5) wegen $m > 100$). Also gilt $1 \le a - b \le a + b < 2a \le m$. Für $m_1 := \mathrm{ggT}(a+b, m)$ und $m_2 := m/m_1$ gilt $m = m_1 m_2$. Wäre $m_1 = 1$, so wären $a + b$ und m teilerfremd, und wegen $(a+b)(a-b) = a^2 - b^2 = 4km$ wäre daher m ein Teiler von $a - b$, aber wegen $1 \le a - b < m$ ist dies nicht möglich. Wäre $m_2 = 1$, so wäre $m = m_1 = \mathrm{ggT}(a + b, m)$ ein Teiler von $a + b$, aber wegen $1 \le a + b < m$ ist auch dies nicht möglich. Also ist m_1 ein nichttrivialer Teiler von m und somit ein Primteiler $< m$ von m.

(d) Ist m keine Primzahl, so besitzt m entweder einen Primteiler $\le \lfloor m^{1/3} \rfloor$, oder m ist das Quadrat einer Primzahl, oder es gibt Primzahlen p und q mit $m = pq$ und mit $m^{1/3} < p < q < m^{2/3}$. Im ersten und im zweiten Fall findet der Algorithmus in (Lehman 1) bzw. in (Lehman 2) einen Primteiler p von m, im dritten Fall gibt es nach (14.4) ein Paar (k, d) natürlicher Zahlen mit $k \le \lfloor m^{1/3} \rfloor$ und $d \le \lfloor m^{1/6}/(4\sqrt{k}) \rfloor + 1$, für das $(\lfloor \sqrt{4km} \rfloor + d)^2 - 4km$ eine Quadratzahl ist, und hieraus lassen sich, wie in (c) gezeigt wurde, die Primteiler p und q von m berechnen.

(3) Der in diesem Abschnitt behandelte Faktorisierungsalgorithmus wurde 1974 von R. S. Lehman in [60] veröffentlicht. Zu der hier beschriebenen Version vergleiche man auch den Aufsatz [110] von M. Voorhoeve.

(14.7) **Hilfssatz:** *Für jedes $n \in \mathbb{N}$ gilt*

$$
\sum_{k=1}^{n} \frac{1}{\sqrt{k}} < 2\sqrt{n}.
$$

Beweis: Ist $n = 1$, so ist nichts zu beweisen, und ist $n \ge 2$, so gilt

$$
\frac{1}{\sqrt{k}} \;\le\; \int_{k-1}^{k} \frac{1}{\sqrt{x}}\, dx \quad \text{für jedes } k \in \{2, 3, \dots, n\}
$$

und daher

$$\sum_{k=1}^{n} \frac{1}{\sqrt{k}} = 1 + \sum_{k=2}^{n} \frac{1}{\sqrt{k}} \leq 1 + \sum_{k=2}^{n} \int_{k-1}^{k} \frac{1}{\sqrt{x}}\, dx =$$

$$= 1 + \int_{1}^{n} \frac{1}{\sqrt{x}}\, dx = 1 + 2(\sqrt{n} - 1) < 2\sqrt{n}.$$

(14.8) Bemerkung: Wird der Algorithmus von Lehman auf eine natürliche Zahl $m > 100$ angewandt, so benötigt er im Schritt (Lehman 1) höchstens $\lfloor m^{1/3} \rfloor$ Test-Divisionen, und für die Anzahl N der in (Lehman 3) getesteten Paare $(k, d) \in \mathbb{N} \times \mathbb{N}$ gilt

$$N \leq \sum_{k=1}^{\lfloor m^{1/3} \rfloor} \left(\left\lfloor \frac{m^{1/6}}{4\sqrt{k}} \right\rfloor + 1 \right) \leq \sum_{k=1}^{\lfloor m^{1/3} \rfloor} \frac{m^{1/6}}{4\sqrt{k}} + \lfloor m^{1/3} \rfloor =$$

$$= \frac{1}{4} m^{1/6} \sum_{k=1}^{\lfloor m^{1/3} \rfloor} \frac{1}{\sqrt{k}} + \lfloor m^{1/3} \rfloor \leq \frac{1}{4} m^{1/6} \cdot 2 \sqrt{\lfloor m^{1/3} \rfloor} + \lfloor m^{1/3} \rfloor \leq$$

$$\leq \frac{1}{2} m^{1/6} \sqrt{m^{1/3}} + m^{1/3} = \frac{3}{2} m^{1/3}.$$

Also erfordert der Algorithmus von Lehman im ungünstigsten Fall einen Aufwand, der zu $m^{1/3}$ proportional ist. Er ist somit für größere m dem Algorithmus PZ aus (2.20) deutlich überlegen.

(14.9) Aufgabe: Man schreibe eine MuPAD-Funktion, die nach dem Algorithmus aus (14.6) zu einer natürlichen Zahl $m > 100$ einen nichttrivialen Teiler von m findet oder feststellt, daß m eine Primzahl ist.

15 Unendliche Kettenbrüche

(15.1) In Paragraph 13 wurde gezeigt, daß man jede rationale Zahl durch einen endlichen regelmäßigen Kettenbruch darstellen kann und daß sich dieser mit Hilfe des Euklidischen Algorithmus berechnen läßt. In diesem Paragraphen werden unendliche regelmäßige Kettenbrüche erklärt, und es wird bewiesen, daß man jede irrationale reelle Zahl durch einen solchen unendlichen Kettenbruch darstellen kann. Bereits Euklid kommt diesem Ergebnis recht nahe: Er wußte, daß sein Algorithmus der "Wechselwegnahme", der bei Anwendung auf zwei ganze Zahlen deren größten gemeinsamen Teiler liefert, nicht zu terminieren braucht und daß dann die reellen Zahlen, auf die er angewandt wird, in seiner Sprechweise inkommensurabel sind, d.h. daß ihr Quotient irrational ist (vgl. [32], Buch X, 2; hier spricht Euklid selbstverständlich nicht von reellen Zahlen, sondern von Größen, d.h. von Längen von Strecken). Das im Beweis von (15.5) beschriebene Verfahren zur Berechnung der Kettenbruchentwicklung einer irrationalen reellen Zahl α ist letztlich Euklids Algorithmus, angewandt auf die beiden Zahlen α und 1, und so liegt es nahe, daß manche Mathematikhistoriker zu der Meinung kamen, die griechischen Mathematiker hätten unendliche Kettenbrüche gekannt und mit ihrer Hilfe rationale Approximationen von Quadratwurzeln aus natürlichen Zahlen berechnet (vgl. (15.8)). Die eigentliche Geschichte der unendlichen Kettenbrüche beginnt allerdings – jedenfalls in Europa – wesentlich später, nämlich mit R. Bombelli (1526 – 1572) und P. A. Cataldi. Eine ausführliche Geschichte der Kettenbrüche und ihrer Anwendungen, zusammen mit einem überaus umfangreichen Literaturverzeichnis, findet man in dem Buch [15] von C. Brezinski.

(15.2) Satz: *Es sei a_0 eine ganze Zahl, und es sei $(a_n)_{n\geq 1}$ eine Folge in $\mathbb{N}$. Die Folge*

$$\big([\,a_0, a_1, \ldots, a_n\,]\big)_{n\geq 0}$$

konvergiert, und ihr Grenzwert ist eine irrationale reelle Zahl.

Beweis: Es seien $(r_n)_{n\geq -2}$ und $(s_n)_{n\geq -2}$ die Folgen in $\mathbb{Z}$ mit

$$r_{-2} := 0, \ r_{-1} := 1 \ \text{und} \ r_n := a_n r_{n-1} + r_{n-2} \quad \text{für jedes } n \in \mathbb{N}_0,$$

$$s_{-2} := 1, \ s_{-1} := 0 \ \text{und} \ s_n := a_n s_{n-1} + s_{n-2} \quad \text{für jedes } n \in \mathbb{N}_0.$$

Aus (13.2) und (13.3) ergibt sich: Für jedes $n \in \mathbb{N}$ gilt

$$s_0 = 1 \leq s_1 = a_1 \leq s_n < s_{n+1}$$

und daher $s_n \geq n$, und für jedes $n \in \mathbb{N}_0$ gilt

$$[\,a_0, a_1, \ldots, a_n\,] = \frac{r_n}{s_n} \quad \text{und} \quad r_n s_{n-1} - r_{n-1} s_n = (-1)^{n+1}.$$

Für jedes $n \in \mathbb{N}_0$ gilt daher

$$\frac{r_{n+1}}{s_{n+1}} - \frac{r_n}{s_n} = \frac{r_{n+1} s_n - r_n s_{n+1}}{s_n s_{n+1}} = \frac{(-1)^n}{s_n s_{n+1}}$$

und

$$\frac{r_{n+2}}{s_{n+2}} - \frac{r_n}{s_n} = \left(\frac{r_{n+1}}{s_{n+1}} - \frac{r_n}{s_n}\right) + \left(\frac{r_{n+2}}{s_{n+2}} - \frac{r_{n+1}}{s_{n+1}}\right) =$$

$$= (-1)^n \left(\frac{1}{s_n s_{n+1}} - \frac{1}{s_{n+1} s_{n+2}}\right) = (-1)^n \frac{s_{n+2} - s_n}{s_n s_{n+1} s_{n+2}} =$$

$$= (-1)^n \frac{a_{n+2} s_{n+1}}{s_n s_{n+1} s_{n+2}} = (-1)^n \frac{a_{n+2}}{s_n s_{n+2}}.$$

Also gilt für jedes $k \in \mathbb{N}_0$

$$(*) \qquad \frac{r_{2k}}{s_{2k}} < \frac{r_{2k+2}}{s_{2k+2}} < \frac{r_{2k+3}}{s_{2k+3}} < \frac{r_{2k+1}}{s_{2k+1}}$$

und

$$(**) \qquad 0 < \frac{r_{2k+1}}{s_{2k+1}} - \frac{r_{2k}}{s_{2k}} = \frac{1}{s_{2k}s_{2k+1}} \leq \frac{1}{2k\,(2k+1)}.$$

Aus $(*)$ folgt, daß die Folgen $(r_{2k}/s_{2k})_{k \geq 0}$ und $(r_{2k+1}/s_{2k+1})_{k \geq 0}$ konvergieren, und aus $(**)$ folgt, daß beide denselben Grenzwert besitzen. Damit ist gezeigt, daß die Folge

$$\left(\frac{r_n}{s_n} \right)_{n \geq 0} = \left([\, a_0, a_1, \ldots, a_n \,] \right)_{n \geq 0}$$

konvergiert. Für ihren Grenzwert α gilt wegen $(*)$: Für jedes $k \in \mathbb{N}_0$ ist

$$[\, a_0, a_1, \ldots, a_{2k} \,] = \frac{r_{2k}}{s_{2k}} < \alpha < \frac{r_{2k+1}}{s_{2k+1}} = [\, a_0, a_1, \ldots, a_{2k+1} \,].$$

Angenommen, α ist eine rationale Zahl. Dann gibt es ein $a \in \mathbb{Z}$ und ein $b \in \mathbb{N}$ mit $\alpha = a/b$, und weil die Folge $(s_n)_{n \geq 1}$ streng monoton wächst, gibt es ein $k \in \mathbb{N}$ mit $s_{2k+1} > b$. Es gilt

$$0 < \frac{a}{b} - \frac{r_{2k}}{s_{2k}} < \frac{r_{2k+1}}{s_{2k+1}} - \frac{r_{2k}}{s_{2k}} = \frac{1}{s_{2k}s_{2k+1}},$$

also

$$0 < as_{2k} - br_{2k} < \frac{b}{s_{2k+1}} < 1,$$

im Widerspruch dazu, daß $as_{2k} - br_{2k}$ eine ganze Zahl ist.

(15.3) Bemerkung: Es sei a_0 eine ganze Zahl, es sei $(a_n)_{n \geq 1}$ eine Folge in $\mathbb{N}$, und es sei $\alpha \in \mathbb{R} \setminus \mathbb{Q}$ der Grenzwert der Folge $([\, a_0, a_1, \ldots, a_n \,])_{n \geq 0}$. Man schreibt

$$\alpha = [\, a_0, a_1, \ldots, a_n, a_{n+1}, \ldots \,].$$

(1) Es seien $(r_n)_{n \geq -2}$ und $(s_n)_{n \geq -2}$ wie im Beweis des Satzes in (15.2) die Folgen in $\mathbb{Z}$ mit

$$r_{-2} := 0, \ r_{-1} := 1 \ \text{und} \ r_n := a_n r_{n-1} + r_{n-2} \quad \text{für jedes } n \in \mathbb{N}_0,$$

$$s_{-2} := 1, \ s_{-1} := 0 \ \text{und} \ s_n := a_n s_{n-1} + s_{n-2} \quad \text{für jedes } n \in \mathbb{N}_0.$$

Für jedes $n \in \mathbb{N}_0$ gilt $r_n \in \mathbb{Z}$ und $s_n \in \mathbb{N}$, sowie $r_n s_{n-1} - r_{n-1} s_n = (-1)^{n+1}$, und daher sind r_n und s_n teilerfremd. Für jedes $n \in \mathbb{N}$ ist $s_n < s_{n+1}$.

(2) Wie im Beweis von (15.2) gezeigt wurde, gilt für jedes $n \in \mathbb{N}_0$

$$\frac{r_{n+1}}{s_{n+1}} - \frac{r_n}{s_n} = \frac{(-1)^n}{s_n s_{n+1}} \quad \text{und} \quad \frac{r_{n+2}}{s_{n+2}} - \frac{r_n}{s_n} = (-1)^n \frac{a_{n+2}}{s_n s_{n+2}},$$

und für jedes $k \in \mathbb{N}_0$ gilt

$$\frac{r_{2k}}{s_{2k}} < \frac{r_{2k+2}}{s_{2k+2}} < \alpha < \frac{r_{2k+3}}{s_{2k+3}} < \frac{r_{2k+1}}{s_{2k+1}}.$$

Für jedes $k \in \mathbb{N}_0$ gilt daher

$$\frac{a_{2k+2}}{s_{2k}\, s_{2k+2}} = \frac{r_{2k+2}}{s_{2k+2}} - \frac{r_{2k}}{s_{2k}} < \alpha - \frac{r_{2k}}{s_{2k}} < \frac{r_{2k+1}}{s_{2k+1}} - \frac{r_{2k}}{s_{2k}} = \frac{1}{s_{2k} s_{2k+1}}$$

und

$$\frac{a_{2k+3}}{s_{2k+1} s_{2k+3}} = \frac{r_{2k+1}}{s_{2k+1}} - \frac{r_{2k+3}}{s_{2k+3}} < \frac{r_{2k+1}}{s_{2k+1}} - \alpha < \frac{r_{2k+1}}{s_{2k+1}} - \frac{r_{2k+2}}{s_{2k+2}} = \frac{1}{s_{2k+1} s_{2k+2}}.$$

(3) Für jedes $n \in \mathbb{N}_0$ gilt $a_{n+2} s_{n+1} < a_{n+2} s_{n+1} + s_n = s_{n+2}$ und daher wegen (2)

$$\frac{a_{n+2}}{s_n s_{n+2}} < \left| \alpha - \frac{r_n}{s_n} \right| < \frac{1}{s_n s_{n+1}}.$$

(4) Es gilt $r_0 = a_0$, $s_0 = 1$, $r_1 = a_0 a_1 + 1$ und $s_1 = a_1$, und aus (3) folgt

$$a_0 = \frac{r_0}{s_0} < \alpha < \frac{r_1}{s_1} = \frac{a_0 a_1 + 1}{a_1} = a_0 + \frac{1}{a_1} \le a_0 + 1,$$

also $a_0 = \lfloor \alpha \rfloor$. Für jedes $n \in \mathbb{N}$ gilt

$$[\, a_0, a_1, \ldots, a_n \,] = a_0 + \frac{1}{[\, a_1, a_2, \ldots, a_n \,]},$$

und daher gilt für

$$\alpha_1 := [\, a_1, a_2, \ldots, a_n, a_{n+1}, \ldots \,] = \lim_{n \to \infty} ([\, a_1, a_2, \ldots, a_n \,]) \in \mathbb{R} \smallsetminus \mathbb{Q}:$$

Es ist

$$\alpha = \lim_{n \to \infty} ([\, a_0, a_1, \ldots, a_n \,]) = a_0 + \frac{1}{\lim\limits_{n \to \infty} ([\, a_1, a_2, \ldots, a_n \,])} = a_0 + \frac{1}{\alpha_1}.$$

(15.4) Hilfssatz: *Es seien a_0 und b_0 ganze Zahlen, es seien $(a_n)_{n\geq 1}$ und $(b_n)_{n\geq 1}$ Folgen in $\mathbb{N}$, und es gelte*

$$[a_0, a_1, \ldots, a_n, a_{n+1}, \ldots] = [b_0, b_1, \ldots, b_n, b_{n+1}, \ldots].$$

Dann gilt: Für jedes $n \in \mathbb{N}_0$ ist $a_n = b_n$.

Beweis: Für $\alpha := [a_0, a_1, \ldots, a_n, \ldots]$ und $\alpha_1 := [a_1, a_2, \ldots, a_n, \ldots]$ und für $\beta := [b_0, b_1, \ldots, b_n, \ldots]$ und $\beta_1 := [b_1, b_2, \ldots, b_n, \ldots]$ gilt nach (15.3)(4): Es ist $a_0 = \lfloor \alpha \rfloor$ und $\alpha = a_0 + 1/\alpha_1$, und es ist $b_0 = \lfloor \beta \rfloor$ und $\beta = b_0 + 1/\beta_1$. Wegen $\alpha = \beta$ folgt zunächst $a_0 = b_0$ und dann $\alpha_1 = \beta_1$, und daraus folgt auf dieselbe Weise $a_1 = b_1$ und $[a_2, a_3, \ldots, a_n, \ldots] = [b_2, b_3, \ldots, b_n, \ldots]$. Die Fortsetzung des Verfahrens liefert $a_n = b_n$ für jedes $n \in \mathbb{N}_0$.

(15.5) Satz: *Es sei α eine irrationale reelle Zahl. Es gibt eine eindeutig bestimmte ganze Zahl a_0 und eine eindeutig bestimmte Folge $(a_n)_{n\geq 1}$ in $\mathbb{N}$ mit*

$$\alpha = \lim_{n \to \infty} \left([a_0, a_1, \ldots, a_n]\right) = [a_0, a_1, \ldots, a_n, a_{n+1}, \ldots].$$

Beweis: (1) Man setzt $\alpha_0 := \alpha$ und $a_0 := \lfloor \alpha_0 \rfloor$. Wegen $\alpha_0 \in \mathbb{R} \smallsetminus \mathbb{Q}$ und $a_0 \in \mathbb{Z}$ gilt $a_0 < \alpha_0 < a_0 + 1$, also $0 < \alpha_0 - a_0 < 1$, und daher gilt $\alpha_1 := 1/(\alpha_0 - a_0) > 1$ und $a_1 := \lfloor \alpha_1 \rfloor \in \mathbb{N}$. Wegen $\alpha_1 \in \mathbb{R} \smallsetminus \mathbb{Q}$ kann man dieses Verfahren fortsetzen: Man erhält so Folgen $(\alpha_n)_{n\geq 0}$ in $\mathbb{R} \smallsetminus \mathbb{Q}$ und $(a_n)_{n\geq 0}$ in $\mathbb{Z}$, für die gilt: Es gilt $\alpha_0 = \alpha$, $a_0 = \lfloor \alpha_0 \rfloor = \lfloor \alpha \rfloor \in \mathbb{Z}$, und für jedes $n \in \mathbb{N}$ gilt $\alpha_n > 1$, $a_n = \lfloor \alpha_n \rfloor \in \mathbb{N}$ und

$$\alpha_n = \frac{1}{\alpha_{n-1} - a_{n-1}} \quad \text{und daher} \quad \alpha_{n-1} = a_{n-1} + \frac{1}{\alpha_n}.$$

(2) Für jedes $n \in \mathbb{N}_0$ gilt

$$\alpha = [a_0, a_1, \ldots, a_{n-1}, \alpha_n],$$

denn es ist $\alpha = \alpha_0 = [\alpha_0]$, und ist n eine natürliche Zahl, für die bereits bewiesen ist, daß $\alpha = [a_0, a_1, \ldots, a_{n-2}, \alpha_{n-1}]$ gilt, so folgt

$$\alpha = [a_0, a_1, \ldots, a_{n-2}, \alpha_{n-1}] =$$
$$= \left[a_0, a_1, \ldots, a_{n-2}, a_{n-1} + \frac{1}{\alpha_n}\right] = [a_0, a_2, \ldots, a_{n-1}, \alpha_n].$$

(3) Es seien $(r_n)_{n\geq -2}$ und $(s_n)_{n\geq -2}$ die zur Folge $(a_n)_{n\geq 0}$ wie in (15.3)(1) definierten Folgen in $\mathbb{Z}$. Dann gilt für jedes $n \in \mathbb{N}$: Es ist wegen (13.2)(4)

$$\alpha = [a_0, a_2, \ldots, a_{n-1}, a_n, \alpha_{n+1}] = \frac{\alpha_{n+1} r_n + r_{n-1}}{\alpha_{n+1} s_n + s_{n-1}}$$

und daher

$$\alpha - \frac{r_n}{s_n} = \frac{\alpha_{n+1} r_n + r_{n-1}}{\alpha_{n+1} s_n + s_{n-1}} - \frac{r_n}{s_n} =$$

$$= \frac{r_{n-1} s_n - r_n s_{n-1}}{s_n(\alpha_{n+1} s_n + s_{n-1})} = \frac{(-1)^n}{s_n(\alpha_{n+1} s_n + s_{n-1})},$$

also

$$\left| \alpha - \frac{r_n}{s_n} \right| = \frac{1}{s_n(\alpha_{n+1} s_n + s_{n-1})} < \frac{1}{s_n^2} \le \frac{1}{n^2},$$

denn es ist $\alpha_{n+1} > 1$, und $(s_n)_{n \ge 1}$ ist eine streng monoton wachsende Folge natürlicher Zahlen. Also konvergiert die Folge $(r_n/s_n)_{n \ge 0}$ gegen α, und es ist

$$\alpha = \lim_{n \to \infty} \left(\frac{r_n}{s_n} \right) = \lim_{n \to \infty} \left([\, a_0, a_1, \ldots, a_n \,] \right) = [\, a_0, a_1, \ldots, a_n, a_{n+1}, \ldots \,].$$

Daß dadurch die Folge $(a_n)_{n \ge 0}$ eindeutig bestimmt ist, folgt unmittelbar aus dem Hilfssatz in (15.4).

(15.6) Definition: Es sei α eine irrationale reelle Zahl, und es seien a_0 die eindeutig bestimmte ganze Zahl und $(a_n)_{n \ge 1}$ die eindeutig bestimmte Folge aus natürlichen Zahlen mit

$$(*) \qquad\qquad \alpha = [\, a_0, a_1, \ldots, a_n, a_{n+1}, \ldots \,].$$

Dann heißt $(*)$ die Kettenbruchentwicklung von α oder der Kettenbruch für α, genauer der unendliche regelmäßige Kettenbruch für α. Für jedes $n \in \mathbb{N}_0$ heißt a_n der n-te Teilnenner dieses Kettenbruchs. Sind $(r_n)_{n \ge -2}$ und $(s_n)_{n \ge -2}$ wie in (15.3)(1) die Folgen in $\mathbb{Z}$ mit

$$r_{-2} := 0, \; r_{-1} := 1 \text{ und } r_n := a_n r_{n-1} + r_{n-2} \quad \text{für jedes } n \in \mathbb{N}_0,$$

$$s_{-2} := 1, \; s_{-1} := 0 \text{ und } s_n := a_n s_{n-1} + s_{n-2} \quad \text{für jedes } n \in \mathbb{N}_0,$$

so heißen für jedes $n \in \mathbb{N}_0$ die rationale Zahl r_n/s_n der n-te Näherungsbruch, die ganze Zahl r_n der n-te Näherungszähler und die natürliche Zahl s_n der n-te Näherungsnenner des Kettenbruchs für α. Für jedes $n \in \mathbb{N}_0$ heißt die irrationale Zahl

$$\alpha_n := [\, a_n, a_{n+1}, a_{n+2}, \ldots \,]$$

der n-te vollständige Quotient des Kettenbruchs für α.

(15.7) Beispiel: Für $\alpha := \sqrt{3}$ liefert das Verfahren aus dem Beweis des Satzes in (15.5)

$$
\begin{aligned}
\alpha_0 &:= \sqrt{3}, & a_0 &:= \lfloor \alpha_0 \rfloor = 1, \\
\alpha_1 &:= \frac{1}{\sqrt{3}-1} = \frac{\sqrt{3}+1}{2}, & a_1 &:= \lfloor \alpha_1 \rfloor = 1, \\
\alpha_2 &:= \frac{2}{\sqrt{3}-1} = \sqrt{3}+1, & a_2 &:= \lfloor \alpha_2 \rfloor = 2, \\
\alpha_3 &:= \frac{1}{\sqrt{3}-1} = \alpha_1, & a_3 &:= \lfloor \alpha_3 \rfloor = \lfloor \alpha_1 \rfloor = a_1 = 1,
\end{aligned}
$$

und daher gilt $\alpha_4 = \alpha_2$, $a_4 = a_2 = 2$, $\alpha_5 = \alpha_3 = \alpha_1$, $a_5 = a_1 = 1$ und so fort. Also gilt

$$
\sqrt{3} = [\,1,\,1,\,2,\,1,\,2,\,1,\,2,\,1,\,2,\,1,\,2,\,\dots\,].
$$

Der Kettenbruch für $\sqrt{3}$ ist also – nach der Vorperiode 1 – periodisch mit der Periode $(1,2)$. Dahinter steht ein allgemeiner Satz, der im nächsten Paragraphen behandelt wird.

Die Folge $(r_n/s_n)_{n>0}$ der Näherungsbrüche dieses Kettenbruchs konvergiert gegen $\sqrt{3}$; man kann also Näherungsbrüche als rationale Approximationen für $\sqrt{3}$ verwenden. Nach (15.3)(2) gilt zum Beispiel

$$
1.73205\,08075\,65499\ldots = \frac{716035}{413403} = \frac{r_{20}}{s_{20}} < \sqrt{3} <
$$

$$
< \frac{r_{21}}{s_{21}} = \frac{978122}{564719} = 1.73205\,08075\,69782\ldots\,.
$$

Die Näherungsbrüche sind in einem noch zu präzisierenden Sinn besonders gute rationale Näherungen für $\sqrt{3}$. Davon wird am Anfang des übernächsten Paragraphen die Rede sein.

Rechnet man gemäß (15.5) mit gerundeten Dezimalbrüchen, so führen Rundungsfehler zu falschen Ergebnissen; so liefert ein Taschenrechner, der zehn Dezimalstellen ausgibt, zu $\alpha := \sqrt{3}$ der Reihe nach die Teilnenner

$$
1,\,1,\,2,\,1,\,2,\,1,\,2,\,1,\,2,\,1,\,2,\,1,\,2,\,1,\,2,\,1,\,3,\,2,\,1,\,2,\,1,\,4,\,3,\,4,\,\dots
$$

und ein anderer die Teilnenner

$$
1,\,1,\,2,\,1,\,2,\,1,\,2,\,1,\,2,\,1,\,2,\,1,\,2,\,1,\,2,\,1,\,2,\,1,\,1,\,2,\,1,\,4,\,\dots\,.
$$

Der Satz in (15.9) gibt Auskunft darüber, wie man zu einer reellen Zahl α aus den Kettenbrüchen für reelle Zahlen α' und α'' mit $\alpha' \leq \alpha \leq \alpha''$ den Anfang der Kettenbruchentwicklung von α gewinnen kann.

(15.8) Bemerkung: Archimedes (um 280 – 212) beweist in seiner Schrift über die Kreismessung ($K\acute{v}\kappa\lambda o v\ \mu\acute{\epsilon}\tau\rho\eta\sigma\iota\varsigma$, vgl. [3], Band I; ins Deutsche übersetzt [4], S. 367–377), daß

$$\frac{223}{71} < \pi < \frac{22}{7}$$

gilt. Dazu zeigt er: Für den Umfang u_{96} eines einem Kreis vom Radius 1 einbeschriebenen und den Umfang U_{96} eines diesem Kreis umbeschriebenen regelmäßigen 96-Ecks gilt $u_{96} > 2 \cdot 223/71$ und $U_{96} < 2 \cdot 22/7$. Zum Beweis dieser Abschätzungen benötigt er rationale Näherungen für $\sqrt{3}$, und zwar gibt er an, daß

$$(*) \qquad\qquad \frac{265}{153} < \sqrt{3} < \frac{1351}{780}$$

gilt, ohne einen Hinweis darauf, wie er diese Abschätzungen gewonnen hat. Weil 265/153 der achte und 1351/780 der elfte Näherungsbruch des Kettenbruchs für $\sqrt{3}$ sind, schlossen manche Mathematikhistoriker darauf, daß Archimedes über unendliche Kettenbrüche verfügte oder wenigstens den Anfang des Kettenbruchs für $\sqrt{3}$ und die ersten zugehörigen Näherungsbrüche berechnen konnte. Dieser Schluß scheint aber nicht zwingend, schon weil 265/153 und 1351/780 nicht aufeinanderfolgende Näherungsbrüche des Kettenbruchs für $\sqrt{3}$ sind. Es gibt manche andere Versuche, die Überlegungen, die Archimedes zu $(*)$ führten, zu rekonstruieren (vgl. (15.12), Aufgabe 2). K. Vogel beschreibt in [109] die folgende Methode als eine, die Archimedes zu Verfügung gehabt haben könnte: Daß 5/3 eine erste brauchbare Näherung für $\sqrt{3}$ ist, ist wegen

$$3 - \left(\frac{5}{3}\right)^2 = \frac{2}{9}$$

leicht zu sehen. Das nach dem griechischen Mathematiker Heron (um 100 n. Chr. Geb.) benannte Verfahren, näherungsweise Quadratwurzeln zu berechnen, das schon vor ihm im vorderen Orient und sicher auch in der griechischen Welt bekannt war, liefert zum Startwert $c_1 := 5/3$ die gegen $\sqrt{3}$ konvergente Folge $(c_n)_{n\geq 1}$ mit

$$c_{n+1} := c_n - \frac{c_n^2 - 3}{2c_n} = \frac{1}{2}\left(c_n + \frac{3}{c_n}\right) \qquad \text{für jedes } n \in \mathbb{N},$$

und es gilt $c_3 = 1351/780$ und $1351^2 > 3 \cdot 780^2$. (Wie man sieht, ist $(c_n)_{n\geq 1}$ auch die Folge, die das Newton-Verfahren der Numerik bei Anwendung auf die Funktion $x \mapsto x^2 - 3 : \,]0,\infty[\, \to \mathbb{R}$ und auf den Startwert 5/3 liefert). Die Abschätzung $\sqrt{3} > 265/153$ könnte Archimedes mit Hilfe einer vielleicht naheliegenden Variante des Heronschen Verfahrens aus den ersten Termen der Folge $(c_n)_{n\geq 1}$ gewonnen haben: Die Folge $(d_n)_{n\geq 1}$ mit

$$d_1 := c_1 = \frac{5}{3} \quad \text{und} \quad d_{n+1} := c_n - \frac{c_n^2 - 3}{c_n + c_{n+1}} \quad \text{für jedes } n \in \mathbb{N}$$

konvergiert ebenfalls gegen $\sqrt{3}$, und es gilt $d_2 = 265/153$ und $265^2 < 3 \cdot 153^2$. Die "Kreismessung" liefert somit wohl keinen zwingenden Beweis dafür, daß Archimedes über Kettenbrüche für Quadratwurzeln aus natürlichen Zahlen verfügte. Eine mit einiger Sicherheit von ihm stammende Aufgabe, das sog. Rinderproblem, erlaubt aber vielleicht doch, sich vorzustellen, daß Archimedes mit solchen Kettenbrüchen und ihren Näherungsbrüchen umgehen konnte (vgl. dazu (17.15) und [100]).

(15.9) Satz: *Es seien α, α' und α'' reelle Zahlen, für die $\alpha' \leq \alpha \leq \alpha''$ gilt, und es seien*

$$\begin{aligned}
\alpha &= [a_0, a_1, \ldots, a_n, \ldots], \\
\alpha' &= [a'_0, a'_1, \ldots, a'_n, \ldots] \quad \text{und} \\
\alpha'' &= [a''_0, a''_1, \ldots, a''_n, \ldots]
\end{aligned}$$

die (endlichen oder unendlichen) Kettenbrüche für α, α' und α''. Wenn es ein $k \in \mathbb{N}_0$ mit $a'_i = a''_i$ für jedes $i \in \{0, 1, \ldots, k\}$ gibt, so gilt: Für jedes $i \in \{0, 1, \ldots, k\}$ ist $a_i = a'_i = a''_i$.

Beweis: Wegen $\alpha' \leq \alpha \leq \alpha''$ gilt $a'_0 = \lfloor \alpha' \rfloor \leq \lfloor \alpha \rfloor \leq \lfloor \alpha'' \rfloor = a''_0$, und daher gilt: Ist $a'_0 = a''_0$, so ist $a_0 = \lfloor \alpha \rfloor = a'_0 = a''_0$. – Es sei $k \in \mathbb{N}$, es gelte $a'_i = a''_i$ für jedes $i \in \{0, 1, \ldots, k\}$, und es sei bereits bewiesen, daß $a_i = a'_i = a''_i$ für jedes $i \in \{0, 1, \ldots, k-1\}$ gilt. Die reellen Zahlen $\alpha_k := [a_k, a_{k+1}, \ldots, a_n, \ldots]$, $\alpha'_k := [a'_k, a'_{k+1}, \ldots, a'_n, \ldots]$ und $\alpha''_k := [a''_k, a''_{k+1}, \ldots, a''_n, \ldots]$ sind positiv, und es gilt $\alpha = [a_0, a_1, \ldots, a_{k-1}, \alpha_k]$,

$$\begin{aligned}
\alpha' &= [a'_0, a'_1, \ldots, a'_{k-1}, \alpha'_k] = [a_0, a_1, \ldots, a_{k-1}, \alpha'_k] \quad \text{und} \\
\alpha'' &= [a''_0, a''_1, \ldots, a''_{k-1}, \alpha''_k] = [a_0, a_1, \ldots, a_{k-1}, \alpha''_k].
\end{aligned}$$

Es seien $r_{-2} := 0$, $r_{-1} := 1$ und $s_{-2} := 1$, $s_{-1} := 0$, und für jedes $i \in \{0, 1, \ldots, k-1\}$ seien $r_i := a_i r_{i-1} + r_{i-2}$ und $s_i := a_i s_{i-1} + s_{i-2}$. Damit gilt nach (13.2)(4)

$$\alpha = \frac{\alpha_k r_{k-1} + r_{k-2}}{\alpha_k s_{k-1} + s_{k-2}}, \quad \alpha' = \frac{\alpha'_k r_{k-1} + r_{k-2}}{\alpha'_k s_{k-1} + s_{k-2}} \quad \text{und} \quad \alpha'' = \frac{\alpha''_k r_{k-1} + r_{k-2}}{\alpha''_k s_{k-1} + s_{k-2}}.$$

Die Funktion

$$f : [0, \infty[\rightarrow \mathbb{R} \quad \text{mit} \quad f(t) := \frac{t r_{k-1} + r_{k-2}}{t s_{k-1} + s_{k-2}} \quad \text{für jedes } t \in [0, \infty[$$

ist streng monoton, denn für jedes $t \in [0, \infty[$ ist nach (13.2)(5)

$$ f'(t) \; = \; \frac{r_{k-1}s_{k-2} - r_{k-2}s_{k-1}}{(ts_{k-1} + s_{k-2})^2} \; = \; \frac{(-1)^k}{(ts_{k-1} + s_{k-2})^2} ; $$

sie besitzt somit eine streng monotone Umkehrfunktion. Wegen $\alpha' \leq \alpha \leq \alpha''$ gilt daher $\alpha'_k \leq \alpha_k \leq \alpha''_k$ oder $\alpha''_k \leq \alpha_k \leq \alpha'_k$, und daraus folgt $a'_k = \lfloor \alpha'_k \rfloor \leq a_k = \lfloor \alpha_k \rfloor \leq \lfloor \alpha''_k \rfloor = a''_k$ oder $a''_k = \lfloor \alpha''_k \rfloor \leq a_k = \lfloor \alpha_k \rfloor \leq \lfloor \alpha'_k \rfloor = a'_k$. In jedem Fall gilt also $a_k = a'_k = a''_k$.

(15.10) Beispiel: Es gilt

$$ \alpha' := 3.14159\,26535\,89793\,23846 < \pi < 3.14159\,26535\,89794\,23847 =: \alpha'', $$

und das Verfahren aus dem Beweis in (13.5) liefert

$$ \alpha' = [\,3,7,15,1,292,1,1,1,2,1,3,1,14,2,1,1,2,2,2, $$
$$ 3,9,17,1,6,3,8,5,29,4,1,1,2,1,1,1,18\,] \qquad \text{und} $$
$$ \alpha'' = [\,3,7,15,1,292,1,1,1,2,1,3,1,14,2,1,1,2,2,2, $$
$$ 2,1,2,4,1,1,1,2,1,3,11,2,2,1,2,1,1,1,6,13,1,1,13,4,3\,]. $$

Aus (15.9) folgt: Es ist

$$ \pi = [\,3,7,15,1,292,1,1,1,2,1,3,1,14,2,1,1,2,2,2,\ldots\,]. $$

Die Näherungsbrüche

$$ 3, \quad \frac{22}{7}, \quad \frac{333}{106}, \quad \frac{355}{113}, \quad \frac{103993}{33102}, \quad \frac{104348}{33215}, \quad \cdots $$

dieses Kettenbruchs sind rationale Näherungen für π. Daß 3 als Näherung für π betrachtet wurde, ist im Alten Testament erwähnt (1. Könige 7, 23; um 550 v. Chr. Geb.), die Näherung 22/7 fand Archimedes (vgl. (15.8)), und die Näherungen 333/106 und 355/113 wurden von A. Metius (1571 bis 1635) angegeben. Nach (15.3)(2), angewandt mit $k = 1$, ergibt sich die Fehlerabschätzung

$$ 0.266\ldots \cdot 10^{-6} = \frac{1}{113 \cdot 33215} < \frac{355}{113} - \pi < \frac{1}{113 \cdot 33102} = 0.267\ldots \cdot 10^{-6}, $$

und es gilt

$$ 3.14159\,26530\ldots = \frac{103993}{33102} < \pi < \frac{104348}{33215} = 3.14159\,26539\ldots\,. $$

(15.11) Es seien a', $a'' \in \mathbb{Z}$ und b', $b'' \in \mathbb{N}$, es gelte $\mathrm{ggT}(a', b') = 1$ und $\mathrm{ggT}(a'', b'') = 1$, und es sei α eine reelle Zahl mit $a'/b' \leq \alpha \leq a''/b''$. Der folgende Algorithmus berechnet die ersten Teilnenner $a_0, a_1, \ldots, a_n$ des Kettenbruchs für α, soweit sie sich gemäß (15.9) aus den Kettenbrüchen für a'/b' und a''/b'' gewinnen lassen; er liefert außerdem Schranken für den ersten Teilnenner a_{n+1}, der sich nicht mehr exakt mit Hilfe von a'/b' und a''/b'' bestimmen läßt.

(cFrac1) Ist $a'/b' = a''/b''$, so berechnet man den Kettenbruch für a'/b', gibt ihn aus und bricht ab.

(cFrac2) Man setzt $cF := [\ ]$.

(cFrac3) Man berechnet $q' := a' \operatorname{div} b'$, $r' := a' \operatorname{mod} b'$ und $r'' := a'' - b''q'$. Gilt $r'' < 0$ oder $r'' \geq b''$, so setzt man $q'' := a'' \operatorname{div} b''$ und geht zu (cFrac5).

(cFrac4) Man fügt in die Liste cF als neuen letzten Eintrag q' ein und setzt $a' := b'$, $b' := r'$ und $a'' := b''$, $b'' := r''$. Ist $b' = 0$, so setzt man $q' := \infty$ und $q'' := a'' \operatorname{div} b''$ und geht zu (cFrac5); ist $b'' = 0$, so setzt man $q'' := \infty$ und $q' := a' \operatorname{div} b'$ und geht zu (cFrac5). Gilt $b' \neq 0$ und $b'' \neq 0$, so geht man zurück zu (cFrac3).

(cFrac5) Ist $q' < q''$, so fügt man in die Liste cF als neuen letzten Eintrag $q' \ldots q''$ ein, gibt cF aus und bricht ab; ist $q'' < q'$, so fügt man in die Liste cF als neuen letzten Eintrag $q'' \ldots q'$ ein, gibt cF aus und bricht ab.

(15.12) Aufgaben:

Aufgabe 1: Man überlege sich, daß der Algorithmus cFrac in (15.11) das Verlangte leistet, und schreibe dazu eine MuPAD-Funktion. Hier ist die Funktion `sharelib::rational` nützlich; sie verwandelt einen endlichen Dezimalbruch in einen Bruch mit demselben Wert; z.B. liefert `sharelib::rational(3.1415)` die Ausgabe **6283/2000**.

Aufgabe 2: Wie in (15.8) berichtet ist, hat Archimedes die Abschätzungen

$$(*) \qquad \frac{265}{153} < \pi < \frac{1351}{780}$$

angegeben.

(a) Wie kann man die beiden rationalen Zahlen in $(*)$ aus dem Kettenbruch für $\sqrt{27}$ gewinnen?

(b) Man beweise: Sind q und x_1 positive reelle Zahlen, so konvergiert die Folge $(x_n)_{n \geq 1}$ mit

$$x_{n+1} := x_n \cdot \frac{x_n^2 + 3q}{3x_n^2 + q} \quad \text{für jedes } n \in \mathbb{N}$$

gegen $\sqrt{q}$. Man stelle die Konvergenzordnung fest.

(c) Nach (b) konvergiert für jedes positive $x_1 \in \mathbb{R}$ die Folge $(x_n)_{n \geq 1}$ mit

$$x_{n+1} := x_n \cdot \frac{x_n^2 + 9}{3x_n^2 + 3} \quad \text{für jedes } n \in \mathbb{N}$$

gegen $\sqrt{3}$. Wie kann man jede der beiden von Archimedes angegebenen rationalen Näherungen an $\sqrt{3}$ mit Hilfe einer solchen Folge finden?

16   Periodische Kettenbrüche

(16.1) In diesem Paragraphen werden die Kettenbruchentwicklungen von irrationalen reellen Zahlen, die Nullstellen von quadratischen Polynomen mit rationalen Koeffizienten sind, behandelt. Zuerst wird gezeigt, daß diese Zahlen genau die Zahlen mit periodischer Kettenbruchentwicklung sind. Dann werden die Kettenbruchentwicklungen von Quadratwurzeln aus natürlichen Zahlen genauer untersucht; die dabei erzielten Ergebnisse werden im folgenden Paragraphen benötigt. Zwei der Resultate dieses Paragraphen stammen aus der ersten Publikation von E. Galois (1811 – 1832), die anderen gehen auf P. de Fermat, L. Euler und J. L. Lagrange zurück.

(16.2) Definition: Es sei $a_0 \in \mathbb{Z}$, und es sei $(a_n)_{n \geq 1}$ eine Folge in $\mathbb{N}$. Wenn es ein $k \in \mathbb{N}_0$ und ein $l \in \mathbb{N}$ mit

$$a_{k+l+i} = a_{k+i} \quad \text{für jedes } i \in \mathbb{N}_0$$

gibt, so nennt man den Kettenbruch $[\, a_0, a_1, a_2, \ldots, a_n, a_{n+1}, \ldots \,]$ periodisch und schreibt

$$[\, a_0, a_1, a_2, \ldots, a_n, a_{n+1}, \ldots \,] = [\, a_0, a_1, \ldots, a_{k-1}, \overline{a_k, a_{k+1}, \ldots, a_{k+l-1}} \,];$$

man nennt $(a_0, a_1, \ldots, a_{k-1})$ eine Vorperiode und $(a_k, a_{k+1}, \ldots, a_{k+l-1})$ eine Periode dieses Kettenbruchs. Der Kettenbruch $[\, a_0, a_1, a_2, \ldots, a_n, a_{n+1}, \ldots \,]$ heißt rein-periodisch, wenn es ein $l \in \mathbb{N}$ mit $a_{l+i} = a_i$ für jedes $i \in \mathbb{N}_0$ gibt, also wenn gilt: Es ist

$$[\, a_0, a_1, a_2, \ldots, a_n, a_{n+1}, \ldots \,] = [\, \overline{a_0, a_1, \ldots, a_{l-1}} \,].$$

(16.3) Bemerkung: Es sei $a_0 \in \mathbb{Z}$, es sei $(a_n)_{n \geq 1}$ eine Folge in $\mathbb{N}$, und es gelte: Der Kettenbruch $[\, a_0, a_1, a_2, \ldots, a_n, a_{n+1}, \ldots \,]$ ist periodisch. Eine Periode $(a_k, a_{k+1}, \ldots, a_{k+l-1})$ dieses Kettenbruchs heißt primitiv, wenn es nicht Zahlen $i, j \in \{k, k+1, \ldots, k+l-1\}$ mit $0 < j - i < l - 1$ gibt, für die $(a_i, a_{i+1}, \ldots, a_j)$

ebenfalls eine Periode ist. Alle primitiven Perioden des Kettenbruchs haben dieselbe Länge, und jede Periode entsteht durch Zusammenhängen mehrerer Kopien einer primitiven Periode.

(16.4) Definition: Eine irrationale reelle Zahl α nennt man eine quadratische Irrationalzahl, wenn es ein Polynom $f \in \mathbb{Q}[T]$ vom Grad 2 gibt, das α als Nullstelle besitzt.

(16.5) Satz (L. Euler 1737): *Es sei $\alpha \in \mathbb{R} \smallsetminus \mathbb{Q}$. Wenn der Kettenbruch*

$$\alpha = [a_0, a_1, a_2, \ldots, a_n, a_{n+1}, \ldots]$$

periodisch ist, so ist α eine quadratische Irrationalzahl.

Beweis: Es gelte: Es gibt ein $k \in \mathbb{N}_0$ und ein $l \in \mathbb{N}$ mit

$$\alpha = [a_0, a_1, \ldots, a_{k-1}, \overline{a_k, a_{k+1}, \ldots, a_{k+l-1}}].$$

Für

$$\alpha_k := [a_k, a_{k+1}, a_{k+2}, \ldots, a_n, a_{n+1}, \ldots] = [\overline{a_k, a_{k+1}, \ldots, a_{k+l-1}}] \in \mathbb{R} \smallsetminus \mathbb{Q}$$

gilt (vgl. den Beweis in (15.5)): Es ist

$$\alpha = [a_0, a_1, \ldots, a_{k-1}, \alpha_k] = [a_0, a_1, \ldots, a_{k-1}, a_k, a_{k+1}, \ldots, a_{k+l-1}, \alpha_k].$$

Es seien $r_{-2} := 0$, $r_{-1} := 1$, $s_{-2} := 1$, $s_{-1} := 0$ und $r_n := a_n r_{n-1} + r_{n-2}$, $s_n := a_n s_{n-1} + s_{n-2}$ für jedes $n \in \mathbb{N}_0$. Es gilt (vgl. (13.2)(4))

$$\frac{\alpha_k r_{k-1} + r_{k-2}}{\alpha_k s_{k-1} + s_{k-2}} = [a_0, a_1, \ldots, a_{k-1}, \alpha_k] = \alpha =$$

$$= [a_0, a_1, \ldots, a_{k-1}, a_k, a_{k+1}, \ldots, a_{k+l-1}, \alpha_k] = \frac{\alpha_k r_{k+l-1} + r_{k+l-2}}{\alpha_k s_{k+l-1} + s_{k+l-2}}$$

und daher

$$\frac{\alpha s_{k-2} - r_{k-2}}{\alpha s_{k-1} - r_{k-1}} = -\alpha_k = \frac{\alpha s_{k+l-2} - r_{k+l-2}}{\alpha s_{k+l-1} - r_{k+l-1}}.$$

Mit

$$a := s_{k-2} s_{k+l-1} - s_{k-1} s_{k+l-2} \in \mathbb{Z},$$

$$b := r_{k-1} s_{k+l-2} + r_{k+l-2} s_{k-1} - r_{k-2} s_{k+l-1} - r_{k+l-1} s_{k-2} \in \mathbb{Z},$$

$$c := r_{k-2} r_{k+l-1} - r_{k-1} r_{k+l-2} \in \mathbb{Z}$$

gilt daher

$$a\alpha^2 + b\alpha + c = 0.$$

Angenommen, es gilt $a = 0$, also

$$(*) \qquad\qquad s_{k-2}s_{k+l-1} \;=\; s_{k-1}s_{k+l-2}.$$

Es gilt $l \geq 1$, also ist $s_{l-1} \geq s_0 = 1$, und daher ist $k \geq 2$, denn wäre $k = 0$, so wäre wegen $(*)$ $s_{l-1} = s_{-2}s_{l-1} = s_{-1}s_{l-2} = 0$, und wäre $k = 1$, so wäre, wieder wegen $(*)$, $s_{l-1} = s_0 s_{l-1} = s_{-1}s_l = 0$. Nach $(15.3)(1)$ gilt

$$r_{k+l-1}s_{k+l-2} - r_{k+l-2}s_{k+l-1} \;=\; (-1)^{k+l},$$

und daher sind s_{k+l-2} und s_{k+l-1} teilerfremd. Wegen $(*)$ ist s_{k+l-1} ein Teiler von $s_{k-1}s_{k+l-2}$, und wegen $\mathrm{ggT}(s_{k+l-2}, s_{k+l-1}) = 1$ folgt $s_{k+l-1} \mid s_{k-1}$. Aber wegen $k \geq 2$ ist $s_{k+l-1} > s_{k-1} \geq 1$. Damit ist gezeigt, daß $a \neq 0$ gilt.

(16.6) Bemerkung: Es sei α eine irrationale reelle Zahl mit einer periodischen Kettenbruchentwicklung

$$\alpha \;=\; [\,a_0, a_1, \ldots, a_{k-1}, \overline{a_k, a_{k+1}, \ldots, a_{k+l-1}}\,].$$

Der Beweis in (16.5) zeigt, wie man α aus seiner Kettenbruchentwicklung berechnen kann. Man findet dazu mit der im Beweis verwendeten Methode zunächst ein Polynom $f \in \mathbb{Z}[T]$ vom Grad 2, das α als Nullstelle besitzt. Dieses Polynom f hat eine weitere reelle Nullstelle β, und es bleibt noch zu entscheiden, welche der beiden Nullstellen α ist. Dazu kann man ausnützen, daß gilt: Es ist $a_0 < \alpha < a_0 + 1$, $a_1 < \alpha_1 = 1/(\alpha - a_0) < a_1 + 1$ und so fort. In Abschnitt (16.12) wird eine andere Möglichkeit, α aus seiner Kettenbruchentwicklung zu gewinnen, beschrieben.

(16.7) Es sei d eine natürliche Zahl, die keine Quadratzahl ist.
(1) $K := \{x + y\sqrt{d} \mid x, y \in \mathbb{Q}\}$ ist ein Unterkörper von $\mathbb{R}$ und ein Oberkörper von $\mathbb{Q}$ und mit den Verknüpfungen

$$(\alpha, \beta) \mapsto \alpha + \beta : K \times K \to K \quad \text{und} \quad (x, \alpha) \mapsto x\alpha : \mathbb{Q} \times K \to K$$

ein $\mathbb{Q}$-Vektorraum. Es gilt $\dim_\mathbb{Q}(K) = 2$, und $\{1, \sqrt{d}\}$ ist eine $\mathbb{Q}$-Basis von K, d.h. eine Basis des $\mathbb{Q}$-Vektorraums K.
(2) Die Abbildung

$$\sigma_d : K \to K \quad \text{mit} \quad \sigma_d(x + y\sqrt{d}) := x - y\sqrt{d} \quad \text{für alle } x, y \in \mathbb{Q}$$

ist ein $\mathbb{Q}$-Automorphismus des Körpers K, d.h. σ_d ist bijektiv, für jedes $x \in \mathbb{Q}$ ist $\sigma_d(x) = x$, und für alle $\alpha,\ \beta \in K$ gilt $\sigma_d(\alpha + \beta) = \sigma_d(\alpha) + \sigma_d(\beta)$ und $\sigma_d(\alpha\beta) = \sigma_d(\alpha)\sigma_d(\beta)$. σ_d ist der einzige $\mathbb{Q}$-Automorphismus $\neq \mathrm{id}_K$ von K.

Beweis: (a) Es gilt $\mathbb{Q} \subset K$, und für alle $x_1, y_1, x_2, y_2 \in \mathbb{Q}$ gilt

$$(x_1 + y_1\sqrt{d}) + (x_2 + y_2\sqrt{d}) = (x_1 + x_2) + (y_1 + y_2)\sqrt{d} \in K \quad \text{und}$$
$$(x_1 + y_1\sqrt{d}) \cdot (x_2 + y_2\sqrt{d}) = (x_1 x_2 + d y_1 y_2) + (x_1 y_2 + x_2 y_1)\sqrt{d} \in K.$$

Also ist K ein Unterring von $\mathbb{R}$, und $\mathbb{Q}$ ist ein Unterkörper von K. Daß K mit den in $\mathbb{R}$ gegebenen Verknüpfungen $+$ und $\cdot$ ein $\mathbb{Q}$-Vektorraum ist und daß $\{1, \sqrt{d}\}$ darin ein Erzeugendensystem ist, ist klar.

(b) Es seien $x, y \in \mathbb{Q}$ nicht beide Null, und es gelte $x + y\sqrt{d} = 0$. Dann gilt $x \neq 0$ und $y \neq 0$, und es gibt ein $a \in \mathbb{N}$ mit $ax \in \mathbb{Z}$ und $ay \in \mathbb{Z}$. Es ist $(ax)^2 = d(ay)^2$, und somit gilt für jede Primzahl p: Es ist

$$2v_p(ax) = v_p\big((ax)^2\big) = v_p\big(d(ay)^2\big) = v_p(d) + 2v_p(ay),$$

und daher ist $v_p(d)$ gerade. Dies ist aber nicht möglich, da d keine Quadratzahl ist. Also sind 1 und $\sqrt{d}$ im $\mathbb{Q}$-Vektorraum K linear unabhängig, und somit ist $\{1, \sqrt{d}\}$ eine $\mathbb{Q}$-Basis von K.

(c) Für jedes $\alpha \in K \smallsetminus \{0\}$ gilt: Es gibt $x, y \in \mathbb{Q}$ mit $\alpha = x + y\sqrt{d}$, wegen $\alpha \neq 0$ sind x und y nicht beide Null, und daher gilt $x - y\sqrt{d} \neq 0$ und

$$\frac{1}{\alpha} = \frac{1}{x + y\sqrt{d}} = \frac{x - y\sqrt{d}}{(x + y\sqrt{d})(x - y\sqrt{d})} = \frac{x}{x^2 - dy^2} + \frac{-y}{x^2 - dy^2}\sqrt{d} \in K.$$

Also ist K ein Unterkörper von $\mathbb{R}$.

(d) Daß die Abbildung $\sigma_d : K \to K$ ein $\mathbb{Q}$-Automorphismus des Körpers K ist, rechnet man ohne Schwierigkeiten nach. Ist τ ein $\mathbb{Q}$-Automorphismus des Körpers K, so gilt

$$\big(\tau(\sqrt{d})\big)^2 = \tau\big((\sqrt{d})^2\big) = \tau(d) = d,$$

also $\tau(\sqrt{d}) = \sqrt{d}$ oder $\tau(\sqrt{d}) = -\sqrt{d}$, also $\tau = \mathrm{id}_K$ oder $\tau = \sigma_d$.

(3) Der in (1) beschriebene Körper K wird mit $\mathbb{Q}(\sqrt{d})$ bezeichnet; er ist der kleinste Unterkörper des Körpers $\mathbb{R}$, der $\mathbb{Q}$ umfaßt und $\sqrt{d}$ enthält.

(16.8) Bemerkung: Es sei $\alpha \in \mathbb{R}$ eine quadratische Irrationalzahl. Dann gibt es ganze Zahlen a, b, c mit $a \neq 0$ und mit: α ist Nullstelle des Polynoms $f := aT^2 + bT + c$. Wegen $\alpha \in \mathbb{R} \smallsetminus \mathbb{Q}$ ist $d := b^2 - 4ac$ eine natürliche Zahl, die keine Quadratzahl ist, und es gilt

$$\alpha = \frac{-b + \sqrt{d}}{2a} \quad \text{oder} \quad \alpha = \frac{-b - \sqrt{d}}{2a}.$$

Im ersten Fall setzt man $v := -b$ und $w := 2a$, und im zweiten Fall setzt man $v := b$ und $w := -2a$. In jedem Fall gilt $v \in \mathbb{Z}$, $w \in \mathbb{Z} \smallsetminus \{0\}$ und

$$\alpha \;=\; \frac{v + \sqrt{d}}{w} \quad \text{und} \quad w \mid d - v^2.$$

Das Polynom f besitzt noch eine Nullstelle $\beta \neq \alpha$, nämlich

$$\beta \;=\; \frac{v - \sqrt{d}}{w} \;=\; \sigma_d(\alpha),$$

wobei σ_d der nichttriviale $\mathbb{Q}$-Automorphismus des Körpers $\mathbb{Q}(\sqrt{d})$ ist.

(16.9) Satz (J. L. Lagrange 1770): *Es sei $\alpha \in \mathbb{R}$ eine quadratische Irrational-zahl. Dann ist der Kettenbruch für α periodisch.*

Beweis: Es sei $\alpha = [\,a_0, a_1, \ldots, a_n, a_{n+1}, \ldots\,]$ der Kettenbruch für α, und für jedes $n \in \mathbb{N}_0$ sei $\alpha_n := [\,a_n, a_{n+1}, a_{n+2}, \ldots\,]$ der n-te vollständige Quotient dieses Kettenbruchs.

(1) Es gibt eine natürliche Zahl d, die keine Quadratzahl ist, und ganze Zahlen v_0 und w_0 mit $w_0 \neq 0$, mit $w_0 \mid d - v_0^2$ und mit

$$\alpha_0 \;=\; \alpha \;=\; \frac{v_0 + \sqrt{d}}{w_0}$$

(vgl. (16.8)). Es seien $(v_n)_{n \geq 0}$ und $(w_n)_{n \geq 0}$ die Folgen in $\mathbb{Q}$ mit

$$v_{n+1} \;:=\; a_n w_n - v_n \quad \text{und} \quad w_{n+1} \;:=\; \frac{d - v_{n+1}^2}{w_n} \quad \text{für jedes } n \in \mathbb{N}_0.$$

Für jedes $n \in \mathbb{N}_0$ gilt $v_n \in \mathbb{Z}$, $w_n \in \mathbb{Z}$, $w_n \neq 0$ und $w_n \mid d - v_n^2$, wie man durch Induktion beweist: Für $n = 0$ ist nichts zu zeigen, und ist für $n \in \mathbb{N}_0$ bereits gezeigt, daß $v_n \in \mathbb{Z}$, $w_n \in \mathbb{Z}$, $w_n \neq 0$ und $w_n \mid d - v_n^2$ gilt, so folgt: $v_{n+1} = a_n w_n - v_n$ und

$$w_{n+1} \;=\; \frac{d - v_{n+1}^2}{w_n} \;=\; \frac{1}{w_n}\,(d - a_n^2 w_n^2 + 2 a_n v_n w_n - v_n^2) \;=\;$$
$$=\; \frac{d - v_n^2}{w_n} - a_n^2 w_n + 2 a_n v_n$$

sind ganze Zahlen, und weil d keine Quadratzahl ist, gilt $d - v_{n+1}^2 \neq 0$ und daher $w_{n+1} \neq 0$, und wegen $w_n w_{n+1} = d - v_{n+1}^2$ ist schließlich w_{n+1} ein Teiler von $d - v_{n+1}^2$.

(2) Für jedes $n \in \mathbb{N}_0$ ist

$$\alpha_n = \frac{v_n + \sqrt{d}}{w_n}.$$

Auch dies beweist man durch Induktion: Für $n = 0$ ist nichts zu zeigen, und ist für $n \in \mathbb{N}_0$ bereits bewiesen, daß $\alpha_n = (v_n + \sqrt{d})/w_n$ gilt, so folgt

$$\alpha_{n+1} = \frac{1}{\alpha_n - a_n} = \frac{1}{\dfrac{v_n + \sqrt{d}}{w_n} - a_n} = \frac{w_n}{(v_n + \sqrt{d}) - w_n a_n} =$$

$$= \frac{w_n}{\sqrt{d} - v_{n+1}} = \frac{w_n\,(\sqrt{d} + v_{n+1})}{d - v_{n+1}^2} = \frac{v_{n+1} + \sqrt{d}}{w_{n+1}}.$$

(3) Es sei $(r_n/s_n)_{n \geq 0}$ die Folge der Näherungsbrüche des Kettenbruchs für α, und es sei σ_d der nichttriviale $\mathbb{Q}$-Automorphismus des Körpers $\mathbb{Q}(\sqrt{d})$. Für jedes $n \in \mathbb{N}$ mit $n \geq 2$ gilt

$$\alpha = [\,a_0, a_1, \ldots, a_{n-1}, \alpha_n\,] = \frac{\alpha_n r_{n-1} + r_{n-2}}{\alpha_n s_{n-1} + s_{n-2}}$$

[vgl. (13.2)(4)], also

$$\alpha_n = -\frac{\alpha s_{n-2} - r_{n-2}}{\alpha s_{n-1} - r_{n-1}} = -\frac{s_{n-2}}{s_{n-1}} \cdot \frac{\alpha - r_{n-2}/s_{n-2}}{\alpha - r_{n-1}/s_{n-1}}$$

und daher

$$\sigma_d(\alpha_n) = -\frac{s_{n-2}}{s_{n-1}} \cdot \frac{\sigma_d(\alpha) - r_{n-2}/s_{n-2}}{\sigma_d(\alpha) - r_{n-1}/s_{n-1}}.$$

Die Folge $(r_n/s_n)_{n \geq 0}$ konvergiert gegen α, und wegen $\alpha \notin \mathbb{Q}$ ist $\sigma_d(\alpha) \neq \alpha$. Also konvergiert die Folge

$$\left(\frac{\sigma_d(\alpha) - r_{n-2}/s_{n-2}}{\sigma_d(\alpha) - r_{n-1}/s_{n-1}}\right)_{n \geq 2}$$

gegen 1. Weil s_{n-2}/s_{n-1} für jedes $n \geq 2$ positiv ist, gibt es daher ein $n_0 \in \mathbb{N}$ mit $n_0 \geq 2$ und mit: Für jedes $n \geq n_0$ ist

$$\sigma_d(\alpha_n) = -\frac{s_{n-2}}{s_{n-1}} \cdot \frac{\sigma_d(\alpha) - r_{n-2}/s_{n-2}}{\sigma_d(\alpha) - r_{n-1}/s_{n-1}} < 0.$$

Für jedes $n \geq n_0$ gilt $\alpha_n \geq \lfloor \alpha_n \rfloor = a_n > 0$ und daher

$$\frac{2\sqrt{d}}{w_n} = \frac{v_n + \sqrt{d}}{w_n} - \frac{v_n - \sqrt{d}}{w_n} = \alpha_n - \sigma_d(\alpha_n) > 0,$$

also $w_n > 0$. Für jedes $n \geq n_0 + 1$ gilt daher

$$1 \ \leq \ w_n \ \leq \ w_{n-1} w_n \ = \ d - v_n^2 \ \leq \ d$$

und

$$0 \ \leq \ v_n^2 \ < \ v_n^2 + w_{n-1} w_n \ = \ d.$$

Es gibt also nur endlich viele verschiedene Paare (v_n, w_n) mit $n \geq n_0 + 1$. Somit hat die Menge $\{(v_n, w_n) \mid n \in \mathbb{N}_0\}$ nur endlich viele verschiedene Elemente, und es existieren daher ein $k \in \mathbb{N}$ und ein $l \in \mathbb{N}$ mit $k \geq 2$ und mit $v_k = v_{k+l}$ und $w_k = w_{k+l}$, also mit

$$\alpha_k \ = \ \frac{v_k + \sqrt{d}}{w_k} \ = \ \frac{v_{k+l} + \sqrt{d}}{w_{k+l}} \ = \ \alpha_{k+l}.$$

Hierfür gilt

$$\alpha_k \ = \ [\, a_k, a_{k+1}, \ldots, a_{k+l-1}, \alpha_{k+l} \,] \ = \ [\, a_k, a_{k+1}, \ldots, a_{k+l-1}, \alpha_k \,]$$

und

$$\begin{aligned}
\alpha \ &= \ [\, a_0, a_1, \ldots, a_{k-1}, \alpha_k \,] \ = \\
&= \ [\, a_0, a_1, \ldots, a_{k-1}, a_k, a_{k+1}, \ldots, a_{k+l-1}, \alpha_k \,] \ = \\
&= \ [\, a_0, a_1, \ldots, a_{k-1}, \overline{a_k, a_{k+1}, \ldots, a_{k+l-1}} \,].
\end{aligned}$$

(16.10) Es sei $\alpha \in \mathbb{R}$ eine quadratische Irrationalzahl. Der Beweis in (16.9) liefert das folgende Verfahren zur Berechnung des periodischen Kettenbruchs für α; es berechnet die kürzeste Vorperiode $(a_0, a_1, \ldots, a_{k-1})$ und die daran anschließende primitive Periode $(a_k, a_{k+1}, \ldots, a_{k+l-1})$ dieses Kettenbruchs:

(PKB1) Man bestimmt $d \in \mathbb{N}$ und $v_0, w_0 \in \mathbb{Z}$ mit $w_0 \neq 0$, mit $w_0 \mid d - v_0^2$ und mit

$$\alpha \ = \ \frac{v_0 + \sqrt{d}}{w_0}$$

und setzt $a_0 := \lfloor \alpha \rfloor$ und $n := 1$.

(PKB2) Man setzt

$$v_n \ := \ a_{n-1} w_{n-1} - v_{n-1} \quad \text{und} \quad w_n \ := \ \frac{d - v_n^2}{w_{n-1}}.$$

Wenn es ein $k \in \{0, 1, \ldots, n-1\}$ mit $v_n = v_k$ und $w_n = w_k$ gibt, so gibt man $(a_0, a_1, \ldots, a_{k-1})$ als Vorperiode und $(a_k, a_{k+1}, \ldots, a_{n-1})$ als Periode aus und bricht ab.

(PKB3) Man setzt

$$a_n \;:=\; \left\lfloor \frac{v_n + \sqrt{d}}{w_n} \right\rfloor \quad \text{und} \quad n := n+1$$

und geht zu (PKB2).

(16.11) Satz (E. Galois 1829): *Es seien a, b, $c \in \mathbb{Z}$, und es gelte: Es ist $a \neq 0$, und $d := b^2 - 4ac$ ist eine natürliche Zahl, die keine Quadratzahl ist; es seien α, $\beta \in \mathbb{R}$ die beiden Nullstellen des Polynoms $aT^2 + bT + c \in \mathbb{Z}[T]$. Es gilt: Der Kettenbruch für α ist dann und nur dann rein-periodisch, wenn $\alpha > 1$ und $-1 < \beta < 0$ gilt.*

Beweis: Es sei $\alpha = [\, a_0, a_1, a_2, \ldots, a_n, a_{n+1}, \ldots \,]$ der Kettenbruch für α.
(1) Es gelte: Der Kettenbruch für α ist rein-periodisch. Es gibt dann ein $l \in \mathbb{N}$ mit

$$\alpha \;=\; [\, \overline{a_0, a_1, \ldots, a_{l-1}}\,].$$

(a) Für jedes $n \in \mathbb{N}$ ist $a_n \in \mathbb{N}$, und wegen $a_0 = a_l$ ist auch $a_0 \in \mathbb{N}$. Wegen $\alpha \geq \lfloor \alpha \rfloor = a_0 \geq 1$ und $\alpha \notin \mathbb{Q}$ gilt $\alpha > 1$.
(b) Es sei $(r_n/s_n)_{n \geq 0}$ die Folge der Näherungsbrüche des Kettenbruchs für α. Es gilt $r_0 = a_0 \geq 1 =: r_{-1}$, und für jedes $n \in \mathbb{N}$ gilt $r_n > r_{n-1}$, denn es ist $r_1 = a_1 r_0 + r_1 > a_1 r_0 \geq r_0$, und ist für eine natürliche Zahl n bereits gezeigt, daß $r_n > r_{n-1} > \cdots > r_0$ gilt, so folgt $r_{n+1} = a_{n+1} r_n + r_{n-1} > a_{n+1} r_n \geq r_n$. Es gilt $s_0 = 1 > 0 =: s_1$, und für jedes $n \in \mathbb{N}$ ist $s_n \geq s_{n-1}$ (vgl. (13.3)(2)).
(c) Es sei σ_d der nichttriviale $\mathbb{Q}$-Automorphismus des Körpers $\mathbb{Q}(\sqrt{d})$. Es gilt

$$\alpha \;=\; [\, \overline{a_0, a_1, \ldots, a_{l-1}}\,] \;=\; [\, a_0, a_1, \ldots, a_{l-1}, \alpha\,] \;=\; \frac{\alpha r_{l-1} + r_{l-2}}{\alpha s_{l-1} + s_{l-2}}$$

und daher

$$\beta \;=\; \sigma_d(\alpha) \;=\; \sigma_d\!\left(\frac{\alpha r_{l-1} + r_{l-2}}{\alpha s_{l-1} + s_{l-2}}\right) \;=\; \frac{\sigma_d(\alpha) r_{l-1} + r_{l-2}}{\sigma_d(\alpha) s_{l-1} + s_{l-2}} \;=\; \frac{\beta r_{l-1} + r_{l-2}}{\beta s_{l-1} + s_{l-2}}.$$

Also sind α und β Nullstellen der Polynomfunktion

$$g : \mathbb{R} \to \mathbb{R} \quad \text{mit} \quad g(t) := s_{l-1} t^2 + (s_{l-2} - r_{l-1}) t - r_{l-2} \quad \text{für jedes } t \in \mathbb{R}.$$

Aus (b) folgt, daß

$$g(-1) \;=\; (s_{l-1} - s_{l-2}) + (r_{l-1} - r_{l-2}) \;>\; 0 \quad \text{und} \quad g(0) \;=\; -r_{l-2} \;<\; 0$$

gilt, und daher liegt nach dem Zwischenwertsatz im Intervall $\,]-1, 0[\,$ eine Nullstelle von f. Da g außer α und β keine Nullstellen besitzt und $\alpha > 1$ ist, gilt somit $-1 < \beta < 0$.

(2) Es gelte $\alpha > 1$ und $-1 < \beta < 0$. Es ist $a_0 = \lfloor \alpha \rfloor \geq 1$, und daher ist $a_n \in \mathbb{N}$ für jedes $n \in \mathbb{N}_0$. Für jedes $n \in \mathbb{N}_0$ sei $\alpha_n := [\, a_n, a_{n+1}, a_{n+2}, \ldots \,]$ der n-te vollständige Quotient des Kettenbruchs für α.

(a) Für jedes $n \in \mathbb{N}_0$ ist $-1 < \sigma_d(\alpha_n) < 0$. Denn nach Voraussetzung gilt $-1 < \sigma_d(\alpha_0) = \sigma_d(\alpha) = \beta < 0$, und ist für ein $n \in \mathbb{N}_0$ bereits gezeigt, daß $-1 < \sigma_d(\alpha_n) < 0$ gilt, so gilt wegen $\alpha_n = a_n + 1/\alpha_{n+1}$

$$\frac{1}{\sigma_d(\alpha_{n+1})} = \sigma_d\!\left(\frac{1}{\alpha_{n+1}}\right) = \sigma_d(\alpha_n - a_n) = \sigma_d(\alpha_n) - a_n < -a_n \leq -1$$

und daher $-1 < \sigma_d(\alpha_{n+1}) < 0$.

(b) Für jedes $n \in \mathbb{N}_0$ gilt nach (a)

$$a_n < -\frac{1}{\sigma_d(\alpha_{n+1})} = a_n - \sigma_d(\alpha_n) < a_n + 1,$$

also

$$a_n = \left\lfloor -\frac{1}{\sigma_d(\alpha_{n+1})} \right\rfloor.$$

Nach (16.9) ist der Kettenbruch für α periodisch, also gibt es ein $k \in \mathbb{N}_0$ und ein $l \in \mathbb{N}$ mit

$$\alpha = [\, a_0, a_1, \ldots, a_{k-1}, \overline{a_k, a_{k+1}, \ldots, a_{k+l-1}} \,].$$

Ist dabei $k = 0$, so gilt

$$\alpha = [\, \overline{a_0, a_1, \ldots, a_{l-1}} \,],$$

und der Kettenbruch für α ist somit rein-periodisch. Ist $k > 0$, so gilt

$$\alpha_{k+l} = [\, a_{k+l}, a_{k+l+1}, a_{k+l+2}, \ldots \,] = [\, a_k, a_{k+1}, a_{k+2}, \ldots \,] = \alpha_k,$$

also $\sigma_d(\alpha_{k+l}) = \sigma_d(\alpha_k)$ und daher

$$a_{k+l-1} = \left\lfloor -\frac{1}{\sigma_d(\alpha_{k+l})} \right\rfloor = \left\lfloor -\frac{1}{\sigma_d(\alpha_k)} \right\rfloor = a_{k-1}$$

und

$$\alpha_{k+l-1} = a_{k+l-1} + \frac{1}{\alpha_{k+l}} = a_{k-1} + \frac{1}{\alpha_k} = \alpha_{k-1},$$

und die Fortsetzung des Verfahrens liefert $\alpha_{k+l-2} = \alpha_{k-2}, \ldots, \alpha_l = \alpha_0 = \alpha$, also schließlich

$$\alpha = [\, a_0, a_1, \ldots, a_{l-1}, \alpha_l \,] = [\, a_0, a_1, \ldots, a_{l-1}, \alpha \,] = [\, \overline{a_0, a_1, \ldots, a_{l-1}} \,].$$

(16.12) Bemerkung: Es sei α eine irrationale reelle Zahl mit einer periodischen Kettenbruchentwicklung

$$\alpha = [\, a_0, a_1, \ldots, a_{k-1}, \overline{a_k, a_{k+1}, \ldots, a_{k+l-1}}\,].$$

Das folgende Verfahren erlaubt es, α aus seiner Kettenbruchentwicklung zu berechnen [vgl. dazu auch (16.6)]:

(a) Es sei $\alpha_k := [\,\overline{a_k, a_{k+1}, \ldots, a_{k+l-1}}\,]$, und es sei $(r'_n/s'_n)_{n \geq 0}$ die Folge der Näherungsbrüche dieses Kettenbruchs; es seien $r'_{-1} := 1$ und $s'_{-1} := 0$. Wegen

$$\alpha_k = [\, a_k, a_{k+1}, \ldots, a_{k+l-1}, \alpha_k\,] = \frac{\alpha_k r'_{l-1} + r'_{l-2}}{\alpha_k s'_{l-1} + s'_{l-2}}$$

ist α_k eine Nullstelle des quadratischen Polynoms

$$f := s'_{l-1} T^2 + (s'_{l-2} - r'_{l-1})\, T - r'_{l-2} \in \mathbb{Z}[T].$$

Da der Kettenbruch für α_k rein-periodisch ist, gilt nach (16.11): Es ist $\alpha_k > 1$, wogegen die zweite Nullstelle von f negativ ist. Damit kann man α_k aus f berechnen.

(b) Es sei $(r_n/s_n)_{n \geq 0}$ die Folge der Näherungsbrüche des Kettenbruchs für α, und es seien $r_{-2} := 0$, $r_{-1} := 1$ und $s_{-2} := 1$, $s_{-1} := 0$. Es gilt

$$\alpha = [\, a_0, a_1, \ldots, a_{k-1}, \alpha_k\,] = \frac{\alpha_k r_{k-1} + r_{k-2}}{\alpha_k s_{k-1} + s_{k-2}},$$

und damit kann man α aus α_k berechnen.

(16.13) Satz (E. Galois 1829): *Es seien a, b, $c \in \mathbb{Z}$, und es gelte: Es ist $a \neq 0$, und $d := b^2 - 4ac$ ist eine natürliche Zahl, die keine Quadratzahl ist; es seien α, $\beta \in \mathbb{R}$ die beiden Nullstellen des Polynoms $aT^2 + bT + c \in \mathbb{Z}[T]$, es gelte $\alpha > 1$ und $-1 < \beta < 0$, und es sei*

$$\alpha = [\,\overline{a_0, a_1, \ldots, a_{l-2}, a_{l-1}}\,]$$

die nach (16.11) rein-periodische Kettenbruchentwicklung von α. Dann gilt

$$-\frac{1}{\beta} = [\,\overline{a_{l-1}, a_{l-2}, \ldots, a_1, a_0}\,].$$

Beweis: Es sei σ_d der nichttriviale $\mathbb{Q}$-Automorphismus des Körpers $\mathbb{Q}(\sqrt{d})$, und für jedes $n \in \mathbb{N}_0$ sei $\alpha_n = [\, a_n, a_{n+1}, a_{n+2}, \ldots\,]$ der n-te vollständige Quotient des Kettenbruchs für α. Für jedes $n \in \mathbb{N}_0$ gilt: Es ist $a_n = \lfloor \alpha_n \rfloor$

und $\alpha_{n+1} = 1/(\alpha_n - a_n)$, und wie im Beweis von (16.11) folgt $a_n \in \mathbb{N}$ und $-1 < \sigma_d(\alpha_n) < 0$. Den Kettenbruch

$$-\frac{1}{\beta} = [c_0, c_1, \ldots, c_n, c_{n+1}, \ldots]$$

erhält man so: Man setzt $\gamma_0 := -1/\beta$, $c_0 := \lfloor \gamma_0 \rfloor$ und für jedes $n \in \mathbb{N}_0$

$$\gamma_{n+1} := \frac{1}{\gamma_n - c_n} \quad \text{und} \quad c_{n+1} := \lfloor \gamma_{n+1} \rfloor.$$

(a) Für jedes $j \in \{0, 1, \ldots, l-1\}$ gilt

$$\gamma_j = -\frac{1}{\sigma_d(\alpha_{l-j})} \quad \text{und} \quad c_j = a_{l-j-1}.$$

Dies beweist man durch Induktion: Es gilt

$$\alpha = \alpha_0 = \alpha_l = \frac{1}{\alpha_{l-1} - a_{l-1}}$$

und daher

$$\gamma_0 = -\frac{1}{\beta} = -\frac{1}{\sigma_d(\alpha)} = -\sigma_d(\alpha_{l-1} - a_{l-1}) = -\sigma_d(\alpha_{l-1}) + a_{l-1},$$

und wegen $-1 < \sigma(\alpha_{l-1}) < 0$ folgt: Es ist $c_0 = \lfloor \gamma_0 \rfloor = a_{l-1}$. Es sei $j \in \{0, 1, \ldots, l-2\}$, und es sei bereits bewiesen, daß $\gamma_j = -1/\sigma_d(\alpha_{l-j})$ und $c_j = a_{l-j-1}$ gilt. Wegen

$$\alpha_{l-j} = \frac{1}{\alpha_{l-j-1} - a_{l-j-1}}$$

gilt

$$\sigma_d(\alpha_{l-j}) = \frac{1}{\sigma_d(\alpha_{l-j-1} - a_{l-j-1})} = \frac{1}{\sigma_d(\alpha_{l-j-1}) - a_{l-j-1}}$$

und daher

$$\gamma_{j+1} = \frac{1}{\gamma_j - c_j} = \frac{1}{-\dfrac{1}{\sigma_d(\alpha_{l-j})} - a_{l-j-1}} = -\frac{1}{\sigma_d(\alpha_{l-j-1})},$$

und wegen

$$\alpha_{l-j-1} = \frac{1}{\alpha_{l-j-2} - a_{l-j-2}}$$

folgt

$$\gamma_{j+1} \;=\; -\frac{1}{\sigma_d(\alpha_{l-j-1})} \;=\; -\sigma_d(\alpha_{l-j-2} - a_{l-j-2}) \;=\; -\sigma_d(\alpha_{l-j-2}) + a_{l-j-2}.$$

Wegen $-1 < \sigma_d(\alpha_{l-j-2}) < 0$ folgt: Es ist $c_{j+1} = \lfloor \gamma_{j+1} \rfloor = a_{l-j-2}$.
(b) Nach (a) gilt

$$-\frac{1}{\beta} \;=\; \gamma \;=\; [\,c_0, c_1, \ldots, c_{l-2}, c_{l-1}, \gamma_l\,] \;=\; [\,a_{l-1}, a_{l-2}, \ldots, a_1, a_0, \gamma_l\,],$$

und es ist

$$\gamma_l \;=\; \frac{1}{\gamma_{l-1} - c_{l-1}} \;=\; \frac{1}{-\dfrac{1}{\sigma_d(\alpha_1)} - a_0} \;=\; \frac{1}{-\sigma_d(\alpha_0) + a_0 - a_0} \;=\;$$

$$=\; -\frac{1}{\sigma_d(\alpha_0)} \;=\; -\frac{1}{\sigma_d(\alpha)} \;=\; -\frac{1}{\beta},$$

und daher gilt

$$-\frac{1}{\beta} \;=\; \left[\,a_{l-1}, a_{l-2}, \ldots, a_1, a_0, -\frac{1}{\beta}\,\right] \;=\; [\,\overline{a_{l-1}, a_{l-2}, \ldots, a_1, a_0}\,].$$

(16.14) Satz: *Es sei d eine natürliche Zahl, die keine Quadratzahl ist. Es sei*

$$\sqrt{d} \;=\; [\,a_0, a_1, a_2, \ldots, a_n, a_{n+1}, \ldots\,]$$

der Kettenbruch für $\sqrt{d}$, und es sei l die Länge einer primitiven Periode dieses Kettenbruchs. Es gilt: Der Kettenbruch ist nicht periodisch, (a_0) ist Vorperiode, $(a_1, a_2, \ldots, a_l)$ ist primitive Periode, es ist $a_l = 2a_0$, und für jedes $j \in \{1, 2, \ldots, l-1\}$ ist $a_j = a_{l-j}$. Der Kettenbruch hat also die folgende Gestalt: Ist l gerade, so ist

$$\sqrt{d} \;=\; [\,a_0, \overline{a_1, a_2, \ldots, a_{l/2-2}, a_{l/2-1}, a_{l/2}, a_{l/2-1}, a_{l/2-2} \ldots, a_2, a_1, 2a_0}\,],$$

und ist l ungerade, so ist

$$\sqrt{d} \;=\; [\,a_0, \overline{a_1, a_2, \ldots, a_{(l-1)/2-1}, a_{(l-1)/2}, a_{(l-1)/2}, a_{(l-1)/2-1}, \ldots, a_2, a_1, 2a_0}\,].$$

Beweis: Wegen $-1/\sigma_d(\sqrt{d}) = 1/\sqrt{d} > 0$ ist der Kettenbruch für $\sqrt{d}$ nicht rein-periodisch (vgl. (16.11)). Es ist $a_0 = \lfloor \sqrt{d} \rfloor \in \mathbb{N}$, und

$$\alpha \;:=\; \frac{1}{\sqrt{d} - a_0} \;=\; \frac{a_0 + \sqrt{d}}{d - a_0^2} \;\in\; \mathbb{Q}(\sqrt{d}) \;\subset\; \mathbb{R}$$

ist eine Nullstelle des Polynoms

$$f \;:=\; (d - a_0^2)\,T^2 - 2a_0\,T - 1 \;\in\; \mathbb{Z}[\,T\,].$$

Es gilt $\alpha > 1$, und für

$$\beta \;:=\; \sigma_d(\alpha) \;=\; \frac{a_0 - \sqrt{d}}{d - a_0^2} \;=\; -\,\frac{1}{a_0 + \sqrt{d}}$$

gilt $f = (d - a_0^2)(T - \alpha)(T - \beta)$ und $-1 < \beta < 0$. Nach (16.11) gibt es ein $l \in \mathbb{N}$ und $a_1, a_2, \ldots, a_l \in \mathbb{N}$ mit

$$\alpha \;=\; [\,\overline{a_1, a_2, \ldots, a_l}\,],$$

und damit gilt

$$\sqrt{d} \;=\; a_0 + \frac{1}{\alpha} \;=\; a_0 + \frac{1}{[\,\overline{a_1, a_2, \ldots, a_l}\,]} \;=\; [\,a_0, \overline{a_1, a_2, \ldots, a_l}\,].$$

Es gilt einerseits

$$a_0 + \sqrt{d} \;=\; 2a_0 + \frac{1}{\alpha} \;=\; [\,2a_0, \overline{a_1, a_2, \ldots, a_{l-1}, a_l}\,]$$

und andererseits

$$a_0 + \sqrt{d} \;=\; -\frac{1}{\beta} \;\overset{(16.13)}{=}\; [\,\overline{a_l, a_{l-1}, \ldots, a_2, a_1}\,],$$

und daher gilt wegen (15.4): Es ist $a_l = 2a_0$, und für jedes $j \in \{1, 2, \ldots, l-1\}$ ist $a_{l-j} = a_j$.

(16.15) Es sei d eine natürliche Zahl, die keine Quadratzahl ist. Es sei

$$\sqrt{d} \;=\; [\,a_0, a_1, a_2, \ldots, a_n, a_{n+1}, \ldots\,]$$

der Kettenbruch für $\sqrt{d}$, für jedes $n \in \mathbb{N}$ seien $\alpha_n := [\,a_n, a_{n+1}, a_{n+2}, \ldots\,]$ der n-te vollständige Quotient und r_n/s_n der n-te Näherungsbruch dieses Kettenbruchs, und es seien $r_{-1} := 1$ und $s_{-1} := 0$. Es seien $(v_n)_{n \geq 0}$ und $(w_n)_{n \geq 0}$ die Folgen in $\mathbb{Q}$ mit $v_0 := 0$ und $w_0 := 1$ und mit

$$v_{n+1} \;:=\; a_n w_n - v_n \quad \text{und} \quad w_{n+1} \;:=\; \frac{d - v_{n+1}^2}{w_n} \quad \text{für jedes } n \in \mathbb{N}_0.$$

In diesem Abschnitt werden einige Eigenschaften dieser Folgen zusammengestellt.

(1) Im Beweis in (16.9) wurde gezeigt: Für jedes $n \in \mathbb{N}_0$ gilt $v_n \in \mathbb{Z}$, $w_n \in \mathbb{Z}$, $w_n \neq 0$, $w_n \mid d - v_n^2$ und

$$\alpha_n = \frac{v_n + \sqrt{d}}{w_n}.$$

(2) Für jedes $n \in \mathbb{N}$ gilt

$$1 \leq w_{n-1} < 2\sqrt{d} \quad \text{und} \quad 1 \leq v_n < \sqrt{d}.$$

Dies beweist man durch Induktion nach n: Es ist $w_0 = 1 < 2\sqrt{d}$, und wegen $v_1 = a_0 w_0 - v_0 = a_0 = \lfloor \sqrt{d} \rfloor$ gilt $1 \leq v_1 < \sqrt{d}$. Es sei n eine natürliche Zahl, für die bereits bewiesen ist, daß $1 \leq w_{n-1} < 2\sqrt{d}$ und $1 \leq v_n < \sqrt{d}$ gilt. Dann ist $v_n + \sqrt{d} > \sqrt{d} > 0$, und wegen $\alpha_n \geq \lfloor \alpha_n \rfloor = a_n \geq 1$ und $\alpha_n \notin \mathbb{Q}$ gilt

$$\frac{v_n + \sqrt{d}}{w_n} = \alpha_n > 1,$$

und daraus folgt $0 < w_n < v_n + \sqrt{d} < 2\sqrt{d}$. Wegen $w_n \in \mathbb{Z}$ gilt daher $w_n \geq 1$. Wegen $w_n > 0$ und $\alpha_{n+1} \geq \lfloor \alpha_{n+1} \rfloor = a_{n+1} > 0$ gilt

$$\sqrt{d} - v_{n+1} = \frac{(\sqrt{d} - v_{n+1})(\sqrt{d} + v_{n+1})}{\sqrt{d} + v_{n+1}} = \frac{d - v_{n+1}^2}{\sqrt{d} + v_{n+1}} =$$

$$= \frac{d - v_{n+1}^2}{w_{n+1}} \cdot \frac{w_{n+1}}{v_{n+1} + \sqrt{d}} = w_n \cdot \frac{1}{\alpha_{n+1}} > 0,$$

und daher ist $v_{n+1} < \sqrt{d}$.

Angenommen, es ist $v_{n+1} \leq 0$. Wegen $a_n \geq 1$ und $w_n \geq 1$ gilt dann

$$w_n \leq a_n w_n = v_n + (a_n w_n - v_n) = v_n + v_{n+1} \leq v_n < \sqrt{d}$$

und daher

$$\alpha_n - a_n = \frac{v_n + \sqrt{d}}{w_n} - a_n = \frac{1}{w_n}(\sqrt{d} - (a_n w_n - v_n)) =$$

$$= \frac{\sqrt{d} - v_{n+1}}{w_n} \geq \frac{\sqrt{d}}{w_n} > 1,$$

im Widerspruch dazu, daß $\alpha_n - a_n = \alpha_n - \lfloor \alpha_n \rfloor < 1$ gilt. Also ist $v_{n+1} > 0$, und wegen $v_{n+1} \in \mathbb{Z}$ folgt $v_{n+1} \geq 1$.

(3) Nach (2) gilt

$$\#(\{\alpha_n \mid n \in \mathbb{N}\}) = \#(\{(v_n, w_n) \mid n \in \mathbb{N}\}) < 2d,$$

und daher hat eine primitive Periode des Kettenbruchs für $\sqrt{d}$ höchstens die Länge $2d - 1$.

(4) Für jedes $n \in \mathbb{N}$ gilt

$$1 \le a_n < \alpha_n = \frac{v_n + \sqrt{d}}{w_n} \le v_n + \sqrt{d} < 2\sqrt{d}.$$

(5) Für jedes $n \in \mathbb{N}_0$ gilt $w_{n+2} = w_n + a_{n+1}(v_{n+1} - v_{n+2})$.

Beweis: Für jedes $n \in \mathbb{N}_0$ gilt $w_n w_{n+1} = d - v_{n+1}^2$ und $w_{n+1} w_{n+2} = d - v_{n+2}^2$ und daher

$$\begin{aligned}
w_{n+1}(w_{n+2} - w_n) &= -v_{n+2}^2 + v_{n+1}^2 = (v_{n+1} + v_{n+2})(v_{n+1} - v_{n+2}) = \\
&= a_{n+1} w_{n+1}(v_{n+1} - v_{n+2}),
\end{aligned}$$

und es ist $w_{n+1} \ne 0$.

(6) Für jedes $n \in \mathbb{N}_0$ gilt

$$v_{n+1} r_n + w_{n+1} r_{n-1} = d s_n \quad \text{und} \quad v_{n+1} s_n + w_{n+1} s_{n-1} = r_n$$

und

$$r_n^2 - d s_n^2 = (-1)^{n+1} w_{n+1}.$$

Beweis: Es sei $n \in \mathbb{N}_0$. Es gilt $\alpha_{n+1} = (v_{n+1} + \sqrt{d})/w_{n+1}$ und

$$\begin{aligned}
\sqrt{d} = [a_0, a_1, \ldots, a_n, \alpha_{n+1}] &= \frac{\alpha_{n+1} r_n + r_{n-1}}{\alpha_{n+1} s_n + s_{n-1}} = \\
&= \frac{(v_{n+1} + \sqrt{d}) r_n + w_{n+1} r_{n-1}}{(v_{n+1} + \sqrt{d}) s_n + w_{n+1} s_{n-1}}
\end{aligned}$$

und daher

$$\begin{aligned}
(v_{n+1} r_n + w_{n+1} r_{n-1}) + r_n \sqrt{d} &= \big((v_{n+1} + \sqrt{d}) s_n + w_{n+1} s_{n-1}\big)\sqrt{d} = \\
&= d s_n + (v_{n+1} s_n + w_{n+1} s_{n-1})\sqrt{d}.
\end{aligned}$$

Da $\{1, \sqrt{d}\}$ eine $\mathbb{Q}$-Basis von $\mathbb{Q}(\sqrt{d})$ ist, folgt daraus

$$v_{n+1} r_n + w_{n+1} r_{n-1} = d s_n \quad \text{und} \quad v_{n+1} s_n + w_{n+1} s_{n-1} = r_n.$$

Hieraus folgt schließlich wegen (13.3)(1)

$$\begin{aligned}
r_n^2 - d s_n^2 &= (v_{n+1} s_n + w_{n+1} s_{n-1}) r_n - (v_{n+1} r_n - w_{n+1} r_{n-1}) s_n = \\
&= (r_n s_{n-1} - r_{n-1} s_n) w_{n+1} = (-1)^{n+1} w_{n+1}.
\end{aligned}$$

(7) Nach (16.14) gilt: Es gibt ein $l \in \mathbb{N}$ mit

$$\sqrt{d} = [\,a_0, \overline{a_1, a_2, \ldots, a_{l-1}, a_l}\,],$$

es ist $a_l = 2a_0$, und es ist $a_j = a_{l-j}$ für jedes $j \in \{1, 2, \ldots, l-1\}$. Für jedes $j \in \{0, 1, \ldots, l-1\}$ gilt

$$\alpha_{l-j} = \frac{v_{j+1} + \sqrt{d}}{w_j}$$

und daher

$$v_{l-j} = v_{j+1} \quad \text{und} \quad w_{l-j} = w_j.$$

Beweis: Es gilt $\alpha_{l+1} = [\,a_{l+1}, a_{l+2}, a_{l+3}, \ldots\,] = [\,a_1, a_2, a_3, \ldots\,] = \alpha_1$, und wegen $w_0 = 1$ und $v_1 = a_0 w_0 + v_0 = a_0$ folgt

$$\alpha_l = a_l + \frac{1}{\alpha_{l+1}} = 2a_0 + \frac{1}{\alpha_1} = a_0 + \alpha_0 = a_0 + \sqrt{d} = \frac{v_1 + \sqrt{d}}{w_0}.$$

Ist $j \in \{1, 2, \ldots, l-1\}$ und ist bereits gezeigt, daß

$$\alpha_{l-j+1} = \frac{v_j + \sqrt{d}}{w_{j-1}}$$

ist, so gilt

$$\alpha_{l-j} = a_{l-j} + \frac{1}{\alpha_{l-j+1}} = a_{l-j} + \frac{w_{j-1}}{v_j + \sqrt{d}} = a_j + \frac{w_{j-1}}{v_j^2 - d}\,(v_j - \sqrt{d}) =$$

$$= a_j - \frac{v_j - \sqrt{d}}{w_j} = \frac{(a_j w_j - v_j) + \sqrt{d}}{w_j} = \frac{v_{j+1} + \sqrt{d}}{w_j}.$$

(8) Für jedes $n \in \mathbb{N}_0$ gilt $w_n \in \mathbb{N}$ und daher

$$\left\lfloor \frac{v_n + \lfloor \sqrt{d} \rfloor}{w_n} \right\rfloor \leq \frac{v_n + \sqrt{d}}{w_n} = \frac{v_n + \lfloor \sqrt{d} \rfloor}{w_n} + \frac{\sqrt{d} - \lfloor \sqrt{d} \rfloor}{w_n} <$$

$$< \left\lfloor \frac{v_n + \lfloor \sqrt{d} \rfloor}{w_n} \right\rfloor + \frac{w_n - 1}{w_n} + \frac{1}{w_n} = \left\lfloor \frac{v_n + \lfloor \sqrt{d} \rfloor}{w_n} \right\rfloor + 1,$$

also

$$\left\lfloor \frac{v_n + \sqrt{d}}{w_n} \right\rfloor = \left\lfloor \frac{v_n + \lfloor \sqrt{d} \rfloor}{w_n} \right\rfloor.$$

(16.16) Bemerkung: Es sei d eine natürliche Zahl, die keine Quadratzahl ist.
(1) Der Satz in (16.14) liefert, zusammen mit (16.15)(8), das folgende Verfahren
zur Berechnung des Kettenbruchs

$$\sqrt{d} = [a_0, a_1, a_2, \ldots, a_n, a_{n+1}, \ldots];$$

es berechnet die Vorperiode (a_0) und die mit a_1 beginnende primitive Periode
$(a_1, a_2, \ldots, a_l)$ dieses Kettenbruchs:
(QW1) Man setzt

$$m := \lfloor \sqrt{d} \rfloor, \quad a_0 := m, \quad l := 1$$

und

$$v_1 := a_0, \quad w_1 := d - a_0^2, \quad v := v_1, \quad w := w_1.$$

(QW2) Man setzt

$$a_l := \left\lfloor \frac{v + m}{w} \right\rfloor, \quad v := a_l w - v \quad \text{und} \quad w := \frac{d - v^2}{w}.$$

Gilt $v = v_1$ und $w = w_1$, so gibt man die Vorperiode (a_0) und die Periode
$(a_1, a_2, \ldots, a_l)$ aus und bricht ab.
(QW3) Man setzt $l := l + 1$ und geht zu (QW2).

(2) Das in (1) beschriebene Verfahren zur Berechnung des Kettenbruchs für
$\sqrt{d}$ nützt von der von Satz (16.14) gelieferten Information nur aus, daß mit a_1
eine Periode beginnt. Ein anderes Verfahren, das die gesamte von Satz (16.14)
gelieferte Information ausnützt, wird in (16.18) behandelt.

(16.17) Satz: *Es sei d eine natürliche Zahl, die keine Quadratzahl ist, es sei*

$$\sqrt{d} = [a_0, a_1, a_2, \ldots, a_n, a_{n+1}, \ldots] = [a_0, \overline{a_1, a_2, \ldots, a_{l-1}, a_l}]$$

der Kettenbruch für $\sqrt{d}$, wobei $(a_1, a_2, \ldots, a_{l-1}, a_l)$ die mit a_1 beginnende primitive Periode dieses Kettenbruchs ist, und es seien $(v_n)_{n \geq 0}$ und $(w_n)_{n \geq 0}$ die Folgen in $\mathbb{Z}$ mit $v_0 = 0$, $w_0 = 1$ und mit

$$v_{n+1} = a_n w_n - v_n \quad \text{und} \quad w_{n+1} = \frac{d - v_{n+1}^2}{w_n} \quad \text{für jedes } n \in \mathbb{N}_0.$$

(1) *Ist l gerade, so gilt*

$$v_{l/2} = v_{l/2+1},$$
$$v_j \neq v_{j+1} \quad \text{für jedes } j \in \{0, 1, \ldots, l-1\} \smallsetminus \{l/2\},$$
$$w_j \neq w_{j+1} \quad \text{für jedes } j \in \{0, 1, \ldots, l-1\}.$$

(2) *Ist l ungerade, so gilt*

$$v_j \quad \neq v_{j+1} \qquad \text{für jedes } j \in \{0, 1, \ldots, l-1\},$$

$$w_{(l-1)/2} = w_{(l-1)/2+1},$$

$$w_j \quad \neq w_{j+1} \qquad \text{für jedes } j \in \{0, 1, \ldots, l-1\} \smallsetminus \{(l-1)/2\}.$$

Beweis: Für jedes $n \in \mathbb{N}_0$ sei α_n der n-te vollständige Quotient des Kettenbruchs für $\sqrt{d}$. Da dieser Kettenbruch nicht rein-periodisch und $(a_1, a_2, \ldots, a_l)$ eine primitive Periode ist, sind die Zahlen $\alpha_0, \alpha_1, \ldots, \alpha_l$ paarweise verschieden.
(a) Aus (16.15)(7) folgt: Ist l gerade, so ist $v_{l/2} = v_{l-l/2} = v_{l/2+1}$, und ist l ungerade, so ist $w_{(l-1)/2} = w_{l-(l+1)/2} = w_{(l+1)/2}$.
(b) Es gelte: Es gibt ein $j \in \{0, 1, \ldots, l-1\}$ mit $v_j = v_{j+1}$. Dann gilt

$$\alpha_{l-j} \overset{(16.15)(7)}{=} \frac{v_{j+1} + \sqrt{d}}{w_j} = \frac{v_j + \sqrt{d}}{w_j} = \alpha_j,$$

und weil $\alpha_0, \alpha_1, \ldots, \alpha_l$ paarweise verschieden sind, folgt $l - j = j$. Also ist l gerade, und es gilt $j = l/2$.
(c) Es gelte: Es gibt ein $j \in \{0, 1, \ldots, l-1\}$ mit $w_j = w_{j+1}$. Dann gilt

$$\alpha_{l-j} \overset{(16.15)(7)}{=} \frac{v_{j+1} + \sqrt{d}}{w_j} = \frac{v_{j+1} + \sqrt{d}}{w_{j+1}} = \alpha_{j+1},$$

und weil $\alpha_0, \alpha_1, \ldots, \alpha_l$ paarweise verschieden sind, folgt $l - j = j + 1$. Also ist l ungerade, und es gilt $j = (l-1)/2$.

(16.18) Bemerkung: Es sei d eine natürliche Zahl, die keine Quadratzahl ist. Die Sätze in (16.14) und (16.17) liefern das folgende Verfahren zur Berechnung des Kettenbruchs

$$\sqrt{d} = [a_0, a_1, a_2, \ldots, a_n, a_{n+1}, \ldots];$$

es berechnet die Vorperiode (a_0) und die mit a_1 beginnende primitive Periode $(a_1, a_2, \ldots, a_l)$ dieses Kettenbruchs und nützt dabei die gesamte Information aus, die der Satz in (16.14) über den Kettenbruch für $\sqrt{d}$ liefert:
(QWplus1) Man setzt $v := 0$, $w := 1$, $m := \lfloor \sqrt{d} \rfloor$, $a_0 := m$ und $i := 0$.
(QWplus2) Man setzt $V := a_i w - v$. Wenn $v = V$ ist, so gibt man die Vorperiode (a_0) und die Periode

$$(a_1, a_2, \ldots, a_{i-1}, a_i, a_{i-1}, \ldots, a_2, a_1, 2a_0)$$

aus und bricht ab.

(QWplus3) Man setzt

$$W := \frac{d - V^2}{w}.$$

Wenn $W = w$ ist, so gibt man die Vorperiode (a_0) und die Periode

$$(a_1, a_2, \ldots, a_{i-1}, a_i, a_i, a_{i-1}, \ldots, a_2, a_1, 2a_0)$$

aus und bricht ab.

(QWplus4) Man setzt

$$i := i + 1, \quad a_i := \left\lfloor \frac{V + m}{W} \right\rfloor, \quad v := V \quad \text{und} \quad w := W$$

und geht zu (QWplus2).

(16.19) Bemerkung: Ist $d \in \mathbb{N}$ keine Quadratzahl, so gilt nach (16.15)(3) für die Länge $l(d)$ einer primitiven Periode des Kettenbruchs für $\sqrt{d}$: Es ist $l(d) \leq 2d - 1$. Man kann mehr beweisen (vgl. Cohn [21]): Es gilt

$$l(d) \leq \frac{7}{2\pi^2} \sqrt{d} \cdot \log d + O(\sqrt{d}).$$

(16.20) Aufgaben:

Aufgabe 1: Man schreibe eine MuPAD-Funktion, die zu einer ganzen Zahl a_0 und natürlichen Zahlen $a_1, a_2, \ldots, a_{k-1}, a_k, a_{k+1}, \ldots, a_{k+l-1}$ die reelle Zahl

$$\alpha = [a_0, a_1, \ldots, a_{k-1}, \overline{a_k, a_{k+1}, \ldots, a_{k+l-1}}]$$

berechnet (vgl. dazu (16.12)). Dabei ist zuzulassen, daß $k = 0$ ist.

Aufgabe 2: Man schreibe eine MuPAD-Funktion, die zu einer natürlichen Zahl d, die keine Quadratzahl ist, und zu rationalen Zahlen x und y nach dem in (16.10) angegebenem Verfahren die periodische Kettenbruchentwicklung der Zahl $x + y\sqrt{d}$ berechnet.

Aufgabe 3: (a) Man schreibe eine MuPAD-Funktion, die zu einer natürlichen Zahl d, die keine Quadratzahl ist, nach dem in (16.15) beschriebenen Verfahren QW den Kettenbruch

$$\sqrt{d} = [a_0, \overline{a_1, a_2, \ldots, a_{l-1}, a_l}]$$

berechnet.

(b) Man schreibe eine MuPAD-Funktion, die zu einer natürlichen Zahl d, die keine Quadratzahl ist, nach dem in (16.18) beschriebenen Verfahren QWplus den Kettenbruch

$$\sqrt{d} \;=\; [\,a_0, \overline{a_1, a_2, \ldots, a_{l-1}, a_l}\,]$$

berechnet.

(c) Man vergleiche die Funktionen aus (a) und (b).

Aufgabe 4: Man schreibe eine MuPAD-Funktion, die zu einer natürlichen Zahl d, die keine Quadratzahl ist, nach dem in (16.18) beschriebenen Verfahren QWplus die Länge einer primitiven Periode des Kettenbruchs

$$\sqrt{d} \;=\; [\,a_0, \overline{a_1, a_2, \ldots, a_{l-1}, a_l}\,]$$

berechnet, ohne die Periode wirklich auszurechnen.

17 Die Pellschen Gleichungen

(17.1) In diesem Paragraphen wird eine spezielle Klasse von Diophantischen Gleichungen behandelt. Eine Diophantische Gleichung ist – im einfachsten Fall – eine Gleichung der Form

$$f(X_1, X_2, \ldots, X_n) \;=\; 0,$$

wobei f ein Polynom in $n \geq 2$ Unbestimmten $X_1, X_2, \ldots, X_n$ über dem Ring $\mathbb{Z}$ ist und wobei nach den Lösungen $(x_1, x_2, \ldots, x_n) \in \mathbb{Z}^n$ gefragt wird. Der griechische Mathematiker Diophantos (um 250 n. Chr. Geb.) hat sich mit der Untersuchung solcher "unbestimmter Gleichungen" beschäftigt, er interessierte sich aber mehr für ihre Lösungen $(x_1, x_2, \ldots, x_n) \in \mathbb{Q}^n$. Trotzdem sind Gleichungen der angegebenen Form, bei denen man sich für die ganzzahligen Lösungen interessiert, nach ihm benannt.

Im Jahr 1621 veröffentlichte C. G. Bachet de Méziriac (1581 – 1638) den griechischen Text der Schriften von Diophantos, zusammen mit einer Übersetzung ins Lateinische und einem ausführlichen Kommentar, und zwischen diesem Jahr und 1636 beschaffte sich P. de Fermat ein Exemplar, wohl das, in das er seine berühmte Vermutung notierte. Mit Fermats Beschäftigung mit diesem Buch beginnt nach der Meinung von A. Weil (vgl. [112]) die moderne Zahlentheorie. Fermat befaßte sich dabei auch mit Diophantischen Gleichungen der Gestalt

$$(*) \qquad\qquad X^2 - dY^2 \;=\; 1,$$

in denen d eine natürliche Zahl ist, die keine Quadratzahl ist, und fand wohl ein Verfahren, Lösungen solcher Gleichungen zu berechnen. Auch die englischen

Mathematiker J. Wallis (1616 – 1703) und W. Brouncker (1620 – 1684), die von Fermat zur Beschäftigung mit solchen Gleichungen angeregt worden waren, fanden eine Lösungsmethode. Später hat L. Euler die Gleichungen vom Typ $(*)$ nach dem englischen Mathematiker J. Pell (1611 – 1685) benannt, der sich wohl nie damit beschäftigt hat, und so heißen sie noch heute Pellsche Gleichungen, auch wenn sie immer wieder ein Autor nach einem anderen Mathematiker, etwa nach Fermat oder nach Archimedes (vgl. (17.15)), benennen wollte.

Die von Fermat begonnene Untersuchung der Diophantischen Gleichungen vom Typ $(*)$ hat J. L. Lagrange in mehreren Arbeiten zwischen 1766 und 1770 zu Ende geführt.

(17.2) Satz: *Es sei $\alpha \in \mathbb{R} \setminus \mathbb{Q}$, es sei $(r_n/s_n)_{n \geq 0}$ die Folge der Näherungsbrüche des Kettenbruchs für α, und es seien $a \in \mathbb{Z}$ und $b \in \mathbb{N}$.*
(1) Wenn es ein $n \in \mathbb{N}_0$ mit

$$\left| b\alpha - a \right| < \left| s_n\alpha - r_n \right|$$

gibt, so ist $b \geq s_{n+1}$.
(2) Wenn es ein $n \in \mathbb{N}$ mit

$$\left| \alpha - \frac{a}{b} \right| < \left| \alpha - \frac{r_n}{s_n} \right|$$

gibt, so ist $b > s_n$.
Beweis: Es sei $n \in \mathbb{N}_0$, und es gelte $b < s_{n+1}$. Gezeigt wird: Dann ist

$$\left| b\alpha - a \right| \geq \left| s_n\alpha - r_n \right|.$$

Für die Matrix

$$A := \begin{pmatrix} r_{n+1} & r_n \\ s_{n+1} & s_n \end{pmatrix} \in M(2; \mathbb{Z})$$

gilt $\det(A) = r_{n+1}s_n - r_n s_{n+1} = (-1)^n \in \{-1, 1\}$, also ist sie invertierbar, und die dazu inverse Matrix

$$A^{-1} = \frac{1}{\det(A)} \begin{pmatrix} s_n & -r_n \\ -s_{n+1} & r_{n+1} \end{pmatrix}$$

liegt ebenfalls in $M(2; \mathbb{Z})$. Also gibt es ganze Zahlen x und y mit

$$r_{n+1}x + r_n y = a \quad \text{und} \quad s_{n+1}x + s_n y = b.$$

(a) Es ist $y \neq 0$, denn sonst ist $b = s_{n+1}x$, und wegen $b \in \mathbb{N}$ und $s_{n+1} \in \mathbb{N}$ folgt $x \in \mathbb{N}$ und daher $b = s_{n+1}x \geq s_{n+1}$, im Widerspruch zur Voraussetzung

$b < s_{n+1}$. Wegen $0 < b = s_{n+1}x + s_n y < s_{n+1}$ können x und y nicht beide positiv und nicht beide negativ sein.

(b) Nach (a) gilt entweder $x = 0$ oder $xy < 0$. Ist $x = 0$, so gilt $a = r_n y$ und $b = s_n y$ und daher wegen $|y| \geq 1$

$$|b\alpha - a| = |s_n \alpha - r_n| \cdot |y| \geq |s_n \alpha - r_n|.$$

Ist $xy < 0$, so gilt

$$
\begin{aligned}
|b\alpha - a| &= \big|(s_{n+1}x + s_n y)\alpha - (r_{n+1}x + r_n y)\big| = \\
&= \big|(s_{n+1}\alpha - r_{n+1})x + (s_n\alpha - r_n)y\big| = \\
&\overset{(*)}{=} |s_{n+1}\alpha - r_{n+1}| \cdot |x| + |s_n\alpha - r_n| \cdot |y| \geq \\
&\geq |s_n\alpha - r_n| \cdot |y| \geq |s_n\alpha - r_n|;
\end{aligned}
$$

daß darin das Gleichheitszeichen bei $(*)$ richtig ist, sieht man so: Ist n gerade, so gilt $r_n/s_n < \alpha < r_{n+1}/s_{n+1}$ (vgl. (15.3)(2)) und daher $s_{n+1}\alpha - r_{n+1} < 0$ und $s_n\alpha - r_n > 0$; ist n ungerade, so gilt $r_n/s_n < \alpha < r_{n+1}/s_{n+1}$ und daher $s_{n+1}\alpha - r_{n+1} > 0$ und $s_n\alpha - r_n < 0$, und daher gilt wegen $xy < 0$ in jedem Fall: Die Zahlen $(s_{n+1}\alpha - r_{n+1})x$ und $(s_n\alpha - r_n)y$ sind entweder beide positiv oder beide negativ.

(2) Es sei $n \in \mathbb{N}$, und es gelte

$$\left|\alpha - \frac{a}{b}\right| < \left|\alpha - \frac{r_n}{s_n}\right|.$$

Angenommen, es ist $b \leq s_n$. Dann gilt

$$|b\alpha - a| = b \cdot \left|\alpha - \frac{a}{b}\right| \leq s_n \cdot \left|\alpha - \frac{a}{b}\right| < s_n \cdot \left|\alpha - \frac{r_n}{s_n}\right| = |s_n\alpha - r_n|.$$

Nach (1) ist daher $b \geq s_{n+1}$, im Widerspruch dazu, daß $b \leq s_n$ und $s_n < s_{n+1}$ gilt.

(17.3) Bemerkung: Von Archimedes wurde 22/7 als Näherung für π angegeben. 22/7 ist der erste Näherungsbruch des Kettenbruchs für π. Nach (17.2)(2) gibt es keine rationale Zahl mit einem Nenner $b \in \{1, 2, 3, 4, 5, 6, 7\}$, die eine bessere Approximation an π als 22/7 ist. In diesem Sinn liefern Kettenbrüche optimale rationale Approximationen an irrationale reelle Zahlen.

(17.4) Satz: *Es sei $\alpha \in \mathbb{R} \setminus \mathbb{Q}$, es sei $(r_n/s_n)_{n\geq 0}$ die Folge der Näherungsbrüche des Kettenbruchs für α, es seien $a \in \mathbb{Z}$ und $b \in \mathbb{N}$, und es gelte*

$$\left|\alpha - \frac{a}{b}\right| < \frac{1}{2b^2}.$$

Dann gibt es ein $n \in \mathbb{N}_0$ mit

$$\frac{a}{b} = \frac{r_n}{s_n}.$$

Beweis: Angenommen, a/b ist kein Näherungsbruch des Kettenbruchs für α. Für jedes $n \in \mathbb{N}_0$ gilt $1 = s_0 \leq s_n < s_{n+1}$, und daher gibt es ein $n \in \mathbb{N}_0$ mit $s_n \leq b < s_{n+1}$. Nach (17.2)(1) gilt $|b\alpha - a| \geq |s_n\alpha - r_n|$, also

$$\left|\alpha - \frac{r_n}{s_n}\right| = \frac{|s_n\alpha - r_n|}{s_n} \leq \frac{|b\alpha - a|}{s_n} = \frac{b}{s_n} \cdot \left|\alpha - \frac{a}{b}\right| < \frac{b}{s_n} \cdot \frac{1}{2b^2} = \frac{1}{2bs_n}.$$

Wegen $a/b \neq r_n/s_n$ ist $as_n - br_n \in \mathbb{Z} \smallsetminus \{0\}$, und daher gilt

$$\frac{1}{bs_n} \leq \frac{|as_n - br_n|}{bs_n} = \left|\frac{a}{b} - \frac{r_n}{s_n}\right| \leq \left|\frac{a}{b} - \alpha\right| + \left|\alpha - \frac{r_n}{s_n}\right| < \frac{1}{2b^2} + \frac{1}{2bs_n}.$$

Also gilt

$$\frac{1}{2bs_n} < \frac{1}{2b^2}$$

und daher $s_n > b$. Aber n war so gewählt, daß $s_n \leq b$ gilt.
Damit ist gezeigt, daß a/b ein Näherungsbruch des Kettenbruchs für α ist.

(17.5) Es sei d eine natürliche Zahl, die keine Quadratzahl ist.
(1) $\mathbb{Q}(\sqrt{d}) = \{x + y\sqrt{d} \mid x, y \in \mathbb{Q}\}$ ist ein Unterkörper von $\mathbb{R}$ und ein Oberkörper von $\mathbb{Q}$, $\{1, \sqrt{d}\}$ ist eine $\mathbb{Q}$-Basis von $\mathbb{Q}(\sqrt{d})$, und die Abbildung

$$\sigma_d : \mathbb{Q}(\sqrt{d}) \to \mathbb{Q}(\sqrt{d}) \quad \text{mit} \quad \sigma_d(x + y\sqrt{d}) = x - y\sqrt{d} \quad \text{für alle } x, y \in \mathbb{Q}$$

ist ein $\mathbb{Q}$-Automorphismus des Körpers $\mathbb{Q}(\sqrt{d})$. Für jedes $\alpha = x + y\sqrt{d} \in \mathbb{Q}(\sqrt{d})$ heißt die rationale Zahl

$$N_d(\alpha) := \alpha\sigma_d(\alpha) = x^2 - dy^2$$

die Norm von α. Für jedes $x \in \mathbb{Q}$ ist $N_d(x) = x^2$, und für alle $\alpha, \beta \in \mathbb{Q}(\sqrt{d})$ gilt

$$N_d(\alpha\beta) = \alpha\beta\,\sigma_d(\alpha)\sigma_d(\beta) = \alpha\sigma_d(\alpha)\,\beta\sigma_d(\beta) = N_d(\alpha)N_d(\beta).$$

Für jedes $\alpha \in \mathbb{Q}(\sqrt{d})$ mit $\alpha \neq 0$ gilt $\sigma_d(\alpha) \neq 0$ und $N_d(\alpha) = \alpha\sigma_d(\alpha) \neq 0$, und wegen $N_d(\alpha)N_d(\alpha^{-1}) = N_d(\alpha\alpha^{-1}) = N_d(1) = 1$ folgt $N_d(\alpha^{-1}) = N_d(\alpha)^{-1}$.
(2) $\mathbb{Z}[\sqrt{d}] := \{x + y\sqrt{d} \mid x, y \in \mathbb{Z}\}$ ist ein Unterring von $\mathbb{Q}(\sqrt{d})$ und ein Oberring von $\mathbb{Z}$. Es gilt

$$\mathbb{Q}(\sqrt{d}) = \left\{\frac{\alpha}{y} \;\middle|\; \alpha \in \mathbb{Z}[\sqrt{d}], y \in \mathbb{N}\right\} = \left\{\frac{\alpha}{\beta} \;\middle|\; \alpha, \beta \in \mathbb{Z}[\sqrt{d}], \beta \neq 0\right\}.$$

Also ist $\mathbb{Q}(\sqrt{d})$ der kleinste Unterkörper von $\mathbb{R}$, der $\mathbb{Z}[\sqrt{d}]$ enthält, d.h. $\mathbb{Q}(\sqrt{d})$ ist Quotientenkörper von $\mathbb{Z}[\sqrt{d}]$. Für jedes $\alpha \in \mathbb{Z}[\sqrt{d}]$ ist $\sigma_d(\alpha) \in \mathbb{Z}[\sqrt{d}]$ und $N_d(\alpha) \in \mathbb{Z}$.

(3) Die Einheitengruppe des Rings $\mathbb{Z}[\sqrt{d}]$ ist

$$E(\mathbb{Z}[\sqrt{d}]) = \{\varepsilon \in \mathbb{Z}[\sqrt{d}] \mid N_d(\varepsilon) = 1 \text{ oder } N_d(\varepsilon) = -1\} =$$
$$= \{x + y\sqrt{d} \mid x,y \in \mathbb{Z};\ x^2 - dy^2 \in \{1,-1\}\}.$$

Beweis: (a) Ist ε eine Einheit in $\mathbb{Z}[\sqrt{d}]$, so gilt auch $1/\varepsilon \in \mathbb{Z}[\sqrt{d}]$, also sind $N_d(\varepsilon)$ und $N_d(\varepsilon)^{-1} = N_d(\varepsilon^{-1})$ ganze Zahlen, und daher gilt $N_d(\varepsilon) = 1$ oder $N_d(\varepsilon) = -1$.

(b) Es seien $x,\ y \in \mathbb{Z}$, und es gelte $x^2 - dy^2 = 1$ oder $x^2 - dy^2 = -1$. Für $\varepsilon := x + y\sqrt{d} \in \mathbb{Z}[\sqrt{d}]$ gilt dann

$$\frac{1}{\varepsilon} = \frac{\sigma_d(\varepsilon)}{\varepsilon\sigma_d(\varepsilon)} = \frac{x - y\sqrt{d}}{x^2 - dy^2} \in \mathbb{Z}[\sqrt{d}],$$

und somit ist ε eine Einheit in $\mathbb{Z}[\sqrt{d}]$.

(17.6) Bezeichnung: Es sei d eine natürliche Zahl, die keine Quadratzahl ist. Die Gleichungen

$$X^2 - dY^2 = 1 \quad \text{und} \quad X^2 - dY^2 = -1$$

heißen die Pellschen Gleichungen zu d.

(17.7) Bemerkung: Es sei d eine natürliche Zahl, die keine Quadratzahl ist.
(a) Die Pellsche Gleichung

$$(*) \qquad\qquad X^2 - dY^2 = 1$$

besitzt die trivialen Lösungen $(1,0)$ und $(-1,0)$. Für jede andere Lösung $(x,y) \in \mathbb{Z} \times \mathbb{Z}$ gilt $x \neq 0$ und $y \neq 0$. Man kennt jede nichttriviale Lösung $(x,y) \in \mathbb{Z} \times \mathbb{Z}$ von $(*)$, wenn man jede Lösung $(x,y) \in \mathbb{N} \times \mathbb{N}$ kennt, und zu jedem $x \in \mathbb{N}$ gibt es höchstens ein $y \in \mathbb{N}$, für das (x,y) eine Lösung von $(*)$ ist. Wenn es in $\mathbb{Z} \times \mathbb{Z}$ überhaupt eine nichttriviale Lösung von $(*)$ gibt, so gibt es eine eindeutig bestimmte Lösung $(x_1,y_1) \in \mathbb{N} \times \mathbb{N}$, für die gilt: Für jede andere Lösung $(x,y) \in \mathbb{N} \times \mathbb{N}$ gilt $x > x_1$ und $y > y_1$. Diese Lösung (x_1,y_1) heißt die Fundamentallösung von $(*)$.
(b) Für jede Lösung $(x,y) \in \mathbb{Z} \times \mathbb{Z}$ von

$$(**) \qquad\qquad X^2 - dY^2 = -1$$

gilt $x \neq 0$ und $y \neq 0$. Wieder gilt: Man kennt jede Lösung $(x,y) \in \mathbb{Z} \times \mathbb{Z}$ von $(**)$, wenn man jede Lösung $(x,y) \in \mathbb{N} \times \mathbb{N}$ kennt, und zu jedem $x \in \mathbb{N}$ gibt es höchstens ein $y \in \mathbb{N}$, für das (x,y) eine Lösung von $(**)$ ist. Auch hier gilt: Wenn es in $\mathbb{Z} \times \mathbb{Z}$ überhaupt Lösungen von $(**)$ gibt, so gibt es eine eindeutig bestimmte Lösung $(x_1, y_1) \in \mathbb{N} \times \mathbb{N}$, für die gilt: Für jede andere Lösung $(x,y) \in \mathbb{N} \times \mathbb{N}$ gilt $x > x_1$ und $y > y_1$. Diese Lösung (x_1, y_1) heißt die Fundamentallösung von $(**)$.

(17.8) Beispiele: Man kann nach der Fundamentallösung (x_1, y_1) der Pell-schen Gleichung

$$(*) \qquad\qquad X^2 - 54\,Y^2 \;=\; 1$$

folgendermaßen suchen: Man sucht nach der kleinsten natürlichen Zahl y, für die $1 + 54y^2$ eine Quadratzahl ist. Man findet so $(x_1, y_1) = (485, 66)$. Nach (17.5)(3) ist $\varepsilon_1 := 485 + 66\sqrt{54}$ eine Einheit im Ring $\mathbb{Z}[\sqrt{54}\,]$ mit $N_{54}(\varepsilon_1) = 1$. Auch $\varepsilon_1^2 = 470\,449 + 64\,020\sqrt{54}$ ist eine Einheit in diesem Ring mit $N_{54}(\varepsilon_1^2) = N_{54}(\varepsilon_1)^2 = 1$, und daher ist auch $(470\,449, 64\,020)$ eine Lösung von $(*)$. Man sieht, daß auf diese Weise jede Potenz von ε_1 eine Lösung von $(*)$ liefert (vgl. dazu (17.13)).

Die Gleichung

$$X^2 - 54\,Y^2 \;=\; -1$$

besitzt in $\mathbb{Z} \times \mathbb{Z}$ keine Lösung, denn für jedes $(x,y) \in \mathbb{Z} \times \mathbb{Z}$ gilt

$$x^2 - 54y^2 \;\equiv\; x^2 \;\not\equiv\; -1 \quad (\mathrm{mod}\ 3).$$

(2) Die Gleichung

$$X^2 - 73\,Y^2 \;=\; -1$$

besitzt Lösungen in $\mathbb{Z} \times \mathbb{Z}$: Durch direkte Suche wie in (1) findet man ihre Fundamentallösung $(1068, 125)$. Nach (17.5) ist $\varepsilon_1 := 1068 + 125\sqrt{73}$ eine Einheit im Ring $\mathbb{Z}[\sqrt{73}\,]$ mit $N_{73}(\varepsilon_1) = -1$, und $\varepsilon_1^2 = 2\,281\,249 + 26\,700\sqrt{73}$ ist eine Einheit in diesem Ring mit $N_{73}(\varepsilon_1^2) = N_{73}(\varepsilon_1)^2 = 1$. Also ist $(2\,281\,249, 26\,700)$ eine Lösung von $X^2 - 73Y^2 = 1$. Dies ist übrigens die Fundamentallösung dieser Gleichung, wie man mit Hilfe der später in diesem Paragraphen behandelten Algorithmen sehen kann.

(17.9) Satz: *Es sei d eine natürliche Zahl, die keine Quadratzahl ist, es sei $(r_n/s_n)_{n \geq 0}$ die Folge der Näherungsbrüche des Kettenbruchs für $\sqrt{d}$, und es seien x und y natürliche Zahlen, für die $x^2 - dy^2 = 1$ oder $x^2 - dy^2 = -1$ gilt. Dann gibt es ein $n \in \mathbb{N}_0$ mit $x = r_n$ und $y = s_n$.*

Beweis: (a) Es gelte $x^2 - dy^2 = 1$. Dann gilt

$$1 \;=\; x^2 - dy^2 \;=\; (x + y\sqrt{d})(x - y\sqrt{d}),$$

also $x - y\sqrt{d} > 0$ und daher $x + y\sqrt{d} > 2y\sqrt{d} > 2y$ und

$$0 < \frac{x}{y} - \sqrt{d} = \frac{x - y\sqrt{d}}{y} = \frac{x^2 - dy^2}{(x + y\sqrt{d})y} = \frac{1}{(x + y\sqrt{d})y} < \frac{1}{2y^2}.$$

Nach (17.4) gibt es daher ein $n \in \mathbb{N}_0$ mit $x/y = r_n/s_n$. Wegen $x^2 - dy^2 = 1$ sind x und y teilerfremd, und weil auch r_n und s_n teilerfremd sind (vgl. dazu (15.3)(1)), gilt daher $x = r_n$ und $y = s_n$.

(b) Es gelte $x^2 - dy^2 = -1$. Dann gilt

$$x^2 = dy^2 - 1 \geq 2y^2 - 1 = y^2 + (y^2 - 1) \geq y^2,$$

also $x \geq y$, und es gilt

$$1 = dy^2 - x^2 = (y\sqrt{d} - x)(y\sqrt{d} + x),$$

also $y\sqrt{d} - x > 0$ und

$$0 < \sqrt{d} - \frac{x}{y} = \frac{y\sqrt{d} - x}{y} = \frac{dy^2 - x^2}{(y\sqrt{d} + x)y} =$$

$$= \frac{1}{(y\sqrt{d} + x)y} \leq \frac{1}{(y\sqrt{d} + y)y} = \frac{1}{(\sqrt{d} + 1)y^2} < \frac{1}{2y^2}.$$

Nach (17.4) gibt es daher ein $n \in \mathbb{N}_0$ mit $x/y = r_n/s_n$, und wie in (a) folgt, daß $x = r_n$ und $y = s_n$ gilt.

(17.10) Es sei d eine natürliche Zahl, die keine Quadratzahl ist, es sei

$$\sqrt{d} = [\,a_0, a_1, a_2, \ldots, a_n, a_{n+1}, \ldots\,]$$

der Kettenbruch für $\sqrt{d}$, und es sei $(r_n/s_n)_{n \geq 0}$ die Folge der Näherungsbrüche dieses Kettenbruchs. Für jedes $n \in \mathbb{N}$ gilt $1 \leq r_0 = a_0 < r_n < r_{n+1}$ und $1 = s_0 \leq s_n < s_{n+1}$. Es seien $(v_n)_{n \geq 0}$ und $(w_n)_{n \geq 0}$ die Folgen in $\mathbb{Z}$ mit $v_0 := 0$ und $w_0 := 1$ und mit

$$v_{n+1} := a_n w_n - v_n \quad \text{und} \quad w_{n+1} := \frac{d - v_{n+1}^2}{w_n} \quad \text{für jedes } n \in \mathbb{N}_0.$$

Für jedes $n \in \mathbb{N}_0$ gilt

$$\alpha_n := [\,a_n, a_{n+1}, a_{n+2}, \ldots\,] = \frac{v_n + \sqrt{d}}{w_n},$$

und für jedes $n \in \mathbb{N}$ gilt $v_n \in \mathbb{N}$ und $w_n \in \mathbb{N}$ (vgl. (16.15)(2)).

(1) Es sei $n \in \mathbb{N}_0$. Nach (16.15)(6) gilt

$$r_n^2 - ds_n^2 = (-1)^{n+1} w_{n+1},$$

und daher gilt:

(a) (r_n, s_n) ist eine Lösung der Gleichung $X^2 - dY^2 = 1$, genau wenn n ungerade und $w_{n+1} = 1$ ist.

(b) (r_n, s_n) ist eine Lösung der Gleichung $X^2 - dY^2 = -1$, genau wenn n gerade und $w_{n+1} = 1$ ist.

(2) Nach (16.14) ist der Kettenbruch für $\sqrt{d}$ periodisch mit einer Vorperiode der Länge 1. Es sei l die Länge einer primitiven Periode dieses Kettenbruchs. Dann gilt

$$\sqrt{d} = [\,a_0, \overline{a_1, a_2, \ldots, a_l}\,],$$

und nach (16.14) ist $a_l = 2a_0$. Es gilt: Für $n \in \mathbb{N}$ ist $w_n = 1$, genau wenn n durch l teilbar ist.

Beweis: (a) Für jedes $k \in \mathbb{N}$ gilt

$$\frac{v_{kl} + \sqrt{d}}{w_{kl}} = \alpha_{kl} = [\,a_{kl}, a_{kl+1}, a_{kl+2}, \ldots\,] =$$

$$= [\,a_{kl}, \overline{a_{kl+1}, a_{kl+2}, \ldots, a_{kl+l}}\,] = [\,a_l, \overline{a_1, a_2, \ldots, a_l}\,] =$$

$$= [\,2a_0, \overline{a_1, a_2, \ldots, a_l}\,] = a_0 + [\,a_0, \overline{a_1, a_2, \ldots, a_l}\,] = a_0 + \sqrt{d},$$

und weil $\{1, \sqrt{d}\}$ eine $\mathbb{Q}$-Basis von $\mathbb{Q}(\sqrt{d})$ ist, folgt daraus: Es ist $w_{kl} = 1$.

(b) Es sei $m \in \mathbb{N}$, und es gelte $w_m = 1$. Dann gilt

$$\alpha_m = [\,a_m, a_{m+1}, a_{m+2}, \ldots\,] = [\,\overline{a_m, a_{m+1}, \ldots, a_{m+l-1}}\,],$$

also ist der Kettenbruch für $\alpha_m = (v_m + \sqrt{d})/w_m = v_m + \sqrt{d}$ rein-periodisch. Nach (16.11) gilt daher

$$-1 < \sigma_d(\alpha_m) = v_m - \sqrt{d} < 0,$$

und somit ist $v_m < \sqrt{d} < v_m + 1$. Also ist $v_m = \lfloor \sqrt{d} \rfloor = a_0$ und

$$\alpha_m = v_m + \sqrt{d} = a_0 + \sqrt{d} = a_0 + [\,a_0, a_1, a_2, \ldots\,] =$$

$$= [\,2a_0, a_1, a_2, \ldots\,] = [\,a_l, a_{l+1}, a_{l+2}, \ldots\,] = \alpha_l.$$

Es ist $0 \leq k := m \bmod l < l$. Wäre $k \geq 1$, so wäre $\alpha_k = \alpha_{k + \lfloor m/l \rfloor l} = \alpha_m = \alpha_l$, also $a_k = \lfloor \alpha_k \rfloor = \lfloor \alpha_l \rfloor = a_l$ und

$$\alpha_{k+1} = \frac{1}{\alpha_k - a_k} = \frac{1}{\alpha_l - a_l} = \alpha_{l+1} =$$

$$= [\,a_{l+1}, a_{l+2}, a_{l+3}, \ldots\,] = [\,a_1, a_2, a_3, \ldots\,] = \alpha_1,$$

und daher wäre

$$\sqrt{d} = [a_0, a_1, \ldots, a_k, \alpha_{k+1}] = [a_0, a_1, \ldots, a_k, \alpha_1] = [a_0, \overline{a_1, \ldots, a_k}].$$

Aber dies ist nicht möglich, denn es ist $k < l$, und $(a_1, a_2, \ldots, a_l)$ ist eine Periode minimaler Länge des Kettenbruchs für $\sqrt{d}$. Damit ist gezeigt, daß m durch l teilbar ist.

(17.11) Satz: *Es sei d eine natürliche Zahl, die keine Quadratzahl ist, es sei l die Länge einer primitiven Periode des Kettenbruchs*

$$\sqrt{d} = [a_0, a_1, a_2, \ldots, a_n, a_{n+1}, \ldots],$$

und es sei $(r_n/s_n)_{n \geq 0}$ die Folge der Näherungsbrüche dieses Kettenbruchs.
(1) Ist l gerade, so gilt: Die Gleichung

$$(*) \qquad\qquad\qquad X^2 - dY^2 = 1$$

besitzt nichttriviale Lösungen in $\mathbb{Z} \times \mathbb{Z}$, und zwar ist (r_{l-1}, s_{l-1}) die Fundamentallösung von $(*)$, die Menge aller Lösungen $(x, y) \in \mathbb{N} \times \mathbb{N}$ von $(*)$ ist

$$\{(r_{kl-1}, s_{kl-1}) \mid k \in \mathbb{N}\},$$

und die Gleichung

$$(**) \qquad\qquad\qquad X^2 - dY^2 = -1$$

besitzt keine Lösung $(x, y) \in \mathbb{Z} \times \mathbb{Z}$.
(2) Ist l ungerade, so gilt: Die Gleichungen $(*)$ und $(**)$ besitzen beide Lösungen in $\mathbb{Z} \times \mathbb{Z}$, (r_{l-1}, s_{l-1}) ist die Fundamentallösung von $(**)$, (r_{2l-1}, s_{2l-1}) ist die Fundamentallösung von $(*)$, und es gilt

$$\{(x, y) \in \mathbb{N} \times \mathbb{N} \mid x^2 - dy^2 = -1\} = \{(r_{kl-1}, s_{kl-1}) \mid k \in \mathbb{N} \text{ ungerade}\}$$

und

$$\{(x, y) \in \mathbb{N} \times \mathbb{N} \mid x^2 - dy^2 = 1\} = \{(r_{kl-1}, s_{kl-1}) \mid k \in \mathbb{N} \text{ gerade}\}.$$

Beweis: (a) Nach (17.9) gibt es zu jeder Lösung $(x, y) \in \mathbb{N} \times \mathbb{N}$ von $(*)$ oder von $(**)$ ein $n \in \mathbb{N}_0$ mit $(x, y) = (r_n, s_n)$.
(b) Nach (17.9) gilt: Für jedes $n \in \mathbb{N}$, das nicht durch l teilbar ist, ist $r_n^2 - ds_n^2$ weder gleich 1 noch gleich -1, d.h. (r_n, s_n) ist weder Lösung von $(*)$ noch von $(**)$; für jedes $k \in \mathbb{N}$ gilt andererseits

$$r_{kl-1}^2 - ds_{kl-1}^2 = (-1)^{kl} w_{kl} = (-1)^{kl},$$

und daher ist (r_{kl-1}, s_{kl-1}) eine Lösung von $(*)$, falls kl gerade ist, und eine Lösung von $(**)$, falls kl ungerade ist.

(c) Ist l gerade, so folgt aus (a) und (b): $(**)$ besitzt keine Lösungen in $\mathbb{N} \times \mathbb{N}$ und daher auch keine Lösung in $\mathbb{Z} \times \mathbb{Z}$, und $\{(r_{kl-1}, s_{kl-1}) \mid k \in \mathbb{N}\}$ ist die Menge aller Lösungen in $\mathbb{N} \times \mathbb{N}$ von $(*)$; wegen $s_{l-1} < s_{2l-1} < s_{3l-1} < \ldots$ ist (r_{l-1}, s_{l-1}) die Fundamentallösung von $(*)$.

(d) Ist l ungerade, so folgt aus (a) und (b): Die Menge aller Lösungen in $\mathbb{N} \times \mathbb{N}$ von $(*)$ ist $\{(r_{kl-1}, s_{kl-1}) \mid k \in \mathbb{N} \text{ gerade}\}$, und die Menge aller Lösungen in $\mathbb{N} \times \mathbb{N}$ von $(**)$ ist $\{(r_{kl-1}, s_{kl-1}) \mid k \in \mathbb{N} \text{ ungerade}\}$; wegen $s_{2l-1} < s_{4l-1} < s_{6l-1} < \ldots$ ist (r_{2l-1}, s_{2l-1}) die Fundamentallösung von $(*)$, wegen $s_{l-1} < s_{3l-1} < s_{5l-1} < \ldots$ ist (r_{l-1}, s_{l-1}) die Fundamentallösung von $(**)$.

(17.12) Satz: *Es sei d eine natürliche Zahl, die keine Quadratzahl ist, es sei $(r_n/s_n)_{n \geq 0}$ die Folge der Näherungsbrüche des Kettenbruchs*

$$\sqrt{d} = [a_0, a_1, a_2, \ldots, a_n, a_{n+1}, \ldots],$$

und es sei l die Länge einer primitiven Periode dieses Kettenbruchs. Für jedes $k \in \mathbb{N}$ gilt

$$r_{kl-1} + s_{kl-1}\sqrt{d} = (r_{l-1} + s_{l-1}\sqrt{d})^k.$$

Beweis: Es seien $r_{-1} := 1$ und $s_{-1} := 0$.

(a) Es seien $(v_n)_{n \geq 0}$ und $(w_n)_{n \geq 0}$ die Folgen in $\mathbb{Z}$ mit $v_0 := 0$, $w_0 := 1$ und

$$v_{n+1} := a_n w_n - v_n \quad \text{und} \quad w_{n+1} := \frac{d - v_{n+1}^2}{w_n} \quad \text{für jedes } n \in \mathbb{N}_0.$$

Es gilt $v_l \in \mathbb{N}$, $w_l \in \mathbb{N}$ und

$$\frac{v_l + \sqrt{d}}{w_l} = [a_l, a_{l+1}, a_{l+2}, \ldots] = [2a_0, a_1, a_2, \ldots] =$$

$$= a_0 + [a_0, a_1, a_2, \ldots] = a_0 + \sqrt{d},$$

und daher gilt $v_l = a_0$ und $w_l = 1$. Es folgt (vgl. (16.15)(6))

$$a_0 r_{l-1} + r_{l-2} = v_l r_{l-1} + w_l r_{l-2} = d s_{l-1} \quad \text{und}$$

$$a_0 s_{l-1} + s_{l-2} = v_l s_{l-1} + w_l s_{l-2} = r_{l-1}.$$

(b) Es sei jetzt $(\tilde{r}_n/\tilde{s}_n)_{n \geq 0}$ die Folge der Näherungsbrüche des Kettenbruchs $[a_l, a_{l+1}, a_{l+2}, \ldots]$, und es sei $m \in \mathbb{N}$. Es gilt

$$\begin{pmatrix} r_{m+l} & r_{m+l-1} \\ s_{m+l} & s_{m+l-1} \end{pmatrix} =$$

$$\overset{(13.2)(5)}{=} \begin{pmatrix} a_0 & 1 \\ 1 & 0 \end{pmatrix} \cdots \begin{pmatrix} a_{l-1} & 1 \\ 1 & 0 \end{pmatrix} \cdot \begin{pmatrix} a_l & 1 \\ 1 & 0 \end{pmatrix} \cdots \begin{pmatrix} a_{m+l} & 1 \\ 1 & 0 \end{pmatrix} =$$

$$= \begin{pmatrix} r_{l-1} & r_{l-2} \\ s_{l-1} & s_{l-2} \end{pmatrix} \cdot \begin{pmatrix} \tilde{r}_m & \tilde{r}_{m-1} \\ \tilde{s}_m & \tilde{s}_{m-1} \end{pmatrix}$$

und daher

$$r_{m+l} \;=\; r_{l-1}\widetilde{r}_m + r_{l-2}\widetilde{s}_m \quad\text{und}\quad s_{m+l} \;=\; s_{l-1}\widetilde{r}_m + s_{l-2}\widetilde{s}_m.$$

Es gilt

$$\frac{\widetilde{r}_m}{\widetilde{s}_m} \;=\; [\,a_l, a_{l+1}, \ldots, a_{m+l}\,] \stackrel{(16.14)}{=} [\,2a_0, a_1, \ldots, a_m\,] \;=$$

$$=\; a_0 + [\,a_0, a_1, a_2, \ldots, a_m\,] \;=\; a_0 + \frac{r_m}{s_m} \;=\; \frac{a_0 s_m + r_m}{s_m},$$

und wegen $\mathrm{ggT}(\widetilde{r}_m, \widetilde{s}_m) = 1$ und $\mathrm{ggT}(a_0 s_m + r_m, s_m) = \mathrm{ggT}(r_m, s_m) = 1$ folgt

$$\widetilde{r}_m \;=\; a_0 s_m + r_m \quad\text{und}\quad \widetilde{s}_m \;=\; s_m.$$

Also gilt

$$r_{m+l} \;=\; r_{l-1}\left(a_0 s_m + r_m\right) + r_{l-2} s_m \;=\; \left(a_0 r_{l-1} + r_{l-2}\right) s_m + r_{l-1} r_m \;=$$

$$\stackrel{(a)}{=} d s_{l-1} s_m + r_{l-1} r_m$$

und

$$s_{m+l} \;=\; s_{l-1}\left(a_0 s_m + r_m\right) + s_{l-2} s_m \;=\; \left(a_0 s_{l-1} + s_{l-2}\right) s_m + s_{l-1} r_m \;=$$

$$\stackrel{(a)}{=} r_{l-1} s_m + s_{l-1} r_m.$$

Es folgt

$$\left(r_{l-1} + s_{l-1}\sqrt{d}\right) \cdot \left(r_m + s_m\sqrt{d}\right) \;=$$

$$=\; \left(r_{l-1} r_m + d s_{l-1} s_m\right) + \left(r_{l-1} s_m + s_{l-1} r_m\right)\sqrt{d} \;=\; r_{m+l} + s_{m+l}\sqrt{d}.$$

(c) Durch Induktion folgt mit Hilfe des letzten Ergebnisses in (b): Für jedes $k \in \mathbb{N}$ ist

$$r_{kl-1} + s_{kl-1}\sqrt{d} \;=\; \left(r_{l-1} + s_{l-1}\sqrt{d}\right)^k.$$

(17.13) Bemerkung: Es sei d eine natürliche Zahl, die keine Quadratzahl ist, es sei $(r_n/s_n)_{n \geq 0}$ die Folge der Näherungsbrüche des Kettenbruchs

$$\sqrt{d} \;=\; [\,a_0, a_1, a_2, \ldots, a_n, a_{n+1}, \ldots\,],$$

und es sei l die Länge einer primitiven Periode dieses Kettenbruchs.

(1) Es gelte: l ist gerade.
(a) $(x_1, y_1) := (r_{l-1}, s_{l-1})$ ist die Fundamentallösung der Gleichung

$$(*) \qquad X^2 - dY^2 = 1,$$

und nach (17.11) und (17.12) gilt: $(x, y) \in \mathbb{N} \times \mathbb{N}$ ist genau dann eine Lösung von $(*)$, wenn es eine natürliche Zahl k mit

$$x + y\sqrt{d} = (x_1 + y_1\sqrt{d})^k$$

gibt. Die Gleichung

$$(**) \qquad X^2 - dY^2 = -1$$

hat keine Lösung $(x, y) \in \mathbb{Z} \times \mathbb{Z}$.
(b) $\varepsilon_1 := x_1 + y_1\sqrt{d}$ ist eine Einheit im Ring $\mathbb{Z}[\sqrt{d}]$. Aus (17.11) und (17.12) folgt: Die Abbildung

$$([j]_2, k) \mapsto (-1)^j \varepsilon_1^k : (\mathbb{Z}/2\mathbb{Z}) \times \mathbb{Z} \to E(\mathbb{Z}[\sqrt{d}])$$

ist ein Isomorphismus des cartesischen Produkts der Gruppen $(\mathbb{Z}/2\mathbb{Z}, +)$ und $(\mathbb{Z}, +)$ auf die Einheitengruppe $E(\mathbb{Z}[\sqrt{d}])$ des Rings $\mathbb{Z}[\sqrt{d}]$.
(2) Es gelte: l ist ungerade.
(a) $(x_1, y_1) := (r_{l-1}, s_{l-1})$ ist die Fundamentallösung von $(**)$, und nach (17.11) und (17.12) gilt: $(x, y) \in \mathbb{N} \times \mathbb{N}$ ist genau dann eine Lösung von $(**)$, wenn es eine ungerade natürliche Zahl k mit

$$x + y\sqrt{d} = (x_1 + y_1\sqrt{d})^k$$

gibt, und $(x, y) \in \mathbb{N} \times \mathbb{N}$ ist genau dann eine Lösung von $(*)$, wenn es eine gerade natürliche Zahl k mit

$$x + y\sqrt{d} = (x_1 + y_1\sqrt{d})^k$$

gibt. Es gilt

$$(r_{2l-1}, s_{2l-1}) = (x_1 + \sqrt{d}y_1)^2 = (x_1^2 + dy_1^2) + 2x_1y_1\sqrt{d},$$

und daher ist $(x_1^2 + dy_1^2, 2x_1y_1)$ die Fundamentallösung von $(*)$.
(b) Wie in (1) ergibt sich: Die Abbildung

$$([j]_2, k) \mapsto (-1)^j \varepsilon_1^k : (\mathbb{Z}/2\mathbb{Z}) \times \mathbb{Z} \to E(\mathbb{Z}[\sqrt{d}])$$

ist ein Isomorphismus des cartesischen Produkts der Gruppen $(\mathbb{Z}/2\mathbb{Z}, +)$ und $(\mathbb{Z}, +)$ auf die Einheitengruppe $E(\mathbb{Z}[\sqrt{d}])$ des Rings $\mathbb{Z}[\sqrt{d}]$.

(17.14) Beispiel: Der Algorithmus QWplus aus (16.18) liefert für die Zahl $d = 47\,29494$ den Kettenbruch

$$\sqrt{47\,29494} =$$

$$= \big[\,2174, \overline{1, 2, 1, 5, 2, 25, 3, 1, 1, 1, 1, 1, 1, 15, 1, 2, 16, 1, 2, 1, 1, 8, 6,}$$

$$\overline{1, 21, 1, 1, 3, 1, 1, 1, 2, 2, 6, 1, 1, 5, 1, 17, 1, 1, 47, 3, 1, 1, \mathbf{6},}$$

$$\overline{1, 1, 3, 47, 1, 1, 17, 1, 5, 1, 1, 6, 2, 2, 1, 1, 1, 3, 1, 1, 21, 1,}$$

$$\overline{6, 8, 1, 1, 2, 1, 16, 2, 1, 15, 1, 1, 1, 1, 1, 1, 3, 25, 2, 5, 1, 2, 1, 4348}\,\big].$$

(Die fettgedruckte 6 markiert die Mitte der Periode). Die Periode dieses Kettenbruchs hat die Länge 92. Für die Fundamentallösung (x_1, y_1) der Pellschen Gleichung

$$X^2 - 47\,29494\,Y^2 = 1$$

gilt daher nach (17.13): x_1 ist der Näherungszähler r_{91} des Kettenbruchs für $\sqrt{47\,29494}$, und y_1 ist der Näherungsnenner s_{91} dieses Kettenbruchs. Damit ergibt sich: Es gilt

$$x_1 = 10993\,19867\,32829\,73497\,98662\,32821\,43354\,39010\,88049 \quad \text{und}$$

$$y_1 = 5\,05494\,85234\,31503\,30744\,77819\,73554\,04089\,86340.$$

Die Gleichung

$$X^2 - 47\,29494\,Y^2 = -1$$

besitzt nach (17.13) keine Lösung $(x, y) \in \mathbb{Z} \times \mathbb{Z}$.

(17.15) Bemerkung: Das Beispiel in (17.14) hat eine historische Bedeutung. Aus der Antike ist eine Aufgabe überliefert, die Archimedes einst den Mathematikern in Alexandria gestellt haben soll und die mit einiger Wahrscheinlichkeit auch wirklich von ihm stammt, nämlich das sogenannte Rinderproblem (vgl. [3], Band III). Diese Aufgabe führt auf die Pellsche Gleichung

$$(*) \qquad V^2 - 8 \cdot 5128\,58029\,09803 \cdot W^2 = 1,$$

deren Fundamentallösung (v, w) zu berechnen ist. Dies ist mittels MuPAD auf dem direkten Weg wohl nicht möglich, da eine primitive Periode des Kettenbruch für $\sqrt{8 \cdot 5128\,58029\,09803}$ die Länge $2\,03254$ besitzt, wie sich mit Hilfe des Algorithmus QWplus in (16.18) ergibt (vgl. Aufgabe 4 in (16.20)). Statt $(*)$ direkt zu lösen, berechnet man die Fundamentallösung (x, y) der in (17.14) betrachteten Pellschen Gleichung

$$X^2 - 47\,29494\,Y^2 = 1$$

und berechnet daraus die natürlichen Zahlen v und w mit

$$v + w\sqrt{47\,29494} \;=\; (x + y\sqrt{47\,29494}\,)^{2329}.$$

Hier kann nicht darauf eingegangen werden, warum man auf diese Weise gerade die Fundamentallösung (v, w) von $(*)$ erhält. Die Formulierung der Aufgabe, eine genauere Beschreibung des Lösungswegs und der Berechnung der Lösung mit Hilfe von MuPAD, sowie ausführliche Literaturhinweise zu ihrer Geschichte findet man in [100].

Jedenfalls erfordert die Berechnung einer Lösung des Rinderproblems von Archimedes die Berechnung der Fundamentallösung einer Pellschen Gleichung. Da die Aufgabe ohne Zweifel aus der Antike stammt, kamen Mathematikhistoriker zu der Meinung, daß der Autor des Rinderproblems, also mit einiger Sicherheit Archimedes, ein Lösungsverfahren für Pellsche Gleichungen kannte. Leider sagen die überlieferten Schriften von Archimedes darüber nichts. Immerhin gab es schon vor Fermat Mathematiker, die sich mit Pellschen Gleichungen beschäftigten, allerdings außerhalb der abendländischen Mathematikgeschichte: Bereits um das Jahr 1000 lösten die indischen Mathematiker Jayadeva und Bhāskara der Jüngere Pellsche Gleichungen, und manches spricht dafür, daß die von ihnen verwendeten Methoden schon 500 Jahre früher bekannt waren. Warum sollte also nicht auch Archimedes oder ein anderer griechischer Mathematiker ein Lösungsverfahren gekannt haben? Wie C.-O. Selenius in [101] zeigt, läßt sich übrigens auch das Lösungsverfahren der alten indischen Mathematiker mit Hilfe von Kettenbruchentwicklungen beschreiben; die dabei auftretenden Kettenbrüche sind allerdings, anders als in diesem Buch, sogenannte halbregelmäßige Kettenbrüche. So darf man sich vielleicht wirklich vorstellen, daß Archimedes Kettenbrüche kannte und daß er dann auch mit ihrer Hilfe die rationalen Approximationen für Quadratwurzeln fand, die er zur Berechnung von π verwendete (vgl. (15.8)).

(17.16) Aufgabe: (1) Man schreibe eine MuPAD-Funktion, die zu einer natürlichen Zahl d, die keine Quadratzahl ist, die Fundamentallösung der Gleichung $X^2 - dY^2 = 1$ berechnet.

(2) Man schreibe eine MuPAD-Funktion, die zu einer natürlichen Zahl d, die keine Quadratzahl ist, die Fundamentallösung der Gleichung $X^2 - dY^2 = -1$ berechnet, falls diese Gleichung überhaupt eine Lösung in $\mathbb{Z} \times \mathbb{Z}$ besitzt.

Nachwort

Mit der Behandlung der Pellschen Gleichungen endet dieses Buch. Der Leser ist jetzt sicher in der Lage, im weiten Feld der Zahlentheorie eigene Interessen zu verfolgen und darin Algorithmen aufzuspüren und in MuPAD oder einem anderen Computer-Algebra-System zu programmieren. Er könnte sich zum einen mit quadratischen Formen und mit quadratischen Zahlkörpern beschäftigen und so den Teil der "Disquisitiones Arithmeticae" [37] kennenlernen, von dem hier nicht die Rede war: Eine erste Einführung in die Theorie der quadratischen Formen ist das kleine Buch [33] von D. E. Flath; eine umfassende Darstellung der Zahlentheorie der quadratischen Formen und der quadratischen Zahlkörper gibt R. Mollin in [71].

Eine andere Möglichkeit, weiter in die Zahlentheorie einzudringen, bietet die Algebraische Zahlentheorie; die Bücher [20] von H. Cohen und [83] von M. Pohst und H. Zassenhaus zeigen, auf welche Fülle von Algorithmen auch die klassischen Fragestellungen zur Struktur algebraischer Zahlkörper führen und wie die Untersuchung und die Implementierung dieser Algorithmen umgekehrt die Algebraische Zahlentheorie bereichern.

Eine dritte und vielleicht die unmittelbarste Fortsetzung des in diesem Buch behandelten Stoffs besteht in der Beschäftigung mit den Problemen, von denen hier immer wieder die Rede war und die bereits C. F. Gauß als wesentliche Probleme der Zahlentheorie herausgestellt hat (vgl. (2.1)), nämlich der Konstruktion von Primzahltests und von Algorithmen zur Berechnung der Primzerlegung natürlicher Zahlen; viele Anregungen dazu wird der Leser in dem Buch [90] von H. Riesel finden und insbesondere in dem Buch [10] von E. Bach und J. Shallit, dessen erster Band 1996 erschienen ist und dessen zweiter Band hoffentlich bald folgen wird.

Literatur

[1] W. R. Alford, A. Granville, C. Pomerance, There are Infinitely Many Carmichael Numbers. Ann. Math. Ser. II **140** (1994) 703–722

[2] T. M. Apostol, Introduction to Analytic Number Theory (Undergraduate Texts in Mathematics). Springer, Berlin-Heidelberg-New York 1976

[3] Archimedes, Opera Omnia I, II, III (Bibliotheca Scriptorum Graecorum et Romanorum Teubneriana), herausgegeben von J. L. Heiberg. Teubner, Stuttgart 1972

[4] Archimedes, Werke, übersetzt von A. Czwalina, F. Rudio und J. L. Heiberg. Wissenschaftliche Buchgesellschaft, Darmstadt 1967

[5] F. Arnault, Rabin-Miller Primality Test: Composite Numbers Which Pass it. Math. Comput. **64** (1995) 355–361

[6] F. Arnault, Constructing Carmichael Numbers Which Are Strong Pseudoprimes to Several Bases. J. Symb. Comput. **20** (1995) 151–161

[7] M. Artin, Algebra (Birkhäuser Advanced Texts – Basler Lehrbücher). Birkhäuser, Basel-Boston 1993

[8] E. Bach, Analytic Methods in the Analysis and Design of Number-Theoretic Algorithms (ACM Distinguished Dissertations). The MIT Press, Cambridge/Massachusetts-London 1985

[9] E. Bach, Toward a Theory of Pollard's Rho Method. Inform. and Comput. **90** (1991) 139–155

[10] E. Bach, J. Shallit, Algorithmic Number Theory I – Efficient Algorithms (Foundations of Computing). The MIT Press, Cambridge/Massachusetts-London 1996

[11] F. L. Bauer, Kryptologie (Springer-Lehrbuch). Springer, Berlin-Heidelberg-New York 1993

[12] A. Borst, Computus – Zeit und Zahl im Mittelalter. Deutsches Archiv für Erforschung des Mittelalters **44** (1988) 1–82

[13] R. P. Brent, J. M. Pollard, Factorization of the Eighth Fermat Number. Math. Comput. **36** (1981) 627–630

[14] D. M. Bressoud, Factorization and Primality Testing (Undergraduate Texts in Mathematics). Springer, Berlin-Heidelberg-New York 1989

[15]   C. Brezinski, History of Continued Fractions and Padé Approximants (Springer Series in Computational Mathematics 12). Springer, Berlin-Heidelberg-New York 1991

[16]   J. W. Bruce, A Really Trivial Proof of the Lucas-Lehmer Test. Am. Math. Monthly **101** (1993) 370–371

[17]   J. Brüdern, Einführung in die analytische Zahlentheorie (Springer-Lehrbuch). Springer, Berlin-Heidelberg-New York 1995

[18]   D. A. Burgess, The Distribution of Quadratic Residues and Non-residues. Mathematika **4** (1957) 106–112

[19]   R. D. Carmichael, On Composite Numbers P Which Satisfy the Fermat Congruence $a^{P-1} \equiv 1 \pmod{P}$. Am. Math. Monthly **19** (1912) 22–27

[20]   H. Cohen, A Course in Computational Algebraic Number Theory (Graduate Texts in Mathematics 138). Springer, Berlin-Heidelberg-New York 1993

[21]   J. H. E. Cohn, The Length of the Period of the Simple Continued Fraction of $d^{1/2}$. Pacific J. Math. **71** (1977) 21–32

[22]   D. Coppersmith, A. M. Odlyzko, R. Schroeppel, Discrete Logarithms in $GF(p)$. Algorithmica **1** (1986) 1–15

[23]   R. Crandall, J. Doenias, C. Norrie, J. Young, The Twenty-Second Fermat Number is Composite. Math. Comput. **64** (1995) 863–868

[24]   M. Deleglise, J. Rivat, Computing $\pi(x)$: The Meissel, Lehmer, Lagarias, Miller, Odlyzko Method. Math. Comput. **65** (1996) 235–245

[25]   U. Dieter, Erzeugung von gleichverteilten Zufallszahlen. In: Jahrbuch Überblicke Mathematik 1993, 25–44. Vieweg, Braunschweig-Wiesbaden 1993

[26]   W. Diffie, M. J. Hellman, New Directions in Cryptography. IEEE Trans. Inf. Theory **22** (1976) 644–654

[27]   A. Conan Doyle, The Valley of Fear. The Crowborough Edition Vol. 15, 145–332. Doubleday, Doran and Company, Garden City 1930

[28]   A. Conan Doyle, The Adventure of the Dancing Men. In: The Return of Sherlock Holmes, The Crowborough Edition Vol. 19, 53–82. Doubleday, Doran and Company, Garden City 1930

[29]   H. M. Edwards, Riemann's Zeta Function (Pure and Applied Mathematics 58). Academic Press, New York-London 1974

[30]   G. Eisenstein, Einfacher Algorithmus zur Bestimmung des Wertes von $\left(\frac{a}{b}\right)$. J. Reine Angew. Math. **27** (1844) 317–318 [= Mathematische Werke I, 95 bis 96]

[31]   T. ElGamal, A Public Key Cryptosystem and a Signature Scheme Based on Discrete Logarithms. IEEE Trans. Inf. Theory **31** (1985) 469–472

[32] Euclides, Elementa (Bibliotheca Scriptorum Graecorum et Romanorum Teubneriana), herausgegeben von E. S. Stamatis. Teubner, Stuttgart, 2. Auflage 1969–1973. Übersetzung ins Deutsche von C. Thaer: Die Elemente von Euklid (Ostwalds Klassiker der exakten Wissenschaften). Harri Deutsch, Thun-Frankfurt am Main, Reprint 1997

[33] D. E. Flath, Introduction to Number Theory. Wiley, New York-Chichester 1989

[34] O. Forster, Algorithmische Zahlentheorie. Vieweg, Braunschweig-Wiesbaden 1996

[35] E. Freitag, R. Busam, Funktionentheorie (Springer-Lehrbuch). Springer, Berlin-Heidelberg-New York 1993

[36] M. Gardner, The Universe in a Handkerchief. Lewis Carroll's Mathematical Recreations, Games, Puzzles and Word Plays. Copernicus-Springer, New York 1996

[37] C. F. Gauß, Disquisitiones Arithmeticae. Gerh. Fleischer, Leipzig 1801 [= Werke I]. Übersetzung ins Deutsche von H. Maser: Untersuchungen über höhere Arithmetik. Springer, Berlin 1889, Nachdruck: Chelsea, New York 1965

[38] C. F. Gauß, Berechnung des Osterfestes. Monatliche Correspondenz zur Beförderung der Erd- und Himmels-Kunde, August 1800 [= Werke VI, 73 bis 79]

[39] C. F. Gauß, Berichtigung zu dem Aufsatze: Berechnung des Osterfestes. Zeitschrift für Astronomie und verwandte Wissenschaften 1 (1816) 158 [= Werke XI, 201–202]

[40] K. O. Geddes, St. R. Czapor, G. Labahn, Algorithms for Computer Algebra. Kluwer, Boston-Dordrecht-London 1992

[41] A. Gellius, Noctes Atticae (Scriptorum Classicorum Bibliotheca Oxoniensis). Clarendon Press, Oxford 1968

[42] H. Gericke, Mathematik im Abendland. Springer, Berlin-Heidelberg-New York 1990

[43] P. Giblin, Primes and Programming. An Introduction to Number Theory with Computing. Cambridge University Press, Cambridge 1993

[44] O. Gingerich, The Great Copernicus Chase and Other Adventures in Astronomical History. Sky Publishing Corporation, Cambridge/Massachusetts 1992 und Cambridge University Press, Cambridge/UK 1992

[45] A. Granville, Primality Testing and Carmichael Numbers. Notices Am. Math. Soc. **39** (1992) 696–700

[46] R. Honsberger, Mathematical Gems 3 (The Dolciani Mathematical Expositions 9). The Mathematical Association of America, Washington 1985

[47] L. K. Hua, Introduction to Number Theory. Springer, Berlin-Heidelberg-New York 1982

[48] M. N. Huxley, A Note on Polynomial Congruences. In: Recent Progress in Analytic Number Theory I (ed. by H. Halberstam and C. Hooley), 193–196. Academic Press, New York 1981

[49] K.-H. Indlekofer, A. Járai, Largest Known Twin Primes. Math. Comput. **65** (1996) 427–428

[50] G. Jaeschke, On Strong Pseudoprimes to Several Bases. Math. Comput. **61** (1993) 915–926

[51] D. Kahn, The Codebreakers: The Story of Secret Writing. Scribner, New York, 2. Auflage 1996

[52] K. Kearns, Lösung der Aufgabe 6420. Am. Math. Monthly **91** (1984) 521

[53] K. Kiyek, F. Schwarz, Mathematik für Informatiker I (Leitfäden und Monographien der Informatik). Teubner, Stuttgart, 3. Auflage 1996

[54] K. Kiyek, F. Schwarz, Mathematik für Informatiker II (Leitfäden und Monographien der Informatik). Teubner, Stuttgart, 2. Auflage 1994

[55] D. E. Knuth, The Art of Computer Programming II: Seminumerical Algorithms. Addison-Wesley, Reading, 3. Auflage 1997

[56] D. E. Knuth, Selected Papers on Computer Science (CLSI Lecture Notes 59). CSLI Publications/Cambridge University Press, Cambridge 1996

[57] N. Koblitz, A Course in Number Theory and Cryptography (Graduate Texts in Mathematics 114). Springer, Berlin-Heidelberg-New York 1987

[58] E. Kranakis, Primality and Cryptography (Wiley-Teubner Series in Computer Science). Teubner, Stuttgart 1986, Wiley, Chichester-New York 1986

[59] J. C. Lagarias, Pseudorandom Number Generators in Cryptography and Number Theory. In: Cryptography and Computational Number Theory (ed. by C. Pomerance), Proceedings of Symposia in Applied Mathematics 42, 115–143. American Mathematical Society, Providence 1990

[60] R. S. Lehman, Factoring Large Integers. Math. Comput. **28** (1974) 637–646

[61] D. H. Lehmer, On Lucas's Test for the Primality of Mersenne's Numbers. J. London Math. Soc. **10** (1935) 162–165 [= Selected Papers I, 86–89]

[62] D. H. Lehmer, Mathematical Methods in Large-Scale Computing Units. In: Proceedings of a Second Symposium on Large-Scale Digital Calculating Machinery 1949, 141–146. Harvard University Press, Cambridge/Massachusetts 1951

[63] D. N. Lehmer, List of Prime Numbers from 1 to 10 006 721. Hafner, New York, 2. Auflage 1956

[64] A. K. Lenstra, H. W. Lenstra Jr. (Eds.), The Development of the Number Field Sieve (Lecture Notes in Mathematics 1554). Springer, Berlin-Heidelberg-New York 1993

[65] F. Lorenz, Einführung in die Algebra, Teil I. Bibliographisches Institut-Wissenschaftsverlag, Mannheim-Leipzig-Wien-Zürich 1987

[66] G. Marsaglia, The Structure of Linear Congruential Sequences. In: Applications of Number Theory to Numerical Analysis (ed. by S. K. Zaremba), 249–285. Academic Press, New York 1972

[67] G. Marsaglia, The Mathematics of Random Number Generators. In: The Unreasonable Effectiveness of Number Theory (ed. by S. A. Burr), Proceedings of Symposia in Applied Mathematics 46, 73–90. American Mathematical Society, Providence 1992

[68] K. S. McCurley, The Discrete Logarithm Problem. In: Cryptology and Computational Number Theory (ed. by C. Pomerance), Proceedings of Symposia in Applied Mathematics 42, 49–74. American Mathematical Society, Providence 1990

[69] A. J. Menezes, P. C. van Oorschot, C. A. Vanstone, Handbook of Applied Cryptography (Discrete Mathematics and its Applications). CRC Press, Boca Raton 1997

[70] G. L. Miller, Riemann's Hypothesis and Tests for Primality. J. Computer System Sci. **13** (1976) 300–317

[71] R. A. Mollin, Quadratics (Discrete Mathematics and its Applications). CRC Press, Boca Raton 1996

[72] The MuPAD Group, MuPAD User's Manual: MuPAD Version 1.2.2. Wiley/Teubner, Chichester/Stuttgart 1996

[73] W. Narkiewicz, Classical Problems in Number Theory (Monografie Matematyczne 62). Polish Scientific Publishers, Warschau 1986

[74] H. Niederreiter, Random Number Generation and Quasi-Monte Carlo Methods (CBMS-NSF Regional Conference Series 63). Society for Industrial and Applied Mathematics, Philadelphia 1992

[75] I. Niven, B. Powell, Primes in Certain Arithmetic Progressions. Am. Math. Monthly **83** (1976) 467–469

[76] Ø. Ore, Anzahl der Wurzeln höherer Kongruenzen. Norsk Mat. Tidskrift **3** (1921) 63–66

[77] O. Perron, Die Lehre von den Kettenbrüchen I und II. Teubner, Stuttgart, 2. Auflage 1954 und 1957

[78] J. Pfanzagl, Elementare Wahrscheinlichkeitsrechnung (de Gruyter Lehrbuch). Walter de Gruyter, Berlin-New York 1988

[79] R. G. E. Pinch, The Carmichael Numbers up to 10^{15}. Math. Comput. **61** (1993) 381–391

[80] H. Piper, Variationen über ein zahlentheoretisches Thema von Carl Friedrich Gauß (Wissenschaft und Kultur 33). Birkhäuser, Basel-Stuttgart 1978

[81] H. C. Pocklington, The Determination of the Prime or Composite Nature of Large Numbers by Fermat's Theorem. Proc. Cambridge Phil. Soc. **18** (1914/15) 29–30

[82] S. C. Pohlig, M. E. Hellman, An Improved Algorithm for Computing Logarithms over $GF(p)$ and its Cryptographic Significance. IEEE Trans. Inf. Theory **24** (1978) 106–110

[83] M. Pohst, H. Zassenhaus, Algorithmic Algebraic Number Theory (Encyclopedia of Mathematics and its Applications). Cambridge, Cambridge University Press 1989

[84] J. M. Pollard, A Monte Carlo Method for Factorization. Nordisk Tidskr. Inform.-behandl. (BIT) **15** (1975) 331–334

[85] E. Proth, Théorèmes sur les nombres premiers. Comptes Rendus Paris **87** (1878) 926

[86] M. O. Rabin, Probabilistic Algorithms. In: Algorithms and Complexity: New Directions and Recent Results (ed. by J. F. Traub). Academic Press, New York 1976

[87] S. Ramanujan, Highly Composite Numbers. Proc. London Math. Soc. (2) **14** (1915) 347–409 [= Collected Papers, 78–128]

[88] D. Redfern, The Practical Approach: Utilities for Maple. Springer, Berlin-Heidelberg-New York 1995

[89] P. Ribenboim, The New Book of Prime Number Records. Springer, Berlin-Heidelberg-New York, 3. Auflage 1996

[90] H. Riesel, Prime Numbers and Computer Methods of Factorization (Progress in Mathematics 126). Birkhäuser, Basel-Boston, 2. Auflage 1994

[91] R. L. Rivest, A. Shamir, L. Adleman, A Method for Obtaining Digital Signatures and Public-Key Cryptosystems. Commun. ACM **21** (1978) 120–126

[92] A. M. Rockett, P. Szüsz, Continued Fractions. World Scientific, Singapore-New Jersey-London-Hongkong 1992

[93] M. I. Rosen, A Proof of the Lucas-Lehmer Test. Am. Math. Monthly **95** (1988) 855–856

[94] A. Rotenberg, A New Pseudo-Random Number Generator. J. Assoc. ACM **7** (1960) 75–77

[95] G. Rousseau, On the Quadratic Reciprocity Law. J. Aust. Math. Soc. Ser. A **51** (1991) 423–425

[96] H. Salié, Über den kleinsten positiven quadratischen Nichtrest nach einer Primzahl. Math. Nachr. **3** (1949/50) 7–8

[97] A. Salomaa, Public-Key Cryptography (EATCS Monographs on Theoretical Computer Science 23). Springer, Berlin-Heidelberg-New York 1990

[98] D. Sayers, Have his Carcase. Gollancz, London 1932

[99] G. Scheja, U. Storch, Lehrbuch der Algebra I (Mathematische Leitfäden). Teubner, Stuttgart, 2. Auflage 1994

[100] F. Schwarz, Wieviele Rinder hat der Sonnengott? mathPAD **6** (1996) 1–6 (abgedruckt in: Mitt. Dtsch. Math.-Ver. 1997, Heft 2, 13–18)

[101] C.-O. Selenius, Rationale of the Chakravāla Process of Jayadeva and Bhāskara II. Historia Math. **2** (1975) 167–184

[102] J. Shallit, On the Worst Case of Three Algorithms for Computing the Jacobi Symbol. J. Symb. Comput. **10** (1990) 593–610

[103] D. Shanks, Five Number-Theoretic Algorithms. Congr. Numerantium **7** (1972) 51–70

[104] W. Sierpiński, Elementary Theory of Numbers (North-Holland Mathematical Library 31). North-Holland, Amsterdam-New York-Oxford, Polish Scientific Publishers, Warschau, 2. Auflage 1988

[105] R. Solovay, V. Strassen, A Fast Monte-Carlo Test for Primality. SIAM J. Comput. **6** (1977) 84–85

[106] C. L. Stewart, On the Number of Solutions of Polynomial Congruences and Thue Equations. J. Am. Math. Soc. **4** (1991) 793–835

[107] C. Suetonius Tranquillus, De Vita Caesarum Libri VIII (Bibliotheca Scriptorum Graecorum et Romanorum Teubneriana). Teubner, Stuttgart 1978

[108] A. Tonelli, Bemerkung über die Auflösung quadratischer Congruenzen. Nachr. Königl. Ges. Wiss. Göttingen 1891, 344–346

[109] K. Vogel, Die Näherungswerte des Archimedes für $\sqrt{3}$. Jahresber. Dtsch. Math.-Ver. **41** (1932) 152–158

[110] M. Voorhoeve, Factorization Algorithms of Exponential Order. In: Computational Methods in Number Theory I (ed. by H. W. Lenstra and R. Tijdeman). Mathematical Centre Tracts **154**, 79–87, Mathematisch Centrum, Amsterdam 1984

[111] Y. Wang, On the Least Primitive Root of a Prime. Sci. Sinica **10** (1961) 1–14

[112] A. Weil, Number Theory – An Approach Through History: From Hammurapi to Legendre. Birkhäuser, Boston-Basel-Stuttgart 1984

[113] A. L. Wells, A Polynomial Form for Logarithms Modulo a Prime. IEEE Trans. Inf. Theory **30** (1984) 845–846

[114] E. Zeckendorf, Représentation des nombres naturels par une somme de nombres de Fibonacci ou des nombres de Lucas. Bull. Soc. R. Sci. Liège **41** (1972) 179–182

[115] R. Zippel, Effective Polynomial Computation (The Kluwer International Series in Engineering and Computer Science 241). Kluwer, Boston-Dordrecht-London 1993

MuPAD-Objekte

Index